我国化肥农药减量增效技术集成推广研究

李 琪◎著

RESEARCH ON THE INTEGRATED
EXTENSION OF FERTILIZER-AND
PESTICIDES-REDUCING TECHNOLOGIES IN CHINA

经济管理出版社
ECONOMY & MANAGEMENT PUBLISHING HOUSE

图书在版编目（CIP）数据

我国化肥农药减量增效技术集成推广研究/李琪著．—北京：经济管理出版社，2023.4
ISBN 978-7-5096-8992-9

Ⅰ.①我… Ⅱ.①李… Ⅲ.①合理施肥—技术推广—中国 ②农药施用—技术推广—中国
Ⅳ.①S147.3 ②S48

中国国家版本馆 CIP 数据核字（2023）第 067111 号

组稿编辑：王玉林
责任编辑：高　娅　杜羽茜
责任印制：许　艳
责任校对：陈　颖

出版发行：经济管理出版社
　　　　　（北京市海淀区北蜂窝 8 号中雅大厦 A 座 11 层　100038）
网　　　址：www.E-mp.com.cn
电　　　话：（010）51915602
印　　　刷：唐山玺诚印务有限公司
经　　　销：新华书店
开　　　本：720mm×1000mm/16
印　　　张：14.75
字　　　数：281 千字
版　　　次：2023 年 4 月第 1 版　2023 年 4 月第 1 次印刷
书　　　号：ISBN 978-7-5096-8992-9
定　　　价：68.00 元

前　言

坚定不移地走绿色低碳农业道路、推进农业生产方式的绿色低碳转型是落实我国乡村振兴与质量兴农战略的关键抓手，也是实现碳达峰、碳中和承诺的主要举措之一。其中，落实农业投入品的减量增效是实现农业绿色低碳发展的有效途径，也是污染防治攻坚战的重要工作内容。如何在数量庞大的农户群体中集成推广一批绿色、高效、生态的化肥农药减量增效技术，是进一步提高化肥农药利用率，优化施肥施药结构与方式的关键问题。值得注意的是，与单项技术推广相比，多项减量增效技术集成推广不仅能够发挥技术之间的协同效应，放大技术效果，也有助于提高减量增效技术推广效率，优化技术推广模式。深入探讨如何在农户群体中实现减量增效技术的集成推广，已成为时代赋予学界的重要议题。

本书从"持续推进我国农业投入品减量增效"这一现实导向出发，基于农业技术推广的基本理论和实地考察，从农户采纳视角开展化肥农药减量增效技术集成推广机制的实证研究，并将其应用于政策评估与实践。本书的主要研究框架如下：

第一章：绪论。本章介绍了本书的研究背景与研究意义、研究目的、研究思路、研究方法、数据来源、研究创新点。

第二章：理论基础与国内外相关研究。本章整理了技术推广理论、技术扩散理论与农户行为理论，着重梳理国内外关于化肥农药减量增效技术集成采纳行为、化肥农药减量增效技术扩散，以及化肥农药减量增效技术推广政策等方面的文献研究并进行评述，为后续研究提供理论与文献基础。

第三章：农户化肥农药减量增效技术集成采纳决策机制。①明确减量增效技术集成采纳水平及其特征。以样本地区常见化肥、农药减量增效技术为对象，从采纳强度和采纳结构两个方面明确农户集成采纳的水平，把握当前农户减量增效技术集成采纳的数量特征、关联效应，归纳农户减量增效技术集成采纳的属性偏好。②归纳减量增效技术集成采纳机制。其一，以单项技术作为对象，基于"意愿—行为—持续行为"理论分析框架，以绿色防控技术为例，构建农户化肥农药减量增效技术采纳与持续采纳决策模型，考察推广服务、生产禀赋等要素对采纳意愿向行为转化的影响，识别促进技术采纳决策的关键点。其二，以集成技术组合为对象，从个体禀赋、生产禀赋、信息渠道等角度，分析农户对多种集成技术组合采纳的关键影响因素，把握各类集成技术组合采纳的决策机制。

第四章：推进农户化肥农药减量增效技术集成采纳路径。①结合嵌入理论，分别考察社会网络、个体认知、文化氛围和政策激励等因素对规模户和小农户减量增效技术集成采纳行为的影响，探究推进农户减量增效技术集成采纳路径。②以小农户群体为对象，综合绿色生产技术采纳与化肥利用效率两项标准刻画小农户绿色生产转型的群体分化特征，锁定小农户绿色生产转型的关键大众，识别社会网络等影响"领先者"采纳决策的关键因素，从而发挥出关键大众对群体技术采纳的带动作用。

第五章：化肥农药减量增效技术集成扩散演化过程。①归纳技术扩散时间规律。以有机肥作为典型劳动密集型技术，以秸秆还田和缓释肥作为典型资金/知识密集型技术，通过可视化分析与"S"形扩散曲线模型拟合，归纳技术扩散时间特征，把握技术扩散时间规律（扩散阶段、扩散速度和扩散广度等）。②归纳技术扩散空间路径。以有机肥作为典型劳动密集型技术，以秸秆还田作为典型资金/知识密集型技术，以农户技术持续采纳年份构建空间滞后模型，归纳技术空间的扩散效应（集聚效应、示范效应等）、扩散形式和扩散路径。同时，将生产性服务、社会学习和资源禀赋纳入模型考察其动态影响，揭示推进不同类别技术扩散的关键渠道。

第六章：农户化肥农药减量增效技术社会化服务需求。①基于 Kano 模型识别稻农对植保信息服务、供种供秧服务和统防统治服务等各项社会化服务的需求程度，并通过多层线性模型分析村级层面及个体层面因素对农户需求的影响。②从组织形式、服务模式、服务内容、盈余分配和托管服务价格等方面设计绿色生产托管服务契约方案，并利用小麦种植户数据与选择实验等方法考察农户对托管服务的需求偏好及其异质性。③选择浙江省杭州市萧山区某案例，总结发展生产性服务、优化技术传播渠道等方面的经验，明确政府和新型经营主体等服务主体的角色定位和分工。

第七章：化肥农药减量增效技术集成推广政策优化。①梳理现有政策内容，结合农业现代化进程，明确减量增效政策优化方向。②从立足生产端破解生产禀赋约束和消费端形成绿色市场激励有机融合的基本思路设计技术集成推广政策方案，并综合选择实验法、混合 Logit 模型与潜类别模型等方法，分析农户对各种政策方案的接受意愿，掌握农户对不同政策组合的评估偏好及其异质性，最终形成引导、激励农户采纳化肥农药减量增效集成推广的政策建议。

第八章：研究结论与政策建议。对本书的研究结论进行系统总结，并从加快化肥农药减量增效技术集成推广和扩散、创新化肥农药减量增效技术集成推广体系等方面提出一系列政策启示。

目　录

第一章　绪论 ……………………………………………………………… 1

第二章　理论基础与国内外相关研究 …………………………………… 5

　　第一节　理论基础 …………………………………………………… 5

　　　　一、技术扩散理论 ……………………………………………… 5

　　　　二、技术推广理论 ……………………………………………… 8

　　　　三、农户行为理论 ……………………………………………… 9

　　第二节　国内外相关研究 ………………………………………… 11

　　　　一、农户化肥农药使用研究概述 …………………………… 11

　　　　二、农户化肥农药使用效率研究 …………………………… 13

　　　　三、农户技术采纳行为机理研究 …………………………… 14

　　　　四、化肥农药减量增效技术扩散研究 ……………………… 20

　　　　五、化肥农药减量增效技术推广政策研究 ………………… 23

　　　　六、研究评述 ………………………………………………… 24

第三章　农户化肥农药减量增效技术集成采纳决策机制 …………… 26

　　第一节　农户技术集成采纳特征 ………………………………… 26

　　　　一、集成采纳行为理论分析 ………………………………… 27

　　　　二、数据来源与回归模型构建 ……………………………… 30

　　　　三、集成采纳特征 …………………………………………… 33

　　　　四、集成采纳强度影响因素 ………………………………… 35

　　　　五、集成采纳结构影响因素 ………………………………… 40

　　第二节　农户单项技术采纳决策 ………………………………… 45

　　　　一、单项技术采纳决策理论分析 …………………………… 47

二、数据来源与多层线性模型构建 ·············· 49

三、单项技术采纳决策机制 ················· 52

第三节　农户技术集成采纳决策 ················ 59

一、数据来源与 Multination Logit 模型构建 ······· 59

二、集成采纳偏好 ····················· 63

三、集成采纳偏好影响因素 ················· 64

第四章　推进农户化肥农药减量增效技术集成采纳路径 ······ 72

第一节　社会嵌入对技术集成采纳的影响 ··········· 72

一、社会嵌入理论分析 ··················· 73

二、数据来源与内生转换模型构建 ············· 75

三、规模户与小农户的社会嵌入差异 ············ 80

四、社会嵌入对技术集成采纳影响程度与路径 ······· 81

第二节　小农户生产转型对技术集成采纳影响 ········· 85

一、数据来源与有限混合模型构建 ············· 86

二、小农户生产转型分化结果 ··············· 89

三、小农户生产转型分化影响因素 ············· 91

四、稳健性检验 ······················ 94

第五章　化肥农药减量增效技术集成扩散演化过程 ········ 95

第一节　技术集成扩散演化过程调查 ············· 96

第二节　技术扩散时间特征 ·················· 97

一、扩散时间特征分析 ··················· 97

二、扩散面积特征分析 ··················· 99

第三节　技术采纳率变化特征 ················· 100

第四节　技术扩散空间特征 ·················· 104

一、空间计量研究方法 ··················· 104

二、模型构建与描述性分析 ················· 106

三、莫兰指数分析 ····················· 108

四、劳动力密集型技术空间扩散特征 ············ 109

五、资金/知识密集型技术空间扩散特征 ·········· 111

六、稳健性检验 ······················ 112

第六章　农户化肥农药减量增效技术社会化服务需求 ················ 115

　第一节　农户技术配套服务需求 ·································· 115

　　一、技术配套服务内容识别 ································· 116

　　二、技术配套服务需求 ····································· 117

　　三、技术配套服务需求影响因素 ····························· 120

　第二节　农户绿色生产托管服务需求 ···························· 125

　　一、绿色生产托管服务需求选择实验设计 ····················· 126

　　二、绿色生产托管服务偏好及其支付意愿 ····················· 133

　　三、绿色生产托管服务偏好异质性及其原因 ··················· 135

　　四、绿色生产托管服务偏好讨论 ····························· 139

　第三节　化肥农药减量增效技术推广案例 ························ 140

　　一、案例选择与资料搜集过程 ······························· 140

　　二、案例研究资料收集过程 ································· 141

　　三、化肥农药减量增效技术推广经验 ························· 142

　　四、化肥农药减量增效技术推广案例小结 ····················· 148

第七章　化肥农药减量增效技术集成推广政策优化 ················ 150

　第一节　推进化肥农药减量增效行动政策梳理 ···················· 150

　　一、国家层面政策梳理 ····································· 150

　　二、省份层面政策梳理 ····································· 152

　　三、已有政策总结与优化方向 ······························· 154

　第二节　农户技术集成推广政策偏好 ···························· 154

　　一、集成推广政策选择实验设计 ····························· 156

　　二、集成推广政策偏好 ····································· 160

　　三、集成推广政策接受意愿 ································· 163

　　四、集成推广政策偏好异质性 ······························· 163

　　五、集成推广政策偏好讨论 ································· 167

第八章　研究结论与政策建议 ·································· 168

　第一节　研究结论 ··· 168

　　一、农户技术集成采纳的特征偏好 ··························· 168

　　二、促进技术集成采纳的关键要素 ··························· 169

　　三、化肥农药减量增效技术扩散的时空特征 ··················· 170

四、构建农业绿色社会化服务体系的具体内容 …………… 171

五、完善技术推广政策的有效思路 …………………………… 172

第二节 政策建议 …………………………………………………… 172

一、放大技术集成推广协同效应 …………………………… 172

二、制定差异化技术推广政策 ……………………………… 173

三、优化农业绿色生产服务机制 …………………………… 173

四、发挥社会学习与技术示范作用 ………………………… 174

五、构建生产支持与消费激励并重的技术集成推广政策 …… 174

参考文献 ……………………………………………………………… 175

附 录 ………………………………………………………………… 201

附录 1 稻农化肥农药施用情况调查问卷（2017 年、2018 年） ……… 201

附录 2 稻农化肥农药减量增效技术采纳情况调查问卷（2019 年） …… 207

附录 3 农户化肥农药减量增效技术采纳情况调查问卷 ……………… 212

附录 4 化肥农药减量增效技术扩散调查问卷 ………………… 218

附录 5 化肥农药减量增效技术推广政策选择实验问卷 ………… 221

第一章　绪论

本章从本书研究的价值及意义等出发来评述如下：

第一，研究背景与研究意义。2021 年 3 月，习近平总书记主持召开中央财经委员会第九次会议并发表重要讲话，强调要把碳达峰、碳中和纳入我国生态文明建设整体布局，如期实现 2030 年前碳达峰、2060 年前碳中和的目标。农业是甲烷、二氧化碳等温室气体的重要来源，据联合国粮食与农业组织的统计，农业用地释放出来的温室气体已经超过全球人为温室气体排放总量的 30%。坚定不移地走绿色低碳农业道路、推进农业生产方式绿色低碳转型是实现碳达峰、碳中和承诺的主要举措之一，也是落实我国乡村振兴战略与质量兴农战略的关键抓手。其中，推进化肥农药减量增效是农业绿色发展、高质量发展的重要保障，也是打好污染防治攻坚战的重要工作内容。2015 年以来，我国化肥农药减量增效行动的持续推进已经取得了阶段性成效，提前 3 年完成了化肥农药使用量零增长目标。截至 2020 年，水稻、小麦、玉米三大粮食作物化肥利用率达到 40.2%，农药利用率达到 40.6%，分别比 2015 年提高了 5 个和 4 个百分点。[①] 然而，目前我国化肥农药利用率在国际上仍处在相对较低的水平（毛学峰、孔祥智，2019），同时，由于粗放的施肥施药方式和长期以氮肥为主的施肥结构没有得到明显改善，抑制面源污染物排放量的效果并不明显（石文香、陈盛伟，2019），要实现 2025 年化肥农药利用率再提高 3 个百分点的目标依然任重而道远。

农户是我国农业生产的基本单元，在农户中加快普及一批适用的、有效的减量增效技术迫在眉睫。在大国小农的基本国情和农情下（张红宇，2019），庞大的农户减量增效技术需求与羸弱的农业绿色技术推广体系之间存在明显矛盾（郭海红，2019）。一方面，受制于文化程度低、老龄化严重、经营规模小、土地细碎等因素，小农户投入品过量施用的情况较为严重（高晶晶等，2019；张露、罗

---

① 农业农村部科技教育司. 我国三大粮食作物化肥农药利用率双双超 40% ［EB/OL］. ［2021-01-19］. http://www.moa.gov.cn/xw/bmdt/202101/t20210119_6360102.htm.

必良，2020）。另一方面，小农户面临农技信息和生产性服务获取困境（周娟，2017b；韩庆龄，2019；孙明扬，2021），加之他们对待新技术的态度更加谨慎，在农业绿色转型过程中往往处于落后位置。因此，如何在小农户群体中集成组装和推广一批绿色、高效、生态的化肥农药减量增效技术已经成为进一步提高化肥农药利用率、优化施肥施药结构与施肥施药方式的重点问题。值得注意的是，与单项技术相比，深入推进化肥农药减量增效技术的集成推广，不仅能够获得"1+1>2"的技术效果，发挥出技术之间的协同效应与综合效益（苗水清等，2017），也有助于提高减量增效技术推广效率，优化技术推广模式，节约技术推广成本，是全面落实农业投入品减量行动的有效途径。深入探讨如何在农户群体中实现化肥农药减量增效技术的集成推广已成为时代赋予学界的重要议题。鉴于此，本书从"持续推进我国农业投入品减量增效"这一现实导向出发，基于农业技术扩散的基本理论和实地考察，从农户采纳视角开展化肥农药减量增效技术集成推广机制的系列实证研究，并将其应用于政策评估与实践。

第二，研究意义。本书的理论意义主要体现在：①基于农户采纳、技术扩散与政策优化等维度，构建化肥农药减量增效技术集成推广机制综合分析框架，为农业技术推广研究做出有益探索。②结合我国农业技术推广现实，将社会网络、沟通渠道等概念本地化、具体化，丰富农业技术扩散理论在现实中的运用。

本书的实践价值主要体现在：①探究如何加速推进减量增效技术创新成果在小农户中的集成推广，有助于全面推进农业投入品减量行动，最终实现农业绿色低碳发展。②完善社会化服务等小农户与现代绿色高效农业的衔接机制，指导新型经营主体更好地承担起绿色生产技术推广与社会化服务的主力作用。③为我国政府构建整体协调、全面发展的绿色技术推广体系提供决策依据，加速创建减量增效技术集成推广长效机制。

第三，研究目的。本书的研究目的是探究农户采纳视角下的化肥农药减量增效技术集成推广机制，据以提出落实农业投入品减量的政策方案。具体包括：①分析农户集成技术采纳决策的数量特征、关联效应与推进路径，识别农户偏好的技术属性与影响农户技术集成采纳的各项因素，为如何加速小农户群体绿色生产转型提供思路和参考。②拟合"一揽子"化肥农药减量增效技术扩散速度曲线、归纳空间扩散路径，探索提高技术集成扩散效率的有效路径与必要条件。③识别农户绿色转型过程中对社会化服务的需求及其影响因素，为完善我国农业绿色社会化服务体系建设提供微观依据。④明确减量增效技术集成推广的政策条件，评估政策组合可行性，为政府开展减量增效技术推广政策方案制定提供参考依据。

第四，研究思路。本书从"持续推进我国农业投入品减量"这一现实导向出发，基于农业技术扩散的基本理论和实地考察，从农户采纳视角开展化肥农药减量增效技术集成推广机制的实证研究，并将其应用于政策评估与实践。本书的主要研究思路如下：首先，从技术采纳视角分析农户化肥农药减量增效技术集成采纳决策机制，总结农户集成技术采纳决策的数量特征、关联效应、属性偏好，以及影响因素与推进路径。其次，从社会嵌入与小农户分层等视角探究推进农户化肥农药减量增效技术集成采纳路径。再次，转向技术扩散视角，以典型劳动密集型技术和资金/知识密集型技术为对象，通过可视化分析归纳扩散时间特征，拟合扩散速度曲线，并通过空间计量模型把握空间扩散规律和扩散路径，揭示集成技术扩散演化过程。又次，转向农业绿色社会化服务领域，识别农户在实践减量增效技术等绿色转型过程中对社会化服务项目以及对社会化托管的需求及影响因素。最后，从完善推广政策的视角出发，立足生产端破解生产禀赋约束和消费端形成绿色市场激励有机融合的基本思路设计技术集成推广政策方案，评估农户对减量增效技术政策组合的内容偏好、接受意愿及其异质性，优化农业投入品减量化的政策逻辑与政策设计。

第五，研究方法。为更好地应用科学研究方法，本书在对国内外相关实证论文进行方法评述的基础上，力争选择与研究内容相契合的科学研究方法以提高研究信度与效度。本书采用的研究方法包括：①文献研究法。通过中国知网、万方、维普中文数据库及 Web of Science 外文文献数据库收集相关文献并进行文献综述，为减量增效技术集成推广机制分析提供理论依据，也为研究思路设计、问卷设计和模型变量选择提供文献参考。②问卷调查法。在浙江、山东两省粮食产区开展以粮食种植农户为主体的结构式问卷调查，主要调研步骤包括问卷设计、预调查、问卷修改、正式抽样调查、数据整理及论文撰写等。③计量分析法。主要运用了 Multivariate Probit 模型、Order Probit 模型、多层线性模型（Hierarchical Linear Model，HLM）、Multination Logit 模型、有限混合模型（Finite Mixture Model，FMM）、内生转换模型（Endogenous Switching Regression Model，ESR）、全域莫兰指数测算（Global Moran's I）与空间计量模型（Spatial Regression Model，SRM）、基于主体的仿真建模（Agent Based Simulation Model，ABM）、选择实验法（Choice Experiment，CE）、混合 Logit 模型（Mixed Logit Model，MLM）与潜在类别模型（Latent Class Model，LCM）等计量方法开展了实证分析。

第六，数据来源。本书的研究数据主要通过 2017～2021 年在浙江省、山东省陆续开展的农户化肥农药减量增效技术采纳情况调查进行收集。在预调研基础上，本书设计了以水稻种植户为对象的《稻农化肥农药施用情况调查问卷（2017 年、2018 年）》（附录 1）、《稻农化肥农药减量增效技术采纳情况调查问卷（2019 年）》（附录 2），以小麦种植户为对象的《农户化肥农药减量增效技术采纳情况调查问卷》（附录3）、《化肥农药减量增效技术扩散调研问卷》（附录4）、《化肥农药减量增效技术推广政策选择实验问卷》（附录5），针对农户减量增效技术采纳情况、化肥农药使用习惯以及粮食种植情况等方面展开调查。由于调研要求了解和识别问卷中涉及的减量增效技术，因此对参与调研的人员进行调研前培训，以农民口述、调查员填写的形式填写问卷。

选择浙江省作为样本地区，一是浙江省作为国家农产品质量安全示范省和农业绿色发展的试点先行区，于2015年提出化肥减量增效的总体要求、目标任务和工作重点，在化肥农药减量增效上走在了全国前列，能够为其他地区的技术推广提供参考。二是水稻是浙江省最重要的粮食作物，近年来浙江省水稻种植面积占到了全省粮食播种面积的近70%①，水稻投入品减量转型对确保浙江省粮食安全具有重要意义。

选择山东省作为样本地区，一是山东省历来是我国的农业大省，粮食总产量占全国粮食产量的8%，大力推进山东省农业高质量转型和绿色转型是发挥农业大省优势、打造乡村振兴齐鲁样板的必由之路。尽管如此，山东省农业面源污染和农产品质量安全风险仍在加剧，尤其是农业投入总量较大，化肥使用量居全国第二位，农药使用量居全国首位，因此探寻减量增效技术集成推广路径对深入推进减量增效行动，加速农业生产方式转变具有重要意义。二是山东省地处华北灌溉冬麦区，2019年山东省小麦播种面积达到了400175公顷②，仅次于河南省。因此，实现小麦产业化肥农药减量增效集成推广不仅有助于山东省提升粮食产能，确保粮食安全，也有助于推进我国农业生产的绿色转型。

第七，研究创新点。本书的研究创新点主要表现在：①从集成推广视角入手，明确多项化肥农药减量增效技术集成协同推广机制。全面落实化肥农药减量增效涉及品种、用量和使用方法等多个环节，依靠单一技术难以实现，本书以"一揽子"化肥农药减量增效技术为研究对象，基于农户采纳视角对集成推广多项技术的关联效应、农户偏好、影响因素与推进路径等进行分析，为进一步落实农业投入品减量化行动提供有效路径。②多视角结合揭示减量增效技术集成推广机制。本书将农户减量增效技术采纳决策、技术扩散动态特征、支持政策需求等有机融合，以期更准确地揭示提高技术集成推广效率的有效形式与政策条件，从而更系统地构建减量增效技术集成推广机制。

① 全省水稻田间管理机械化技术培训班在温岭举办［EB/OL］．［2022－06－23］．人民资讯．https：//baijiahao.baidu.com/s？id＝1736394726045836272&wfr＝spider&for＝pc.

② 国家统计局．国家统计局关于2019年夏粮产量数据的公告［EB/OL］．［2019－07－13］．https：//data.stats.gov.cn/search.htm？s＝2019%20%E5%B1%B1%E4%B8%9C%20%E5%B0%8F%E9%BA%A6%20%E9%9D%A2%E7%A7%AF.

第二章 理论基础与国内外相关研究

第一节 理论基础

一、技术扩散理论

创新扩散理论最早可以追溯到 19 世纪末期，社会学家加布里尔·塔尔德（2008）将"模仿"视为一切社会行动传播或者扩散的基本方式，认为个体特征、社会结构、文化观念、大众传媒和社会互动等因素都会对创新的扩散产生影响。1943 年，美国农业社会学家布莱斯·瑞恩（Bryce Ryan）和尼尔·格罗斯（Neal Gross）详细地分析了美国杂交玉米品种的扩散过程与扩散机制问题，该研究成为农业技术创新扩散实证分析的奠基之作。随后，国内外学者围绕技术扩散问题形成了诸多经典理论学说，进行了丰富多样的实证研究。

（一）技术空间扩散理论

随着区域经济学和经济地理学的不断发展，技术扩散理论也得到了完善与深化。1960 年，Borts 首次提出了新古典区域增长模型，也称技术完全扩散模型。该模型假设技术是纯公共性的产品，在地区之间的扩散是瞬间且无成本的，因此技术水平不存在空间差异。1975 年，Kaldor 提出了维多恩—卡多尔法则（Verdoon-Kaldor Law）和技术完全不扩散模型。与技术完全扩散模型相比，该模型假设技术的扩散是缓慢甚至是不流动的，因此技术效益往往只集中在创新的源地。然而，无论是技术完全扩散模型还是技术完全不扩散模型对技术扩散过快或过缓的假设都缺乏足够的解释力度。

20 世纪 70 年代后期起，区域经济学家和地理经济学家们在技术扩散理论中融合了地理学"空间"和"距离"的概念，提出了技术不完全扩散假设，认为技术会在时间维度和空间维度呈现缓慢的扩散，并遵循一定空间和时间规律。其中，技术空间扩散理论（Spatial Diffusion of Technology）是技术不完全扩散假设下的代表理论。1967年，经济地理学家哈格斯特朗（T. Hagerstrand）在他发表的《作为创新过程的空间扩散》（Spatial Diffusion as an Innovation Process）一文中率先对技术空间扩散问题进行了全面分析，为随后空间扩散理论的构建奠定了基础。哈格斯特朗认为，技术之所以能够在技术潜在采纳者中扩散，主要依靠的是个体之间的社会网络与社会学习，通过在沟通的过程中传达技术信息从而实现技术扩散。由于空间距离是影响沟通的重要因素，因此技术扩散效果会随着空间距离的增大而下降。基于此规律，技术空间扩散过程会先后经历初始扩散、中期扩散和饱和三个阶段（Hagerstrand，1967）。在初始扩散阶段，技术仅被少部分人拥有，技术创新源地会与周边地区形成显著势差；在中期扩散阶段，创新开始从创新源地的集聚处向四周呈放射状扩散，技术的覆盖面积逐渐扩大；在饱和阶段，技术的扩散范围达到最大，空间距离对技术扩散的影响力逐渐缩小，直到技术扩散最终完成。1969年，Siebert提出了空间扩散理论，归纳了半流动性的知识和技术在时间和空间维度中的缓慢扩散过程。在影响技术扩散的重要因素中，不应该忽略技术研发和接受对象特征，以及双方的沟通交流过程。

在空间扩散理论基础上进一步衍生出了技术扩散路径分析。Darwent（1969）和Morrill（1970）认为技术扩散过程遵循波浪式扩散路径，因此空间距离是影响技术创新从源头向四周扩散的重要因素，创新源地会对周边地区表现出一定的邻里效应（Neighborhood Effect）和示范效应（Demonstration Effect），技术也会形成一定的集聚效应（Aggregation Effect）。Casetti和Semple（1969）、Pedersen（1970）、Richardson（1973）认为技术扩散遵循等级扩散路径，空间距离并不是技术扩散的决定因素，而是根据潜在技术采纳者采纳技术的能力级别呈现出不连续、跳跃式的扩散，呈现出等级效应（Hierarchy Effect）和轴向效应（Axial Effect）的扩散规律。20世纪80年代，Abramovitz（1986）、Fagerberg（1987）等提出了技术差距理论（Technological Gap Theory），进一步从技术在不同主体间的"追赶"（Catching Up）或"掉队"（Falling Behind）视角解释技术在国家之间的扩散问题。

（二）罗杰斯的创新扩散理论

罗杰斯是20世纪著名的美国社会学家和传播学家。1962年，罗杰斯（E. M. Rogers）在《创新的扩散》一书中提出了创新扩散理论，此书成为技术扩散领域的经典著作。罗杰斯将创新扩散定义为"某项创新在某时间段内通过特定的沟通渠道在某社会体系成员里进行传播的过程"（Rogers，2003）。其中，创新、传播渠道、时间和社会系统是创新推广过程中的四大要素。

1. 创新（Innovation）

罗杰斯认为，技术属性是技术推广方式与内容的重要影响因素，传统研究中将技术视为同质是错误的。一项技术创新被个体感知到的属性可以从相对优势、兼容性、复杂性、可试性和可观察性五个方面来表述。相对优势是指新技术相对于被其取代的传统技术的优越性，通常利用经济指标、社会声望和技术复杂性等主观指标来衡量。兼容性是从人们主观可接受角度来讲的，指新技术与固有文化价值传统、经验及采纳者需求相一致的程度，兼容程度越高，潜在采纳者对技术越认可，技术扩散速度越快。复杂性是指潜在技术采纳者掌握、理解和实践该项技术创新的难度与成本要求，复杂性越高，技术扩散过程越慢。可试性是指技术试用的可能性，如果技术能够被试验则相比于口头表达的概念更容易被采纳。可观察性是指潜在技术采纳者对技术实践过程及结果的观察程度，若技术能够被充分观察并在潜在采纳者中引起讨论则有助于该项技术的扩散。

2. 传播渠道（Communication Channels）

创新传播渠道是指传递和分享技术信息的渠道与方式，主要分为大众传媒和人际沟通两类。其中，大众传媒是受众面最广的信息传播途径，包括广播、电视、报纸等；人际沟通是指人与人之间进行的口头交流。选择合适的创新传播渠道会显著影响技术的扩散效率。罗杰斯的观点是，人际沟通是说服潜在采纳者最有效的方式，尤其是具有相似社会地位、经济地位、教育背景的人之间的一对一、面对面沟通最为有效，因为与客观的研究结论相比，大多数反而更相信主观的评价信息，他们之间更容易产生同质化沟通，可以进行信息的平等交换。大众传媒在技术扩散初期的推动作用是很明显的，而人际沟通在技术扩散后期对促进个体采纳更为有效。

3. 时间（Time）

创新扩散的时间维度体现在以下三个方面：

第一，个人对创新采纳与否的决策是一个过程，个体在接触技术后会形成初步"认知"（Knowledge），经过一段时间搜集技术相关的信息对技术进行评价，从而进入"说服"（Persuasion）和"决策"（Decision）阶段，进而决定是否进入"执行"（Implementation）和"确认"（Confirmation）阶段。

第二，根据个体创新精神的不同，即个体在同一群体中技术采纳的顺序，技术采纳者可分为创新先驱者（群体中最具有冒险精神以及相应财力和知识水平的群体）、早期采用者（群体中实践创新的榜样者）、早期追随者（通过不断与同伴进行交流，谨慎地跟随创新榜样）、晚期追随者（时常抱着风险规避的态度）和落后者（系统中最保守的群体，对创新抱着抵制的态度）五类。

第三，鉴于个体技术采纳情况不同，技术采纳率（体系内成员达到采用创新的特定百分比数值所用的时间）呈现出"S"形曲线规律特征。在技术扩散初期，只有少数创新者采纳该项技术，随后曲线开始快速上升，技术扩散速度加快，直到成员普遍采纳该项技术后，曲线重新变得平缓，接近技术扩散的临界点，技术扩散最终完成。

4. 社会系统（Social System）

社会系统被定义为"一组需要面对同样问题、有着同样目标团体的集合"（罗杰斯，2002）。特定宏观体系中的社会结构会对技术的扩散造成影响。其中，社会规则（正式社会结构和非正式社会结构）、意见领袖（主要通过非正式社会结构来影响内部其他人的看法和态度）和技术推广体系中推广人员角色（作为外部专业人员向其他人传达和教授相关信息）、创新决策类型（个体决策模式、意见收集决策模式和权威决策模式）等都是影响技术采纳的重要因素。

相比于单方面关注采纳技术创新对象或者创新过程的理论，罗杰斯的创新扩散理论将宏观与微观视角结合起来对创新如何在社会系统中扩散和传播的问题进行了全面而深入的分析，形成了涵盖包括微观个体采纳决策过程和宏观技术扩散过程在内的理论框架。

二、技术推广理论

（一）农业推广框架理论

Albrecht 和 Bergmann（1987）提出了农业推广框架理论（见图 2-1）。农业推广框架由推广服务系统和目标群体系统两个基本子系统组成。推广服务系统由所属政府的农技推广人员、农技推广组织结构及其环境组成，决定着技术推广的政策与方式，诱导、干预目标群体系统的技术采纳行为。目标群体系统由农户、

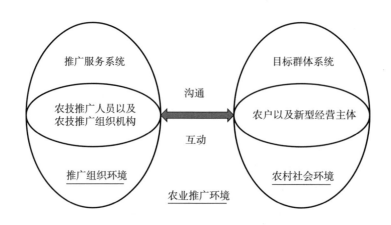

图 2-1　农业推广框架理论

新型经营主体及农村社会环境组成，目标群体系统的接受效率是判断技术推广效果的指标。

根据农业推广框架理论，农业技术推广的本质是推广服务系统和目标群体系统之间的沟通与互动，因此技术推广的信息和方法是影响技术扩散效果的重要因素。促进农户的技术采纳行为必须要寻找最佳的沟通与互动方式。

（二）双向沟通理论

早期农业技术推广理论由于单一化的沟通方式造成信息不对称，往往实现不了技术推广的预期效果。这是由于随着农业生产方式的不断发展，不同农户之间的禀赋与生产环境异质性越来越大，从而产生了不同的技术需求。

20 世纪 70 年代起，技术推广体系逐步引入双向沟通理论，从技术沟通过程入手优化技术推广方式。双向沟通理论认为，技术推广内容（技术相关信息）与推广方法（沟通方式）是技术推广的关键要素。虽然技术属性特征与规范是固定的，但是农户对这些信息的接受程度和理解能力随着学历、经验和环境的不同而不同。因此，双向沟通理论指出，技术推广体系需要构成一个信息的循环过程：一方面，技术推广的沟通体系应该根据农户的技术需求与接受程度设计不同的沟通方式；另一方面，农户需要将自己拥有的信息反馈给技术推广主体。

三、农户行为理论

（一）农户行为理论

农户生产行为是满足家庭消费需要还是追求资源配置的最大利润，一直是学术界不停争论的问题。根据对这个问题的回答，经典农户行为理论主要可以分为以下三个流派：

1. "生产—组织" 学派

"生产—组织" 学派产生于 20 世纪 20 年代末期。该理论的奠基人为恰亚诺夫（Chayanov），其代表作为《农民经济组织》（恰亚诺夫，1996）。恰亚诺夫认为，小农经济的生产目标是满足家庭消费，等同于自给自足的自然经济，农户只依据自身劳动对消费的满足程度进行生产决策，可归结为 "边际主义的劳动—消费均衡论"。在该理论中，农户并不以边际收益作为劳动力投入依据，而是会不停地投入家庭劳动力来扩大农场规模，从而满足家庭的消费需求，因此小农是 "非理性" 和 "低效率" 的。斯科特（2013）在恰亚诺夫的理论基础上进一步阐述了 "生产—组织" 学派的逻辑基础，即小农户会将满足家庭消费需求以维持生存作为生产的唯一目标，是一群保守的 "生存小农"。

2. 理性行为学派

理性行为学派的奠基人为舒尔茨（Schultz），其代表作为《改造传统农业》

（舒尔茨，2021）。理性行为学派以"理性经济人"假设为理论逻辑起点，认为传统农业下小农就像是完全竞争条件下的企业家一样，对生产要素配置中的边际成本和边际收益非常敏感，追求生产要素的合理使用和有效配置，因此小农是"贫穷而有效率的"，改造传统农业主要依靠现代技术要素的合理投入。Popkin（1979）进一步深化了舒尔茨的理论，归纳并形成了理性行为学派"舒尔茨—波普金命题"，即农户是在个人偏好的基础上，对可能出现的各项结果进行衡量后，选择出效益最大化结果的理性经济人。

3. 历史学派

历史学派的奠基人是黄宗智，其代表作为《长江三角洲小农家庭与乡村发展》（黄宗智，2000）。历史学派认为，农村经济的发展势必会经历密集化阶段、过密化阶段和发展阶段三个过程。农户并不是"生产—组织"学派阐述的"生存小农"，也不是理性行为学派所指的"理性经济人"。黄宗智教授认为当时我国农业还处在过密化阶段，家庭剩余劳动力过多导致了劳动力机会成本几乎为零，不能成为真正意义上的雇佣劳动力。仅仅依靠农业收入的小农不足以支持家庭消费，还需要同时实践手工业等家庭兼业作为收入的补充，因此小农就像是需要依靠家庭兼业作为"拐杖"才能行走的"病人"。

（二）农户技术采纳行为

农业技术采纳行为理论的起点为"理性经济人"假设。"理性经济人"会以实现自身效益最大化为目标来选择对自己最有利的决策（Smith，1776）。在确定性的情况下，最大化效用的行为很容易确定，而个体在进行行为决策时通常会面临"风险"与"不确定"共存的情况，决策结果不能被个体知晓和控制，因此个体会对各种可能出现的结果的预期效用（Expected Utility）进行评价后再决策（Von Neumann and Morgenstern，1944）。预期效用最大化模型可表达为：

$$U(X) = E = \sum t_i u_i(X_i) \tag{2-1}$$

式（2-1）中，X 是基于个体偏好所做的效益最大化决策结果，t_i 表示在风险和不确定下可能出现的各种结果 X_i 的概率，$\sum t_i = 0$。

农户技术采纳行为就是基于预期效益最大化的技术决策过程。农户会对新技术和现有技术的生产效益（利润和产量）进行比较，在其他条件不变的情况下，只有当采纳新技术带来的预期收益大于现有技术的预期收益时，农户才会采纳该项新技术。反之，即便新技术的预期边际收益大于边际成本，农户也不会采纳该项技术（孔祥智等，2004）。农户采纳新技术的条件可表示为：

$$P \cdot G(X) \tilde{e}(Z) - (w+r) \cdot X \geq P_0 \cdot F(X) - rX \tag{2-2}$$

式（2-2）中，$G(X)$ 和 $F(X)$ 分别为新技术采纳后和现有技术的生产函数，X 为一系列生产要素，P 和 P_0 分别表示新技术和现有技术下的产品价格，w 和 r 分别表示新技术采纳后的新增单位成本与现有技术下的单位成本，$\tilde{e}(Z)$ 为农户禀赋等因素影响 Z 所决定的主观风险函数。只有在一项新技术满足式（2-2）的条件下，以追求财富预期效用最大化为目标的生产者才会选择新技术。

第二节　国内外相关研究

一、农户化肥农药使用研究概述

化肥、农药是非常重要的农业生产资料，在促进粮食增产和农业发展方面起了不可替代的作用。目前，学术界围绕我国农户的化肥农药使用已经积累了丰富的实证研究。为了从整体把握这一领域的研究现状、趋势与研究热点，本节对以"我国农户化肥、农药使用"为主题的研究进行文献计量分析。

本节的文献计量以"农户""化肥""农药"为主题进行检索，以 2000 年 1 月 1 日至 2022 年 5 月 1 日为检索时间段，从中国知网数据库（包括中国学术期刊网络出版总库、教育期刊、中国博士学位论文全文数据库、中国优秀硕士学位论文全文数据库、中国重要会议论文全文数据库、国际会议论文全文数据库、中国重要报纸全文数据库和中国学术辑刊全文数据库）中进行文献检索。为提高研究的有效性，只保留核心期刊论文，并去掉非农业经济领域、非学术性质的论文和与主题不符的论文，形成可供分析的论文库。

从检索结果来看，筛选后我国以"农户化肥、农药使用"为主题的核心期刊学术型文献共 829 篇。从时间分布来看（见表 2-1），相关文献在 2009~2022 年呈现明显的增加趋势，发文量都在百篇以上（除 2012~2014 年），2018~2020 年达到了 220 篇。从期刊分布来看（见表 2-2），发文量最高的 5 本杂志分别为《农业技术经济》、《中国农村经济》、《农业经济问题》、《中国农村观察》和《中国生态农业学报》。

表 2-1　我国农户化肥、农药使用研究发文量的时间分布

时间段	发文量（篇）
2000~2002 年	9

续表

时间段	发文量（篇）
2003～2005 年	15
2006～2008 年	39
2009～2011 年	103
2012～2014 年	96
2015～2017 年	153
2018～2020 年	220
2021～2022 年	194

资料来源：中国知网。

表 2-2 我国农户化肥、农药使用研究发文量 5 篇以上的期刊分布

期刊	发文量（篇）
《农业技术经济》	44
《中国农村经济》	29
《农业经济问题》	12
《中国农村观察》	10
《中国生态农业学报》	8
《中国土地科学》	7
《中国农业科学》	6
《管理世界》	5

资料来源：中国知网。

　　根据关键词统计，我国农户化肥农药使用研究的热点主要集中在以下三个方面（见表2-3）：一是农户化肥、农药使用行为研究，包括化肥、农药施用量测算，施肥、施药行为，化肥、农药购买行为等；二是化肥、农药相关技术及其采纳行为研究，包括测土配方施肥技术、有机肥、生物农药的采纳行为以及风险规避、农户特征、技术培训、产业组织等因素对行为的影响；三是过量施用化肥、农药的影响分析，包括面源污染、食品安全、生态环境污染等。从研究方法来看，该领域常用的研究方法主要有结构方程模式、Logistic 模型、因子分析和损害控制模型等。研究涉及的主要产业包括水稻、蔬菜、粮食、茶叶和小麦等。

表 2-3　我国农户化肥、农药使用研究的热点及其代表关键词

研究热点	代表关键词
农户化肥、农药使用行为研究	过量施用、农药施用、化肥施用、施肥量、化肥减量、购买行为、农药残留、化肥投入、安全施药、施用强度、技术效率
化肥、农药相关技术及其采纳行为研究	测土配方施肥技术、有机肥、生物农药、无公害农药、风险规避、技术采用、农户认知、农户特征、技术培训、产业组织、土地流转、要素替代、农户禀赋
过量施用化肥、农药的影响分析	面源污染、质量安全、食品安全、生态环境、环境污染

资料来源：中国知网。

二、农户化肥农药使用效率研究

根据前文文献计量结果，我国农业生产中的化肥、农药投入量与化肥、农药利用效果是学者们普遍关注的热点问题。已有研究通过构建生产函数或效率函数，对特定时间、特定产业背景下农户化肥、农药使用效率或者效果问题进行了探究。

宏观层面的研究主要集中在化肥、农药投入总量、强度、空间和时间结构以及增产效果、效率测算等方面。化肥是我国粮食增长的重要保障（王祖力、肖海峰，2008），然而，随着化肥利用效率下降、农产品结构调整和区域产业结构调整，我国化肥施用总量不断增加，已经明显超出了国际合理标准（潘丹，2014）。张利庠等（2008）构建了 1952~2006 年我国粮食产业生产函数，研究结果表明，化肥对粮食的增产效应呈现先大后小的趋势且在 2000 年后变得不显著。徐卫涛等（2010）利用脱钩理论研究发现，1999~2007 年，我国化肥施用总量增速已经远超过粮食产量增速。朱满德等（2017）针对晚籼稻、粳稻等粮食作物的分类研究也得出了相似的结论。除了总量过量，化肥和农药使用效率低也是我国在化肥、农药使用方面存在的一个重要问题。杨增旭和韩洪云（2011）、王建华和吴林海（2013）分别利用随机前沿函数方法、K-means 聚类和 DEA-Malmquist 指数方法分析表明我国化肥和农药施用技术效率普遍偏低。综观已有研究，当前我国化肥、农药施用过量已经成为不争的事实。王则宇等（2018）以我国 2000~2014 年 31 个省份的面板数据测算了我国粮食生产技术效率和化肥利用效率，结果表明全国粮食生产技术效率平均为 0.7906，化肥利用技术效率平均为 0.3184，说明粮食生产中化肥利用效率很低，在其他要素投入一定的情况下，68.16% 的化肥使用量可以减少且不影响粮食产量，且 2000~2014 年粮食生产技术效率、化肥利用效率都呈波动递增趋势。

基于农户调查数据的微观研究同样支持这一结论。林源和马骥（2013）对华北平原小麦种植户的分析表明，72.4%的农户存在过量施用化肥的情况，氮肥、磷肥和钾肥的折纯量均存在不同程度的经济过量。杨万江和李琪（2016）利用同样的方法测算出我国稻农平均技术效率为0.89，而史常亮等（2015）根据广东、湖北、云南和浙江的调研数据测算出的稻农化肥施用技术效率仅为0.35。农药使用同样存在总量过量与生产效率过低的问题（张宗毅，2011；周曙东、张宗毅，2013）。朱淀等（2014）利用苏南地区稻农样本和指数分布的损害控制模型测算结果表明，农药的边际生产率接近于零。Zhang等（2015）研究发现，我国农户面临着大部分病虫害农药施用过量和少部分病虫害农药施用不足同时存在的情况。王萍萍等（2020）运用2004~2015年的面板数据分析表明，当前我国小麦和水稻化肥施用的技术效率分别仅为0.529和0.695，处于较低的水平且明显低于其生产的技术效率（小麦和水稻生产的技术效率分别为0.804和0.950）。同时，小麦和水稻的化肥施用技术效率还呈现出空间相关关系。彭魏倬加（2021）利用湖南怀化、邵阳、永州、益阳4市受访农户的微观调查数据，采用随机前沿生产函数测算得出农户农业生产技术效率平均值为0.76，其中化肥和农药投入产出弹性分别为0.14%和0.08%，运用化肥、农药、作物种子等现代生物技术依然有一定的增产可能。

总结来看，现有研究分别从微观和宏观层面，针对我国粮食、水稻、小麦等作物生产过程中化肥、农药的施用量、增产效果和使用效率等方面进行了定量分析。研究结果普遍表明，从经济视角来看，我国粮食产业化肥、农药投入过量已经成为一个不争的事实。

三、农户技术采纳行为机理研究

在明确化肥、农药施用过量与效率过低这一事实的基础上，更多研究将视角转向农户化肥、农药使用及相关技术采纳的行为机理分析上。国内外学者结合我国农业发展阶段与农户群体特征，运用各类计量模型，对生产主体（主要是农户）化肥、农药使用及相关技术采纳的行为机理、行为特征与影响因素进行了大量研究，为如何实现减量增效技术推广提供了参考。

（一）农户化肥、农药使用及相关技术采纳的行为影响因素

1. 个体、家庭禀赋条件与技术特征

农户的个人禀赋（如受教育程度、生产经验）、家庭经营特征（劳动力数量、种植面积、耕地条件、耕地细碎化程度、兼业程度等）是影响化肥、农药使用及相关技术采纳的重要因素，在研究中被不断提及（张宗毅，2011；杨增旭、韩洪云，2011；史恒通等，2013；Borges et al.，2014；Khan and Damalas，2015；

Kabir and Rainis，2015；黄炜虹等，2016；文长存、吴敬学，2016；Mills et al.，2017；Zeweld et al.，2017；李琪、李凯，2022；张康洁等，2021；李立朋等，2022；郭清卉等，2021）。此外，也有研究表明社会资本有助于促进农户对减量增效技术的采纳（Hunecke et al.，2017）。秦明等（2016）基于吉林省703户农户数据进行分析，研究结果表明，参加合作社、有村干部等社会资本能够显著提高测土配方技术的采纳意愿，尤其对受教育程度更高的农户效果更明显。张童朝等（2017）基于山东省和湖北省农户数据和熵值法、CVM方法分析表明，以社会参与、人际信任、制度信任和互惠规范角度衡量的社会资本可显著增强农户对秸秆还田的投资意愿。

然而，长期以来我国农户施肥、施药行为都具有主观性和盲目性（李纪华等，2015）。发展经济学理论普遍认为，风险规避态度是对发展中国家农户非理性行为决策的重要解释（Cardenas and Carpenter，2004）。我国农户资源禀赋相近，境况相似，大多数针对风险规避的测量结果均表明我国农民群体属于典型的风险规避者，具有风险厌恶的特征（侯麟科等，2014；罗明忠、陈江华，2016）。此外，农业欠发达国家农户主要依靠成本收益做出决策而不关心环境效益（Sheriff，2005），加之我国农户群体普遍年纪偏大且受教育程度偏低（Yang et al.，2012）、环境保护意识差（王常伟、顾海英，2012），缺乏对正确施肥、施药行为与技术的认知（程鹏飞等，2021）。由于上述因素都不是短时间内能够得以改善的，因此从农户个体因素入手对行为进行优化很难取得明显效果。

从技术本身的角度来看，农户在追求效益和规避风险的特征下，倾向于采纳低成本、高收益、经营风险小、可节约各类投入要素的生产方式与技术（董君，2012；谈存峰等，2017）。然而，绿色生产技术具有投入大、资产专用性强等特征（刘帅等，2020），对生产要素和生产管理的要求普遍较高（蔡书凯，2013）。要掌握减量增效技术，农户需要付出更多的学习成本、交易成本来满足技术要求（周建华等，2012），部分技术带来的成本增加甚至会降低投入产出比（祝华军、田志宏，2012），技术实践风险更高（蔡书凯，2013）。因此，生产面积小、生产能力弱的稻农难免会对化肥、农药减量增效技术持谨慎态度，从而在很大程度上抑制该项技术的推广。

除了农户个体、家庭的内部因素，农业生产所处的自然环境、政府及新型经营主体营造的技术推广环境与服务等都是影响生产行为与技术采纳的重要因素，引起了越来越多学者的关注。

2. 信息渠道、环境感知与风险态度

信息渠道是促进农户有效利用化肥、农药的关键渠道之一。石志恒和张可馨（2022）利用甘肃省617份农户调查数据分析认为，信息渠道对农户绿色防控技术采纳行为有正向影响，转型动机、行为技巧也通过信息被激活，且信息获取渠道越多，被激活程度越高。除了传统信息渠道，有研究指出，互联网的使用对农户绿色生产技术采纳行为有积极影响，是社会网络的一种替代（马千惠等，2022）。

农户对生态环境和农产品质量安全的感知或态度也是影响农户施肥施药行为的重要因素。研究认为，农户越关注环境问题或农产品质量安全问题，施肥、施药行为越规范，越愿意采纳减量增效技术（Teshome et al.，2016；童洪志、刘伟，2017）。吴雪莲等（2016）基于计划行为理论的分析表明，农户越认可高效农药喷雾技术的环境效益和经济效益，越能够促进其对高效农药喷雾技术的采纳。郭利京和赵瑾（2017）基于江苏省639户稻农样本和认知冲突理论分析了农户对生物农药的施用意愿。情境调查法表明，农户对生物农药施用方法的认知和对改善环境效果的认知能够显著促进农户对生物农药的采用，农户对社会规范的认同也会促进其对生物农药的采用，而认知冲突在其中起到了中介作用。风险规避和缺乏足够的信息被认为是影响农户过量施用化肥、农药的关键原因。米建伟等（2012）关于棉农农药使用行为的分析认为，较高风险规避程度的农户会施用更多农药和选择更多种类农药来避免可能的产量损失与生产的不确定性。王常伟和顾海英（2012）、仇焕广等（2014）的研究同样得出了相似的结论。纪月清等（2016）利用全国农村固定观察点数据分析表明，由于农资市场不完善，农户不能掌握全部农资信息，这种信息的缺乏导致了化肥的过量施用。代首寒等（2021）从农户感知利益视角分析了黑龙江省385个种植户绿色施肥行为，结果表明，感知经济利益对农户绿色施肥行为有显著的促进作用，感知生态利益的影响则不显著。

可见，已有研究证明了农户认知、风险态度和个人、家庭禀赋特征等内部因素均是影响施肥施药行为和技术采纳行为的重要因素，然而在受教育程度总体偏低的背景下，我国农户群体技术认知与生产能力提升的过程是缓慢的。因此，相较于从农户本身出发，针对培训、服务等外部因素的研究对于现实的指导意义更强。

3. 政府支持与市场激励

作为公共服务主体，政府所开展的农技推广与培训服务是影响化肥、农药使用行为的重要因素（朱利群等，2018；李忠鞠等，2021）。Emmanuel等（2016）基于加纳稻农数据进行分析，研究结果表明，在解决内生性和"自选择"问题后，农技推广服务能够显著提高农户的化肥使用效率。华春林等（2013）利用陕西省农户数据和得分倾向匹配法分析表明，在参与了测土配方施肥培训项目后，农户的化肥投入量会显著少于预期投入量，并且小范围、更有针对性的技术培训会更有效果。应瑞瑶和朱勇（2015）基于对江苏省水稻种植户的实验经济学分析表明，农业技术培训对于减少农户化肥过量施用是有效的，进一步缓解过量行为需要提高技术培训强度。除了技能培训外，政府农技人员的指导以及农业信息的发布也能起到与技术培训类似的作用（罗小娟等，2013；储成兵，2015）。但是也有研究认为，技术培训对我国农户减量施肥行为的影响微不足道（Pan，2014），甚至有负向影响（Hua et al.，2017）。

政府政策、制度与补贴也会对农户生产产生影响。黄祖辉等（2016）基于全国986个农户的调查数据分析了不同政策对施药行为产生的影响：政府发布的具有命令性和较强惩罚性的政策能够有效规范农户的施药行为；而约束能力相对较弱的技术宣传与培训则未能显著控制农户对农药的过量施用；市场化的激励政策对于规范施药行为和控制过量投入均具有一定的作用。耿宇宁等（2017）基于陕西省猕猴桃种植户的研究发现，生物防治技术的推广需要依靠政府加大科技示范力度并且提供财政补贴来实现，缺少示范和补贴会导致生物防治技术推广不足。童洪志和刘伟（2017）对西北和华北地区农户的调研发现，政府监管约束与惩罚、补贴、信息诱导三种政策工具均对农户采纳秸秆还田技术有显著的正向影响。

值得注意的是，从研究结论来看，政府的监管作用更多体现在安全间隔期和农药残留等"显性"问题上而非对化肥、农药过量施用问题的约束上。王建华等（2015）研究发现，政府管制虽然有助于引导农户重视安全间隔期和农药残留问题，但并不能有效控制农户过量施用农药的行为，原因在于政府无法有效履行对农户过量施药行为的监管职能。代云云等（2015）研究发现，政府颁布的农药管理政策反而会增加农药用量，主要原因在于减量使用农药后农产品价格没有提高。

因此，有研究指出，市场激励也具有激励农户转型的积极意义（杨兴杰等，2021）。相较而言，市场激励要比政策支持更为有效（余威震等，2020；王桂霞、杨义风，2021）。构建农业产业链是对小农户形成市场激励的有效手段，然而现有产业模式尚未满足农户绿色低碳转型的现实诉求，绿色低碳生产要求建立更为稳定的产业组织关系，通过一系列组织安排实现生产控制（刘帅等，2020）。经验研究表明，组织嵌入有助于制止小农户的机会主义行为，塑造绿色低碳的生产习惯（张康洁等，2021；Apurbo et al.，2021），但不同契约安排的作用效果各异，并且还存在很多待解决的问题，集中体现在小农户生产不规范、履约率低、主体利润分配不均等方面。例如，王桂霞和杨义风（2021）认为，在行为目标异质性驱动下，市场和政府对不同类型农户有机肥替代化肥技术采纳行为的影响呈现差异性。其中，市场驱动分别在5%和1%的水平上对生产型和功能型农户具有显著正向影响，政府激励在5%的水平上对生存型、生产型农户具有显著正向影响，在1%的水平上对功能型农户具有显著正向影响。

4. 新型经营主体指导与带动

随着大力培育新型农业经营主体的目标不断明确，新型农业经营主体在规范农户化肥农药使用和促进相关技术采纳上的作用越来越受到重视。已有研究表明，各类产业化组织形式，包括签订销售合同、生产合同和加入合作社等都有助于减少农户的化肥、农药施用量（刘帅等，2020）。田云等（2015）对湖北省农户的分析表明，成为合作社社员的农户更倾向于选择低于标准或按标准施用化肥。企业、新型经营主体之所以能够直接起到控制化肥、农药使用的作用，主要是因为企业会对生产过程和生产质量提出要求（如制定最低收购标准、制定农产品分拣标准），要求越高，农户生产越规范（毛飞、孔祥智，2011）。

参与产业化组织在促进农户减量增效技术采纳上的作用更加显著。Kabir和Rainis（2015）对孟加拉国331个蔬菜种植户的数据分析表明，签订生产合同能够显著促进农户对有害生物综合治理（Integrated Pest Management，IPM）技术的采纳。耿宇宁等（2017）基于陕西省猕猴桃种植户的研究发现，"农户+合作社"模式促进了农户对果园生草技术的采纳，"农户+涉农企业"模式促进了农户对人工释放天敌技术和生物农药技术的采纳。应瑞瑶和徐斌（2017）利用全国七省水稻种植户调研数据和倾向得分匹配方法（Propensity Score Matching，PSM）发现，参与统防统治的农户与自防自治的农户相比显著降低了农药施用强度并提高了无公害低毒农药的采用比例。此外，傅新红和宋汶庭（2010）、褚彩虹等（2012）和刘乐等（2017）分别发现参与合作组织对购买生物农药、采用有机肥和实施秸秆还田具有显著促进作用。张康洁等（2021）以黑龙江、吉林、湖北、安徽四省稻农为样本分析了产业组织模式对稻农绿色生产行为的影响机制。研究表明，纵向协作模式和横向合作模式对稻农绿色生产采纳度具有正向显著作用，且横向合作模式作用更明显。

5. 社会化服务兴起与带动

值得注意的是，随着农业社会化服务产业的兴起，现有研究肯定了农业生产性服务对农户绿色生产的带动作用。服务既可以通过规模化降低绿色生产的技术门槛和成本，也能够通过参与农资产品和生产方式选择调动农民参与绿色生产的自觉性与主动性（沈兴兴等，2020）。例如，应瑞瑶和徐斌（2017）的研究表明，植保专业化服务显著减少了农药施用强度，并且提高了无公害低毒农药的采用比例。Li等（2018）通过空间计量模型分析表明，物资服务对稻农劳动和知识密集型减量增效技术采纳行为具有显著的正向影响，而信息服务对资金和劳动密集型技术的采纳有一定的正向影响。郑旭媛等（2022）分析了施肥外包服务对兼业农户施肥行为的影响，结果表明，施肥外包服务能够缓解兼业农户施肥次数的减少，但是在兼业对农户施肥偏离的影响中没有产生显著的调节作用。

然而，王常伟和顾海英（2012）却发现参与产业化组织的农户会增加农药的用量。史恒通等（2013）也发现，由于苹果种植户要争取苹果达到销售合同中所规定的大小和产量，因此会增加化肥的施用量。高瑛等（2017）的研究也发现，加入合作社等对绿色高效技术采纳的促进作用并不明显。鉴于已有研究结论反映出产业化组织的引导与示范作用的具体影响差别较大，因此就农户落实减量增效而言，新型经营主体如何带动农户，以何种形式带动农户，可能是更加重要的问题。

已有研究也针对农户对社会化服务需求方面展开了探讨。庄丽娟和贺梅英（2010）利用荔枝产区数据研究发现，农户最偏好技术服务、销售服务和农资购买服务，农户自身特征和服务信息来源对服务需求有显著影响。李荣耀等（2015）利用15个省份的调查数据表明，种植业农户对种苗提供、农产品销售等服务的需求最迫切，地区、收入水平、是不是合作社成员、受教育程度和经营类型等因素都会对需求顺序产生影响。尤其针对日益发展的土地托管模式，研究指出，尽管"耕种管收"等劳动密集型生产环节托管比例不断提升，但小农户参与土地托管的积极性仍待提高（肖建英等，2018）。其中，生产托管的经济效益与生产托管的认知水平对农户参与生产托管的诱导效应最显著（刘洪彬等，2020；韩青等，2021）。此外，家庭兼业水平、生产规模、风险规避态度、社会关系网络等因素也会显著影响农户托管需求（吕杰等，2020）。尽管现有研究已经做出了初步探索，但尚不足以掌握小农户的绿色生产托管服务需求意愿与需求差异。

（二）化肥、农药减量增效技术集成采纳行为研究

已有诸多研究基于农户行为理论探讨了农户减量增效技术采纳行为的相关问题，包括如何形成农户减量增效技术采纳意愿（吴雪莲等，2016；朱利群等，2018；李子琳等，2019）、如何激励农户技术采纳行为（杨志海，2018；毛慧等，2018；高杨等，2019）、影响农户采纳减量增效技术的各种因素（黄炎忠等，2020；张露，2020；王桂霞、杨义风，2021）等，涉及资源禀赋、风险态度、社会网络、社会资本、技术培训、政府政策等诸多研究视角。

本书将综述重点放在农户减量增效技术集成采纳行为研究上。由于资源禀赋有限，一般农户同时采纳多项技术的情况是较为少见的，技术、资金、劳动力等资源禀赋约束阻止了农户的完整采纳（Mann，1978）。Sied（2015）利用非洲597户农户数据分析表明，若农户采纳了可持续土地管理技术，则采纳绿色转型技术的可能性会降低。Tarfa等（2019）针对尼日利亚农户适应气候变化的技术

采纳的研究发现，多项适应气候变化的技术之间呈现出两两互补的特征。Tsinigo和Behrman（2017）利用Multinomial Probit模型探讨了加纳1016名小农户对改良水稻品种、化肥和农药三种技术相互组合的采纳行为。研究发现，化肥和改良品种的采纳行为存在显著的关联性。

国内关于环境友好型农业技术采纳决策的研究，大多以单项技术作为对象，考察特定因素对某项技术采纳决策的影响，如经营规模对实践测土配方的影响（张振等，2020）、个体认知对增施有机肥选择的影响（余威震等，2017）、技术感知对采纳生物农药的影响（畅华仪等，2019）等。仅有部分学者关注了农户在特定生产技术之间的选择偏好。例如，李想和穆月英（2013）、陈中督（2017）分别利用Multivariate Probit模型分析表明，辽宁省蔬菜种植户在各项可持续生产技术中、湖南省水稻种植户在各项低碳技术中的采纳行为均呈现出了互补或者替代的关联效应。罗小娟等（2013）研究发现采纳了测土配方施肥的种粮大户倾向于不再使用秸秆还田技术。耿宇宁等（2017）分析表明，农户对保护型生物防治技术与增强型生物防治技术的选择存在显著替代效应。上述研究均证明了我国农户技术采纳行为之间的确存在关联效应。

四、化肥农药减量增效技术扩散研究

近几年，我国政府立足转变农业生产方式的目标，整合多方科研力量，在品种、生产技术与模式等方面均取得了一系列技术创新成果。如何实现新型农业技术的有效扩散，提高技术的采纳率和覆盖面积是学术研究的又一重点领域。此类研究多以农业技术推广扩散过程为对象，分析农业技术创新在地区间的扩散速度、扩散路径等，并从社会环境、社会网络等方面分析各项影响因素。

（一）技术扩散规律研究

围绕农业技术扩散问题，部分学者从中观和宏观视角归纳了我国农业技术扩散特征和扩散过程，证明我国农业新技术的扩散过程普遍符合一般技术扩散规律。例如，胡瑞法等（1994）利用数学模型和调研数据证明了我国水稻良种技术的扩散呈现出明显的偏峰分布规律。李普峰等（2010）认为，在时间维度上，陕西省苹果种植技术符合"S"形扩散规律，在空间维度上呈现出等级扩散特征和空间扩散特征相融合的规律。陈品（2013）基于同样方法分析得知，江苏省机插稻技术和抛秧稻、手栽稻技术分别符合"S"形和"倒S"形扩散规律，直播稻技术的扩散特征是两种扩散规律的结合。李航飞（2020）分析发现试验区台湾兰花技术扩散经历了以台企为中心、以本地兰场为中心和以农民合作组织为中心的网络扩散阶段，扩散路径与扩散中心在不断变化。

罗杰斯（2002）指出，新技术本身的属性能够解释技术扩散情况的49%～

87%。不同农业技术属性及其导致的生产效益、技术风险等对技术推广产生不同的影响（满明俊等，2010）。王武科等（2008）以杨凌农业科技示范园区为例研究发现，由于公益性技术主要依靠政府推动，因此扩散方向由政府政策和投资方向所决定，而经营性技术扩散方向和路径取决于市场效益。唐博文等（2010）研究发现，影响农户采纳高产型技术（高产品种）和劳动节约型技术（产品加工）的因素具有明显差异。李同昇和罗雅丽（2016）基于"基础"范式，探讨了农业科技园区技术扩散的时间过程特征与空间过程特征及其影响机理。研究结果表明，园区技术扩散遵循"点—轴"扩散的基本规律，并呈现农业技术扩散"S"形曲线特征。从技术扩散的空间特征看，公益性技术扩散主要由政府推动，经营性技术扩散在宏观和中观尺度空间上表现出较为明显的规模等级扩散和跳跃扩散的特征，而微观尺度上则呈现出就近扩散的特点。但是受到数据收集难度较大的限制，动态的农业技术扩散研究在数量上还比较少。

（二）技术扩散影响因素研究

农业技术创新扩散过程对发展中国家而言仍是具有挑战性和关键性的环节（Dardak and Adham，2014），一些看似有效益的技术在欠发达国家面临缓慢且不全面的推广过程（Abdulai and Huffman，2005），因此很多研究从宏观社会环境或微观社会网络方面入手对技术扩散的影响因素进行分析，为提高新技术推广效率提供思路。

农业技术扩散存在于一定的社会环境下，因此农业发展阶段、基础设施、政府投入等都是影响技术扩散的宏观因素。Zhang 和 Yu（2007）利用文献分析发现，发展中国家农业技术研发和推广投入少是制约技术推广的重要原因，具体包括基础设施不完善、技术研发资源有限和缺少信贷机构等。

随着地理经济学和空间计量经济学的发展，有学者研究指出社会关系网络是农业技术推广和扩散的重要渠道。农业知识作为隐性知识，基于地缘和亲缘关系形成的社会网络能够为农户提供技术信息和技术支持，减少技术的不确定性（Bandiera and Rasul，2006；Läpple and Rensburg，2017；Olabisi et al.，2015；Zheng and Huang，2018）。在弱质性的小农背景下，复杂的网络社会情景，包括社会网络密度、技术的探索者和传播者数量都会影响技术的扩散效率（Ma et al.，2013）。研究普遍认为，农户依赖与邻居、邻地、亲属等周边农户构成的社会网络及其中的互动和交流来获取技术信息、减少技术的不确定性（Zhang et al.，2002；Baerenklau，2005；Bandiera and Rasul，2006；Lewis et al.，2011；Läpple and Rensburg，2017；Olabisi et al.，2015），从而促使农业技术通过亲属关系或者雇佣关系进行扩散，并呈现出同伴效应、从众效应（Holloway et al.，2002；Baerenklau，2005；Bandiera and Rasul，2006；Nguyen and Ford，2010；

Ramirez, 2013; Genius et al., 2014) 和地理空间集聚性 (Bjørkhaug and Bleke-saune, 2013; Wollni and Andersson, 2014) 等扩散特征。Conley 和 Udry (2010) 利用加纳 107 个田块数据研究农户使用有机肥与化肥的影响，研究发现，社会学习对技术扩散的影响主要表现在：每个农户会将部分邻居作为自我生产的信息来源，当农户对产量不满时，就会调整化肥投入与信息来源一致，尤其是刚开始种植的农户受信息来源农户的影响更强烈。Ramirez (2013) 利用社会网络分析方法和 195 户得克萨斯州农户数据证明了社会网络对灌溉技术的采纳具有重要的影响，在部分农户率先采纳了新技术后，技术会通过亲属关系或者雇佣关系进行扩散。Krishnan 和 Patnam (2014) 利用埃塞俄比亚 1999~2009 年农户数据分析表明，在化肥和良种技术推广的最初阶段，技术推广服务的投资回报率是很高的，然而到了推广后期，农户在邻居网络的学习作用比在技术推广部门的学习作用更持久。相比国外研究，国内研究针对农户之间的社会网络与社会学习对技术推广与扩散的影响分析明显不足。应瑞瑶和徐斌 (2014) 基于 7 个全国粮食主产区省份农户调研数据和空间 Probit 模型分析发现，农户对病虫害统防统治服务的采纳具有显著的示范效应，农户是否参与统防统治服务的决策会受到周边农户的影响。此外，刘洋等 (2015)、高瑛等 (2017) 等个别研究也将"与其他农户的交流情况""邻居是否会对自身技术采纳产生影响"作为变量放入模型中进行分析。

针对农业技术扩散问题的分析对研究方法的创新提出了要求。随着地理经济理论的不断发展，越来越多的前沿研究利用空间地理学方法进行分析，包括莫兰指数、空间滞后模型、空间杜宾模型等 (Wollni and Andersson, 2014; Bjørkhaug and Blekesaune, 2013; Martinát et al., 2016; Yang and Sharp, 2017)。Wollni 和 Andersson (2014) 利用洪都拉斯 241 户农户调研数据和贝叶斯空间自回归概率模型 (Bayesian Spatial Autoregressive Probit Model) 分析发现，技术的采纳具有显著的空间聚集性。对邻居农户信息的可获得性、社会从众性和技术的正外部性对技术采纳存在影响，这是因为农户意在表现出和邻居期望所一致的行为。Läpple 和 Kelley (2015) 利用 600 户爱尔兰农户数据和贝叶斯空间杜宾概率模型 (Bayesian Spatial Durbin Probit Model) 分析表明，农户之间的沟通和交流会影响其他农户对有机草料生产技术的采纳，换句话说，农户对技术的态度和社会规范具有溢出效应。Yang 和 Sharp (2017) 利用空间计量方法分析了新西兰 171 个奶农对最优水资源管理技术的采纳问题。研究测量了个人对水源的距离和邻居对个人影响两类空间效应，结果表明相近的农户会有相似的采纳决策，邻居会对农户行为产生溢出效应，同时农户的意愿也随着与水域距离的增加而下降。已有研究有效地反映出了技术扩散在地理空间上的非均匀分布规律与特征，为本书的研究提供了重要的方法参考。但是相比国外研究，国内采用地理空间方法的微观研究还仅集中在农户收入、农户获取生产性服务等方面（应瑞瑶、徐斌，2014；申红芳等，2015；冯晓龙等，2016）。总结来看，农业技术在社会网络中的扩散呈现出同伴效应、从众效应（Holloway et al.，2002；Lewis et al.，2011；Doris et al.，2017）和集聚效应（Schmidtner et al.，2012；Bjørkhaug and Blekesaune，2013；Bartolini and Vergamini，2019）等扩散特征。

五、化肥农药减量增效技术推广政策研究

已有研究从农业绿色发展支持政策演变和改革等角度进行梳理，归纳现有技术推广政策并指明政策演变方向（于法稳，2017；金书秦等，2020）。随着实证研究方法的逐渐丰富，越来越多的研究开始探讨农户绿色农业技术推广政策的偏好以及对政策效果的评估。例如，潘丹（2016）运用选择实验法对农户牲畜粪便污染治理政策偏好进行研究，结果表明，除牲畜粪便排污技术标准政策外，沼气补贴、牲畜粪便处理技术支持、牲畜粪便排污费和粪肥交易市场四种牲畜粪便污染治理政策对农户提高环境友好型牲畜粪便处理率均有显著影响。俞振宁等（2018）研究表明，试点村和非试点村农户对重金属污染耕地治理式休耕补偿方案的偏好存在差异，农户更倾向于收入补贴较高、治理投入较低、设置有优先参与权和复耕保险、休耕年限较长的补偿方案。徐涛等（2018）研究表明，农户对不同膜下滴灌技术政策的偏好从强到弱依次为耕地整理、技术指导、工时补贴和设备补贴形式，而对参与补贴政策存在一定的抵触情绪。高杨等（2019）利用选择实验法分析了家庭农场对绿色防控技术推广政策的偏好，研究表明，家庭农场偏好销售、资金和技术等方面的政策支持。在面临相同的推广政策属性组合时，绿色防控覆盖率主要受到农场主务农年限、受教育程度、资产状况和劳动力数量的影响。喻永红等（2021）对农户农业生态保护政策目标偏好及其异质性分析表明，农民偏好程度高的政策包括改善水体质量、提高农产品质量安全性和改善土壤肥力，偏好程度较低的是改善空气质量、减少水土流失和增加生物多样性。

有关政策绩效评估的研究指出，政府提供的支持政策能够对农户的绿色减量行为产生一定的激励作用，能够有效减少农户的化肥、农药投入量。例如，代首寒等（2021）基于对黑龙江省种植户的调查数据分析表明，激励性环境规制对农户绿色生产政策认知、农业面源污染危害认知有显著正向调节效应，约束性环境规制对农业绿色生产政策认知、农业绿色发展前景认知有显著正向调节效应。余威震等（2020）基于湖北省农户调研数据分析表明，农户有机肥施用行为受到政策宣传、政府补贴、法规约束、环境危机意识和生态环境改善等多个因素影响，并且政府补贴增强了环境危机意识与农户有机肥施用行为之间的正向关系。但是

也有研究指出，尽管政府政策存在一定的激励作用，但是由于农业经营规模较小、过程复杂，减量技术的正外部性难以准确衡量，导致政府主导的减量生态补偿机制对农户呈现出弱激励特性（徐涛等，2018）。同时，现有补贴政策具有明显的"规模倾向"（金书秦等，2020），超量问题更加突出的小农户被排除在政策工具的门槛之外，意味着政策目标群体存在偏差，加之政策分散等原因，导致小农户对现有减量增效技术补贴政策的响应普遍不足（张标等，2018；陈海江等，2019）。

六、研究评述

相关研究已取得的丰硕成果为本书研究奠定了基础，但仍存在有待深入之处：

（1）在农村劳动力老龄化日趋严重、劳动力成本不断上升的背景下，对农户而言，化肥、农药减量技术不仅不能影响产量，还需要具备节约劳动力甚至是降低生产成本的功效，而单项技术往往无法满足上述需求，这就需要实现减量增效技术集成，发挥技术集成效果，这也是政府不断强调减量增效技术集成推广的原因。但目前，已有减量增效技术采纳与推广研究中的绝大部分仍停留于单项技术层面，绿色生产技术在农户中集成采纳程度究竟如何还有待解释。同时，尽管少数研究证明我国农户存在绿色生产技术采纳的选择偏好，但这种选择偏好大都基于相同功能或者相同属性技术的考察，尚未准确揭示资源禀赋与技术属性如何匹配的逻辑。

（2）围绕我国农户绿色生产技术采纳的影响因素研究已经非常丰富，包括个体禀赋、生产禀赋、外部环境等，不同技术的采纳条件各异，但也多以单一技术作为研究对象，较少关注农户对集成技术组合的偏好及其影响因素，很难为特定集成技术组合推广提供直接的政策支持方案。

（3）已有研究多局限于静态采纳范式，即关注农户采纳决策结果，尚缺乏采纳视角与技术动态扩散过程的融合分析，尤其是伴随着绿色生产技术推广的不断深入，围绕减量增效技术扩散过程及扩散规律的研究在数量和内容上还明显不足。同时，研究多是针对新型农业技术的扩散结果（即农户是否采纳）进行分析，而针对扩散过程（技术在农户中的扩散特征）研究的数量还较少，尤其是缺乏化肥农药减量增效技术扩散过程的研究，这与化肥农药减量增效技术尚处在初始扩散阶段有关。影响因素方面，可归纳为宏观层面的社会环境，包括政策体系、基础设施建设等，以及微观层面的社会网络，包括社会学习、信息沟通等。相比国外研究，国内研究围绕农户之间的社会网络、社会学习对技术扩散的影响分析以及相应空间计量方法的运用还明显不足。在我国农村"熟人社会"的背景下，还需要更多的研究来揭示农户之间的社会网络与社会学习究竟对农业技术推广扩散产生了怎样的影响。

（4）关于减量增效技术社会化服务与推广政策的研究。针对社会化服务的讨论，现有微观层面的考察多针对的是一般性生产过程，缺少在减量增效技术采纳和绿色生产转型背景下配套性服务需求分析。尤其是随着土地托管模式的兴起，尚未有研究解答在绿色低碳农业的生产投入成本高、资产专用性强的背景下会对农户生产托管需求产生怎样的影响，以及农户对具体托管模式的设计，如托管模式、托管组织形式、托管利润分配方式等有着怎样的偏好，不同资源禀赋农户又表现出怎样的偏好异质性等问题。针对政策的讨论，从研究内容上看，现有研究集中于讨论生产端政策需求，对如何开展具体政策设计探讨得不够深入，尤其在农业绿色转型领域如何起效尚缺少充分的实证依据。从研究对象上看，大多数研究都以新型经营主体或种植大户为对象，针对小农户群体对政策的需求和偏好研究在数量和内容上都略显单薄，因此相关实证研究应着力探讨如何提高小农户群体对现有政策的积极性。

第三章 农户化肥农药减量增效技术集成采纳决策机制

本章进行农户化肥农药减量增效技术集成采纳决策机制分析，先明确农户集成采纳水平及其特征，随后分别以单项技术与组合技术为对象明确影响技术集成采纳的关键因素。本章主要包括以下三个内容：第一，农户技术集成采纳特征分析。以样本地区常见化肥、农药减量增效技术为对象，从采纳强度和采纳结构两个方面明确农户集成采纳水平，归纳"选择性采纳"行为特征，从而把握当前农户减量增效技术集成采纳的数量特征、关联效应及属性偏好。第二，单项技术采纳决策机制。基于个体"意愿—采纳—持续采纳"的理论分析框架，以绿色防控这一典型的减量增效技术为对象，构建农户减量增效技术采纳与持续采纳决策模型，打通技术采纳决策链条的受阻环节。第三，农户技术集成采纳决策机制。以样本地区常见的 8 种化肥减量增效技术组合为对象，分析资源禀赋、信息渠道等各类集成技术组合采纳关键影响因素的作用路径，把握农户技术集成采纳的决策机制。

第一节 农户技术集成采纳特征

在大国小农的基本国情和农情下（张红宇，2019），强化化肥农药减量增效技术的系统集成与打包推广，有利于发挥技术的协同减量效应与综合效益（苗水清等，2017），是全面落实农业投入品减量行动的有效途径。然而，当前我国农户家庭兼业化程度不断加深，以老、弱、妇孺为主体的"弱质化"人口不善于直接采用现代农业技术与生产方式（檀竹平等，2019）。加之土地承包规模小、细碎化程度严重（纪月清等，2016），农户可用于农业生产的资源禀赋总量有限，减量增效技术打包集成推广与资源禀赋之间的矛盾显得尤为突出。

对农户而言，注重技术属性与自身资源禀赋的匹配，表现出一定的技术选择偏向，是农户理性选择的必然结果（Feder et al.，1985；Mohammad et al.，2010；付明辉、祁春节，2016）。技术选择偏向不仅表现在国家、地区农业技术变迁方向是由其资源禀赋结构决定方面（Hayami and Ruttan，1970；Binswanger，1974；吴丽丽等，2015），也体现在微观层面农户对不同属性技术的偏好差异上（Tavneet，2011；郑旭媛等，2018）。目前，建立以资源节约型、环境友好型农业生产技术体系为支撑的农业粮食系统，以应对日益紧迫的气候、经济、环境和社会挑战已经成为共识（Barrett et al.，2020）。随着第二次农业绿色革命中施肥管理与病虫害防治技术的"体系化"，国外研究很早就关注到了绿色农业技术创新扩散过程中农户在集成技术方面的"选择性采纳"问题。从近年来我国化肥农药减量的技术路径来看，无论是以"控、替、精、统"为基本技术路径的农药减量、以"精、调、改、替"为基本技术路径的化肥减量，还是以中国农业科学院主导的主要农产品绿色增产增效技术集成模式，强调的都是发挥多项技术之间的协同效益以实现减量增效最大化。同时，农户分化不断加剧，农民群体呈现以耕地面积和经营形态为标准的重塑，形成了资源禀赋差异显著的不同阶层（周娟，2017a）。在此背景下，如何优化减量增效技术体系推广方案，实现技术协同效应与资源禀赋约束下农户选择性采纳之间的平衡，已经成为农业绿色发展时代农业技术推广的重要命题。

鉴于此，本节从采纳强度和采纳结构两个方面明确农户减量增效技术集成采纳特征，以638户浙江省水稻种植户为例，从选择强度和选择结构双重视角描述农户化肥减量增效技术集成采纳水平及其基本特征，回答"选择几项"与"选择哪几项"的问题，归纳农户减量增效技术集成采纳的数量特征、关联效应；然后，分析农户技术选择强度与选择结构的影响因素，揭示技术属性与农户资源禀赋异质性对技术选择偏好的影响。

一、集成采纳行为理论分析

（一）理论分析

1978年，Mann指出，农业技术作为一个整体，是由一系列不同的子技术组成的，农户并非在生产过程中采用全部子技术，而是根据自身的需求选择部分子技术进行组合。1985年，Feder等在Mann研究的基础上发展了技术包采用的理论模型，将农业技术划分为可分割技术（Divisible Technology）和不可分割技术（Non-divisible Technology）两类：在不可分割技术中，生产者需要采纳一整套技术以完整实现技术效果；而可分割技术包含了多项具有关联效应的子技术。在可分割技术中，农户通常只会在其中选择令他们效益最大化的技术组合而并非采纳整个技术集（Dorfman，1996；Athey and Stern，1998）。在技术可分割的前提下，资源禀赋就成为农户技术偏好与子技术选择性采纳的关键影响因素（Hayami and Ruttan，1985；Acemoglu，2002；蔡键、唐忠，2013）。资源禀赋是指农户的家庭成员及整个家庭拥有的包括天然所有的及其后天获得的资源和能力（孔祥智等，2004）。根据诱致性技术创新理论，农业技术扩散过程受相关资源禀赋稀缺性的影响，农户受要素价格变化的影响和诱导，致力于选择能够替代稀缺资源的技术，塑造了农户选择性采纳的异质性。

减量增效技术是指在稳定农产品产量、提高综合效益的基础上，通过使用新型农药、化肥和改进施肥、施药等方式，以提高化肥农药利用率、减少化肥农药用量的一系列生产技术与管理措施。本节所选择的水稻化肥农药减量增效技术主要基于中国农业科学院建立的单季稻绿色增产增效技术集成生产模式（苗水清等，2017）。该模式在坚持"一控两减三基本"要求的基础上，充分考虑了长江流域水稻生产方式与不同季节生长特点，因而具有很强的可复制性。在 11 项核心技术中有 7 项与化肥农药减量关系密切："测、增、减"三位一体高产高效施肥技术，主要包括测土配方、增施有机肥、秸秆还田、施用缓释肥 4 项技术；绿色减量控害增效植保技术，主要包括种植显花/诱虫植物、性诱剂诱捕、高效精准施药 3 项技术。从示范基地数据来看，上述技术集成方案可以降低 5% 的化肥使用量与 30% 的农药使用量。

减量增效技术具有典型的可分割"技术包"特征，各项子技术的目标一致而技术路径和实施要点差异显著。其一，化肥和农药减量增效分别包括"精、调、改、替"和"控、替、精、统"四种基本技术路径。其二，各项技术对于投入品、机械、田间管理的要求也不尽相同，子技术的实施具有相对独立性，即可分割性。以 4 项化肥减量增效技术为例，测土配方属于改进施肥方式（即"改"）和推进精准施肥（即"精"），需要按照农业部门的肥料配方精准施肥、提升肥料利用率。秸秆还田则属于有机肥替代化肥技术（即"替"），其实施一般在收割后、播种前，需要借助秸秆粉碎机和旋耕机，具有典型的农机农艺相结合的特征。增施有机肥虽同属"替"，但无论是自制有机肥还是购买商品有机肥，其实施关键在于投入品本身。缓释肥作为一种高效新型肥料，是"调"的有效方式，需要在插秧时借助插秧机进行侧深施肥。

各项子技术对农户资源禀赋的要求存在明显差异。按照投入要素密集度差别，可将子技术分为资金密集型技术、劳动密集型技术、土地密集型技术、知识密集型技术 4 类。其中，增施有机肥属于劳动密集型技术（约需增加劳动力 0.2 工日/100 千克），秸秆还田属于土地密集型技术和资金密集型技术（技术需要投入机械使用成本 80~100 元/亩），而施用缓释肥与配方肥则属于资金密集型技术（其价格则比一般肥料高出 30% 左右）。在减药技术中，显花/诱虫植物种植和管理需要投入大量劳动力，可以减少 1 次农药施用。性诱剂诱捕技术需要投入诱捕器 1 个/亩，平均成本 20 元/个，且管理诱捕器需要增加用工 0.5 工，可以减少打药 1~2 次。种植显花/诱虫植物和性诱剂诱捕技术减量路径一致且均对资金和劳动力投入有一定的要求。购买高效精准施药服务作业成本为 12~18 元/亩（不含农药），但可以减少 30%~50% 的农药用量。可见，不同技术对家庭劳动力、机械与资金禀赋的投入要求是存在差异的。由于农户资源禀赋有限，因此家庭资源禀赋约束是造成农户于技术选择性采纳而非集成采纳的重要原因。

（二）研究假设

在技术可分割的前提下，资源禀赋约束是农户技术偏好与子技术选择性采纳的关键影响因素（Hayami and Ruttan，1985；蔡键、唐忠，2013）。对农户而言，注重技术属性与自身资源禀赋的匹配，表现出一定的技术选择偏向，是农户理性选择的必然结果（Mohammad et al.，2010；付明辉、祁春节，2016）。资源禀赋是指农户的家庭成员及整个家庭拥有的包括天然所有的及其后天获得的资源和能力（孔祥智等，2004）。人力资本理论与前期研究显示（石智雷、杨云彦，2012），资本禀赋包括人力资本、自然资本、经济资本和社会资本 4 个维度。

1. 人力资本

人力资本禀赋主要指实践农业技术的劳动力质量和数量条件（闫阿倩等，2021）。在"一揽子"减量增效技术中，既有劳动力密集型技术（如增施有机肥），也有知识密集型技术（如秸秆还田），因此相比单项技术，集成采纳对家庭劳动力的数量和质量要求更高。一般认为，年轻或受教育程度高的农户对新事物的把握和适应能力比较强，故采纳新技术的可能性更高（罗小娟等，2013），从而会提高技术采纳强度。从采纳结构来看，根据诱致性技术创新理论，农业技术扩散过程受相关资源禀赋稀缺性的影响，因此劳动力质量高的农户更愿意采纳知识密集型技术，而劳动力数量多的农户更倾向于采纳劳动密集型技术（郑旭媛等，2018）。

2. 自然资本

土地是最重要的自然资本。土地经营规模越大，越容易形成规模经济，集成采纳新技术的可能性就越大。化肥减量增效技术中，秸秆还田机械更适配于规模土地，地形越平坦，机械还田难度越低，使用机械的成本越小（郓建功等，2020），而新型肥料的施用面积越大，也越容易放大肥效。因此，自然资本的增加会使农户更偏好土地密集型技术，也有助于提高集成技术采纳强度。

3. 经济资本

经济资本禀赋主要是指家庭的资金投入，包括资金总量和资金结构两个方面。资金总量越多，农户面临的资金约束越小，抵御产量变化和收入波动风险的能力也越强，技术采纳强度就越高。当前全国农户兼业化程度在逐渐加深（章政等，2020），家庭收入结构随之改变，引致了农业劳动力资源的相对稀缺性，改变了农业生产中的要素配置，也诱发了生产技术的选择与创新（李忠旭、庄健，2021）。农户兼业程度越高，资金的"投入效应"和劳动力的"挤出效应"越强，因此技术采纳的资本约束越弱而劳动约束越强，可能导致农户更加偏好资金密集型技术。

4. 社会资本

社会资本主要是政府的示范指导和社会化服务。社会资本的影响主要表现在以下两个方面：第一，社会资本的引入提升了农户要素配置能力，如合作社能够为农户提供物资统购、机械租赁等服务，因此有助于缓解减量增效技术集成采纳的要素禀赋约束；第二，社会资本拓宽了农户的技术信息渠道，如技术培训和示范区示范提高了农户对减肥增效技术的了解程度和经济效益认知度，展示了各项技术的实施过程和技术效果，从而减少了集成采纳给农户带来的不确定性（杜维娜等，2021）。因而，社会资本能够通过缓解人力、自然和经济禀赋约束，增加人力、资源和经济禀赋总量从而影响集成采纳强度和集成采纳结构。

二、数据来源与回归模型构建

（一）数据来源

数据来源于笔者2017～2018年在浙江省开展的水稻种植户化肥、农药施用情况调查。笔者首先根据浙江省各县（市）谷物种植面积与产量排序，选择排名靠前的嘉兴市，排名中间的杭州市、湖州市，以及排名靠后的金华市作为样本地区①，这样既能较好反映浙江省水稻生产的总体特征，又能体现地区差异。然后从4个市中选择最早开始水稻减量增效技术试点的县（市、区），利用多层抽样法选取样本，每个调研地点抽取2～3个乡镇，每个乡镇抽取1～2个村庄，每个村庄抽取15～20户农户。2017年调查地区包括杭州市萧山区、嘉兴市秀洲区和平湖市、金华市婺城区和湖州市德清县，回收样本329份；2018年调查地区包括杭州市富阳区、嘉兴市嘉善县、金华市兰溪市和武义县、湖州市吴兴区，回收样本305份。两次调查均以农民口述、调查员填写的形式填写问卷，共回收问卷655份，其中有效问卷638份，问卷有效率为97.40%。

---

① 2018年4市谷物种植面积与谷物产量分别占全省的41.76%与40.58%。

（二）变量选择

农户化肥农药减量增效技术的采纳强度与采纳结构分别用技术采纳数量和各项技术采纳与否的二分变量分析。理论上，化肥农药减量增效技术采纳的数量越多，技术间的协同效果越明显，越有助于提升减量增效效果。

人力资本理论与前期研究显示（Chambers and Conway，1992；石智雷、杨云彦，2012；聂伟、王小璐，2014），资本禀赋可以从人力资本、自然资本、经济资本和社会资本4个维度来衡量。就农户而言，人力资本禀赋是指个体具有能够在劳动力市场中换取经济收益的知识和技能，利用年龄、文化程度和劳动力数量衡量；自然资本禀赋是指可用于农业生产的自然资源，利用种植面积衡量；经济资本禀赋是指家庭的经济能力，利用兼业程度、家庭收入（尹世久等，2018；操敏敏等，2020）衡量。社会资本禀赋主要是政府的示范指导和社会化服务，利用参加技术培训次数、周边是否有示范区和是否加入合作社（佟大建等，2018；郑适等，2018）衡量。此外，在模型中加入风险态度、环境污染认知（张复宏等，2017；黄炎忠等，2018）和种植利润（刘乐等，2017）控制变量，同时加入样本调查时间与地点虚拟变量以控制调研时间与地点差异对结果的影响。

（三）描述性分析

在化肥减量增效技术中，秸秆还田采纳率最高，达到84%，其次是测土配方，达到了51%，而有机肥和缓释肥的采纳率均在20%左右。在农药减量增效技术中，种植显花/诱虫植物、性诱剂诱捕和高效精准施药技术的采纳率均较低，都在20%左右，其中高效精准施药技术的普及率最高，但也不足25%。具体描述性分析结果如表3-1所示。

表3-1　变量名称、变量定义与描述性分析

	变量名称	变量定义	平均值	标准差
因变量	有机肥	1=采纳；0=不采纳	0.17	0.38
	秸秆还田	1=采纳；0=不采纳	0.84	0.37
	缓释肥	1=采纳；0=不采纳	0.23	0.42
	测土配方	1=采纳；0=不采纳	0.51	0.50
	种植显花/诱虫植物技术	1=采纳；0=不采纳	0.20	0.40
	性诱剂诱捕技术	1=采纳；0=不采纳	0.18	0.38
	高效精准施药技术	1=采纳；0=不采纳	0.24	0.43

续表

变量名称			变量定义	平均值	标准差
自变量	人力 资本禀赋	年龄	户主的年龄（年）	53.82	10.64
		文化程度	1=小学及以下学历； 2=初中学历；3=高中学历； 4=高中及以上学历	2.04	0.77
		劳动力数量	家庭劳动力数量（人）	2.95	1.40
	经济 资本禀赋	兼业程度	非农收入占 家庭总收入比重（％）	45.34	29.07
		家庭收入	家庭总收入（万元/年）	11.04	9.62
	自然 资本禀赋	种植面积	水稻种植面积（亩）	117.71	240.32
	社会 资本禀赋	技术培训	参与水稻化肥、农药使用相关 的技术培训次数（次/年）	2.41	1.56
		周边是否有示范区	1=有；0=没有	0.31	0.46
		是否加入合作社	1=是；0=否	0.60	0.49
	控制 变量	风险态度	1=风险偏好； 0=风险中立及风险规避	0.34	0.47
		环境污染认知	1=没有污染；2=轻微污染； 3=中度污染；4=严重污染	2.17	1.08
		种植利润	水稻种植利润（元/亩）	486.55	201.06
		调研年份	1=2017年调查样本； 0=2018年调查样本	0.52	0.50
		是不是杭州市 调查样本	1=是；0=否	0.22	0.41
		是不是嘉兴市 调查样本	1=是；0=否	0.29	0.45
		是不是湖州市 调查样本	1=是；0=否	0.26	0.44
		是不是金华市 调查样本	1=是；0=否	0.23	0.42

　　样本农户平均年龄近54岁，老龄化特征明显；平均文化程度达到了初中以上水平；家庭平均劳动力数量不足3人。家庭兼业程度较高，近一半收入来源于非农就业；平均家庭收入为11.04万元/年。平均种植面积较大，但差异明显，

其中超过 100 亩（包括 100 亩）的样本占比 27.36%，不足 50 亩（包括 50 亩）的农户占比 67.14%。农户上年平均参加了 2.41 次与化肥农药使用相关的技术培训，60% 的农户加入了合作社，仅有 31% 的农户周边有相关技术示范区。34% 的农户呈现出风险偏好的特征；大部分农户认为当前稻田环境受到了轻微污染；水稻均种植利润为 486.55 元/亩。

三、集成采纳特征

（一）采纳强度分析

首先参照 Feder 等（1985）对可分割技术的基本定义，用采纳数量描述农户减量增效技术集成采纳强度，以此反映农户集成采纳的总体水平（见表 3-2）。化肥减量增效技术中，各有约 35% 的农户采纳了 1 项或者 2 项技术，采纳 3 项及 4 项技术的农户仅占约 22%，平均采纳强度为 1.74 项。农药减量增效技术中，约有半数农户没有采纳任何农药减量增效技术，约 37% 的农户采纳了 1 项技术，而采纳 2 项或者 3 项技术的农户仅占约 12%，平均采纳强度为 0.62 项。可见，农户化肥农药减量增效技术普遍呈现"选择性采纳"特征。

表 3-2　化肥农药减量增效技术采纳强度

采纳数量（项）	化肥减量增效技术		农药减量增效技术	
	数量（户）	比重（%）	数量（户）	比重（%）
0	42	6.58	328	51.41
1	226	35.42	234	36.68
2	230	36.05	69	10.82
3	133	20.85	7	1.10
4	7	1.10	—	—

（二）采纳结构分析

在采纳强度的基础上，利用列联分析判断农户化肥减量增效技术采纳的结构特征。根据皮尔逊卡方检验结果（见表 3-3），有机肥与秸秆还田、缓释肥之间存在显著的关联性，Odd ratio 值进一步表明有机肥与这两项技术呈现负相关的替代关系。有机肥与秸秆还田的 Odd ratio 值为 0.5017，表明两者呈现替代关系，且施用有机肥的农户采纳秸秆还田的概率是未施用有机肥的农户采纳秸秆还田的概率的 0.51 倍。有机肥与缓释肥的 Odd ratio 值为 0.5390，表明两者呈现替代关系，且施用有机肥的农户采纳缓释肥的概率是未施用有机肥的农户采纳缓释肥概率的 0.54 倍。由于有机肥、秸秆还田和缓释肥三类技术实施条件分别侧重于劳动力、机械与资金，农户只会根据资源禀赋约束以及技术相对优势选择其中的某项技术。结合三种技术的采纳比例可以看出，资金密集型的技术更受农户青睐，预示着劳动力成为农业生产的稀缺资源，这与近年来劳动力成本上升的基本事实以及宏观层面农业技术向劳动节约方向演化（吴丽丽等，2015）一致。测土配方技术其他三项技术之间均存在显著的互补关系，Odd ratio 值表明采纳了测土配方的农户能够将采纳有机肥、秸秆还田与缓释肥的概率分别提升 1.54 倍、1.93 倍和 3.24 倍。测土配方是目前调节作物需肥与土壤供肥矛盾的"良方"，由于当前配肥点覆盖范围有限，配方肥到位率较低，往往需要农户自行配套其他三类技术共同使用，因此呈现互补关系。秸秆还田与缓释肥之间不存在显著的相关性。

表 3-3　化肥减量增效技术采纳决策的列联分析

		有机肥		秸秆还田		测土配方	
		未采用	采用	未采用	采用	未采用	采用
秸秆还田	未采用	75	27	—		—	
	采用	454	82	—		—	
	Odd ratio	0.5017		—		—	
	X^2 (1)	7.5504***		—		—	
测土配方	未采用	270	44	64	250	—	
	采用	259	65	38	286	—	
	Odd ratio	1.5400		1.9267		—	
	X^2 (1)	4.1189**		8.8908***		—	
缓释肥	未采用	401	93	76	418	274	40
	采用	128	16	26	118	220	104
	Odd ratio	0.5390		0.8252		3.2381	
	X^2 (1)	4.6847**		0.5922		34.1989***	

注：*、**、***分别表示在 10%、5%、1%的水平上显著。

根据皮尔逊卡方检验结果（见表 3-4），种植显花/诱虫植物与性诱剂诱捕技术仅在 10%的水平上有相关性。Odd ratio 值表明，若农户种植了显花/诱虫植物，采纳性诱剂诱捕技术的概率是不采纳的 1.56 倍，两者呈现互补关系。原因可能包括以下两个方面：第一，相较于化学防治技术，生态调控技术与理化诱控技术防治效果稍弱，为放大防治效果，农户会将这两项防治技术配合使用；第二，浙江省很早就制订了水稻病虫害绿色防控技术方案，并成立农业农村高质量发展专项资金，为农药减量增效技术推广提供技术支持和资金补贴，降低了两项防治技术共同采纳的成本。高效精准施药技术与另两项技术之间的 P 值均没有通过显著性检验，Odd ratio 值几近于 1，未呈现出相关性。

表 3-4　农药减量增效技术采纳决策的列联分析

		种植显花/诱虫植物技术		性诱剂诱捕技术	
		未采用	采用	未采用	采用
性诱剂诱捕技术	未采用	426	100	—	—
	采用	82	30	—	—
	Odd ratio	1.5585		—	
	X^2（1）	3.4399*		—	
高效精准施药技术	未采用	390	97	402	85
	采用	118	33	124	27
	Odd ratio	1.1244		1.0298	
	X^2（1）	0.6058		0.0145	

注：*、**、***分别表示在 10%、5%、1%的水平上显著。

四、集成采纳强度影响因素

（一）研究方法

Order Probit 模型专门处理被解释变量是有序变量的情形（Mckelvey and Zavoina，1975），适用于分析农户减量增效技术采纳的强度。假设存在一个不可观察的潜变量 Y^*，代表农户对化肥或农药减量增效技术的采纳数量 Y_i，潜变量受到各项控制变量的影响，回归模型可表示为：

$$Y_i^* = \alpha X_i + \varepsilon_i \tag{3-1}$$

$$Y_i = \begin{cases} 0, & Y_i^* \leqslant r_0 \\ 1, & r_0 < Y_i^* \leqslant r_1 \\ 2, & r_1 < Y_i^* \leqslant r_2 \\ 3, & r_2 < Y_i^* \leqslant r_3 \\ 4, & r_3 < Y_i^* \leqslant r_4 \\ 5, & r_4 < Y_i^* \leqslant r_5 \\ \cdots\cdots \\ j, & r_{j-1} < Y_i^* \end{cases} \tag{3-2}$$

式（3-1）~式（3-2）中，X_i 代表一系列解释变量，α 和 r 代表相应系数向量，ε_i 代表回归模型的随机误差项。当 ε 服从标准正态分布，即 $\varepsilon \sim N(0, 1)$ 时，$Y_i = 0, 1, 2, \cdots, j$ 的概率可以表示为：

$$P(Y_i = 0 | X_i) = P(Y_i^* \leq r_0 | X_i) = \Phi(r_0 - \alpha X_i) \tag{3-3}$$

$$P(Y_i = 1 | X_i) = P(r_0 < Y_i^* \leq r_1 | X_i) = \Phi(r_1 - \alpha X_i) - \Phi(r_0 - \alpha X_i) \tag{3-4}$$

$$P(Y_i = 2 | X_i) = P(r_1 < Y_i^* \leq r_2 | X_i) = \Phi(r_2 - \alpha X_i) - \Phi(r_1 - \alpha X_i) \tag{3-5}$$

$$\cdots\cdots$$

$$P(Y_i = j | X_i) = 1 - \Phi(r_{j-1} - \alpha X_i) \tag{3-6}$$

式（3-3）~式（3-6）中，Φ 是标准正态分布的累计概率函数。由于 Order Probit 模型为非线性模型，因此 α 代表各自变量对潜变量的边际影响，而不是边际效应，可解释为对因变量取值概率的影响。解释变量对于技术采纳强度的边际影响可通过以下公式计算：

$$\frac{\partial Pr(Y_i = j)}{\partial X_i} = \Phi'(\widehat{r_{j-1}} - \hat{\alpha} X_i) \times \hat{\alpha} \tag{3-7}$$

$$\cdots\cdots$$

$$\frac{\partial Pr(Y_i = 5)}{\partial X_i} = [\Phi'(\hat{r_4} - \hat{\alpha} X_i) - \Phi'(\hat{r_5} - \hat{\alpha} X_i)] \times \hat{\alpha} \tag{3-8}$$

$$\frac{\partial Pr(Y_i = 4)}{\partial X_i} = [\Phi'(\hat{r_3} - \hat{\alpha} X_i) - \Phi'(\hat{r_4} - \hat{\alpha} X_i)] \times \hat{\alpha} \tag{3-9}$$

$$\frac{\partial Pr(Y_i = 0)}{\partial X_i} = -\Phi'(\hat{r_0} - \hat{\alpha} X_i) \times \hat{\alpha} \tag{3-10}$$

式（3-7）~式（3-10）中，$\hat{r_i}$、$\hat{\alpha}$ 是模型第一步估计的参数值。

（二）模型结果

1. 化肥减量增效技术采纳强度影响因素

如表 3-5 所示，人力资本禀赋中，文化程度对技术采纳强度在 1% 的水平上具有正向影响。计算边际效益可知，文化程度每增加 1 个单位，采纳 2~4 项技术的概率会显著增加 2.15%、5.77% 和 0.58%（见表 3-6）。年龄的影响则不显著。劳动力数量对技术采纳强度在 1% 水平上有负向影响，劳动力数量每增加 1 个单位，采纳 2~4 项技术的概率会显著下降 0.97%、2.61% 和 0.26%。这可能是因为劳动力越多的家庭越倾向于投入劳动力来替代资金、土地，从而降低了技术采纳强度。经济资本禀赋中，家庭收入对技术采纳强度在 1% 的水平上有正向影响，家庭收入每增加 1 个单位，采纳 2~4 项技术的概率会显著上升 0.11%、0.31% 和 0.03%。家庭兼业的影响则不显著。自然资本禀赋，即种植面积对技术采纳强度仅在10%的水平上有负向影响。社会资本禀赋中，参加技术培训以及加入产业组织均能够有效提升化肥减量增效技术的采纳强度。其中，加入合作社的边际影响较大，相较于未加入合作社的农户，加入合作社的农户采纳2~4项技术的概率会显著上升3.11%、8.37%和0.84%。控制变量中，偏好风险的农户相比风险厌恶和风险中立的农户采纳强度更高，但是边际影响并不显著。由于减量增效技术改变了传统的施肥结构与施肥模式，加之缓释肥、秸秆还田等技术还存在效果不稳定的现象，因此农户承担的风险水平会上升。对当前环境污染状况判断更严峻的农户技术采纳强度在5%的水平上显著，环境污染认知每增加1个单位，采纳2~4项技术的概率会显著上升0.82%、2.20%和0.22%。越是能够意识到环境污染的严重性，农户对绿色农业的行为响应越积极（姜维军等，2019）。种植利润对技术采纳强度在1%的水平上有负向影响，这是因为种植利润较低的农户更期望利用减肥增效技术实现节本增效，提高种植效益。种植利润每降低1个单位，采纳0~1项技术的概率会上升0.01%、0.02%。

表3-5　化肥农药减量增效技术采纳强度的影响因素

变量	化肥减量增效技术		农药减量增效技术	
	系数	Z值	系数	Z值
年龄	0.0044（0.0043）	1.0200	-0.0086*（0.0046）	-1.8700
文化程度	0.2669***（0.0629）	4.2400	0.1741***（0.0650）	2.6800
劳动力数量	-0.1206***（0.0344）	-3.5000	-0.0182（0.0360）	-0.5100
家庭兼业	-0.0014（0.0017）	-0.8200	0.0014（0.0018）	0.7700
家庭收入	0.0141***（0.0047）	3.0100	-0.0001（0.0051）	-0.0100
种植面积	-0.0003*（0.0002）	-1.6700	0.0000（0.0002）	0.2900
技术培训	0.1544***（0.0312）	4.9400	0.0785**（0.0319）	2.4600
周边是否有示范区	0.0779（0.0969）	0.8000	0.0854（0.1024）	0.8300

续表

变量	化肥减量增效技术		农药减量增效技术	
	系数	Z值	系数	Z值
是否加入合作社	0.3869*** (0.1003)	3.8600	0.3720*** (0.1081)	3.4400
风险态度	0.1822** (0.0931)	1.9600	−0.0627 (0.0997)	−0.6300
环境污染认知	0.1019** (0.0407)	2.5000	0.0679 (0.0431)	1.5800
种植利润	−0.0011*** (0.0002)	−4.9200	0.0003 (0.0002)	1.4400
调研年份	−0.4557** (0.2259)	−2.0200	−0.3059 (0.2460)	−1.2400
杭州市	0.4131*** (0.1317)	3.1400	−0.0915 (0.1360)	−0.6700
嘉兴市	−1.2354*** (0.2615)	−4.7200	−0.8229*** (0.2785)	−2.9500
金华市	−1.5290*** (0.2299)	−6.6500	−0.8514*** (0.2452)	−3.4700

注：括号内数字为标准差；*、**、***分别表示在10%、5%、1%的水平上显著。

表3-6　化肥减量增效技术采纳强度的影响因素边际效应

变量	0项	1项	2项	3项	4项
年龄	−0.0005 (0.0005)	−0.0009 (0.0009)	0.0004 (0.0003)	0.0009 (0.0009)	0.0001 (0.0001)
文化程度	−0.0288*** (00075)	−0.0562*** (0.0131)	0.0215*** (0.0058)	0.0577*** (0.0137)	0.0058*** (0.0022)
劳动力数量	0.0130*** (0.0039)	0.0254*** (0.0072)	−0.0097*** (0.0030)	−0.0261*** (0.0075)	−0.0026** (0.0011)
家庭兼业	0.0002 (0.0002)	0.0003 (0.0004)	−0.0001 (0.0001)	−0.0003 (0.0004)	0.0000 (0.0000)
家庭收入	−0.0015*** (0.0005)	−0.0030*** (0.0010)	0.0011*** (0.0004)	0.0031*** (0.0010)	0.0003** (0.0001)

续表

变量	0 项	1 项	2 项	3 项	4 项
种植面积	0.0000*	0.0001*	0.0000*	−0.0001*	0.0000
	(0.0000)	(0.0000)	(0.0000)	(0.0000)	(0.0000)
技术培训	−0.0167***	−0.0325***	0.0124***	0.0334***	0.0033***
	(0.0038)	(0.0066)	(0.0031)	(0.0066)	(0.0013)
周边是否有示范区	−0.0084	−0.0164	0.0063	0.0169	0.0017
	(0.0105)	(0.0204)	(0.0078)	(0.0209)	(0.0022)
是否加入合作社	−0.0417***	−0.0815***	0.0311***	0.0837***	0.0084**
	(0.0115)	(0.0210)	(0.0088)	(0.0218)	(0.0034)
风险态度	−0.0196*	−0.0384*	0.0147*	0.0394**	0.0039*
	(0.0102)	(0.0197)	(0.0078)	(0.0201)	(0.0024)
环境污染认知	−0.0110**	−0.0215**	0.0082**	0.0220**	0.0022*
	(0.0045)	(0.0085)	(0.0034)	(0.0088)	(0.0011)
种植利润	0.0001***	0.0002***	−0.0001***	−0.0002***	0.0000***
	(0.0000)	(0.0000)	(0.0000)	(0.0000)	(0.0000)

注：括号内数字为标准差；*、**、***分别表示在10%、5%、1%的水平上显著。

2. 农药减量增效技术采纳强度影响因素

如表3-7所示，文化程度对技术采纳强度在1%的水平上具有正向影响，文化程度每增加1个单位，采纳1~3项技术的概率会显著上升3.26%、2.70%和0.45%。技术培训与是否加入合作社对技术采纳强度的影响均在1%的水平上显著。相较于培训和合作组织，技术示范区对农户农药减量增效技术采纳强度的带动能力较弱。

表3-7　农药减量增效技术采纳强度的影响因素边际效应

变量	0 项	1 项	2 项	3 项
年龄	0.0032*	−0.0016*	−0.0013*	−0.0002
	(0.0017)	(0.0009)	(0.0007)	(0.0001)
文化程度	−0.0641***	0.0326***	0.0270***	0.0045**
	(0.0236)	(0.0122)	(0.0103)	(0.0022)
劳动力数量	0.0067	−0.0034	−0.0028	−0.0005
	(0.0132)	(0.0067)	(0.0056)	(0.0010)

续表

变量	0 项	1 项	2 项	3 项
家庭兼业	−0. 0005	0. 0003	0. 0002	0. 0000
	（0. 0007）	（0. 0003）	（0. 0003）	（0. 0000）
家庭收入	0. 0000	0. 0000	0. 0000	0. 0000
	（0. 0019）	（0. 0010）	（0. 0008）	（0. 0000）
种植面积	0. 0000	0. 0000	0. 0000	0. 0000
	（0. 00001）	（0. 0000）	（0. 0000）	（0. 0000）
技术培训	−0. 0289 **	0. 0147 **	0. 0122 **	0. 0020 *
	（0. 0116）	（0. 0060）	（0. 0050）	（0. 0011）
周边是否有示范区	−0. 0315	0. 0160	0. 0133	0. 0022
	（0. 0377）	（0. 0191）	（0. 0160）	（0. 0027）
是否加入合作社	−0. 1370 ***	0. 0696 ***	0. 0577 ***	0. 0097 **
	（0. 0389）	（0. 0201）	（0. 0173）	（0. 0042）
风险态度	0. 0231	−0. 0117	−0. 0097	−0. 0016
	（0. 0367）	（0. 0186）	（0. 0155）	（0. 0026）
环境污染认知	−0. 0250	0. 0127	0. 0105	0. 0018
	（0. 0158）	（0. 0081）	（0. 0067）	（0. 0013）
种植利润	−0. 0001	0. 0001	0. 0001	0. 0000
	（0. 0001）	（0. 0000）	（0. 0000）	（0. 0000）

注：括号内数字为标准差；＊、＊＊、＊＊＊分别表示在10%、5%、1%的水平上显著。

总结来看，资源禀赋尤其是经济资本禀赋和社会资本禀赋是影响农户采纳强度的重要因素，前者在很大程度上决定了农户在劳动力密集型与资本密集型技术间的取舍，而后者由于能够带来更多的外部信息与扶持有助于提升总体采纳强度。

五、集成采纳结构影响因素

（一）研究方法

由于不同技术之间存在不可观察的异质性，因此独立的方程估计会引起参数估计的偏差，Multivariate Probit 模型作为分析多个二元响应变量的有效工具（Bel et al. ，2018），能够通过组建误差相关的联立方程组捕捉不同二元模型之间无法观测的关系，从而能够反映出农户选择特定采纳结构的原因。具体模型表示为：

$$Y_{im}^* = X_{im}\beta_m + \mu_{im}, \quad m = 1, 2, 3, \cdots, n \quad \mu_{im} \sim MVN (0, \Psi) \tag{3-11}$$

$$Y_{im} = \begin{cases} 1 \cdots \text{if} Y_i m^* > 0 \\ 0 \cdots otherwise \end{cases} \tag{3-12}$$

式（3-11）~ 式（3-12）中，$m = 1$，2，3，$\cdots$，n 为各项化肥、农药减量增效技术。潜变量 Y_{im}^* 为农户对第 m 个减量增效技术不可观测的选择，是多个可观测变量 X_{im} 的线性组合。β_m 为待估参数。若各项减量增效技术采纳决策是相互独立、互不影响的，则式（3-11）、式（3-12）表示为一般 Probit 模型，μ_{im} 服从独立同分布。若农户各项减量增效技术采纳决策之间是相互关联的，则 μ_{im} 将遵循零条件均值与变异值的多元正态分布，即 $\mu_{im} \sim MVN$（0，Ψ），方差矩阵 Ψ 为：

$$\Psi = \begin{bmatrix} 1 & \rho_{OM} & \rho_{OS} & \rho_{OG} & \rho_{OR} \\ \rho_{MO} & 1 & \rho_{MS} & \rho_{MG} & \rho_{MR} \\ \rho_{SO} & \rho_{SM} & 1 & \rho_{SG} & \rho_{SR} \\ \rho_{GO} & \rho_{SM} & \rho_{GS} & 1 & \rho_{GR} \\ \rho_{RO} & \rho_{SM} & \rho_{RS} & \rho_{RG} & 1 \end{bmatrix} \tag{3-13}$$

式（3-13）中，非对角线上的元素代表多项减量增效技术随机组成部分之间无法观测的联系，非零值代表各潜变量误差项之间存在关联：若非对角线上的元素值显著大于 0，表明不同减量增效技术之间呈现互补关系；若显著小于 0，表明不同减量增效技术之间呈现替代关系。

（二）模型结果

1. 化肥减量增效技术采纳结构影响因素

如表 3-8 所示，人力资本禀赋中，文化程度的提升对有机肥或缓释肥的带动作用分别在 5% 和 1% 的水平上显著，而年龄的影响并不显著。由于需要额外投入劳动力，劳动力数量对有机肥和秸秆还田的影响为正且对有机肥的影响在 5% 的水平上显著。相反，对可以缓释肥及测土配方的影响为负且均在 1% 的水平上显著。经济资本禀赋中，家庭兼业对有机肥、测土配方和秸秆还田的影响为负但不显著，表明兼农户和纯农户从心理上认为绿色环保类技术较为容易掌握（陈祺琪等，2016），但尚不足以形成采纳行为。家庭兼业对缓释肥的影响为正但并不显著，说明越不依靠农业收入的家庭，越倾向于用资金投入来替代劳动投入。由于水稻种植的净利润有限，这种替代关系可能仅仅存在于非农收入与稻田施肥管理时间冲突的少数农户中。家庭收入对各项技术的影响均为正，且对施用缓释肥的影响在 5% 的水平上显著。随着家庭收入的增加，农户能够投入更多的资本用于购买生产要素或者学习技术。种植面积对有机肥和测土配方的影响为负，对缓释肥和秸秆还田的影响为正，但只对有机肥的影响在 5% 的水平上显著，可见在劳动力总量约束下，生产规模的扩大会阻碍有机肥等劳动密集型技术的采纳。社会资本禀赋中，技术培训对各项化肥减量增效技术采纳均有促进作用，尤其对缓释肥和测土配方的促进作用分别在5%和1%的水平上显著，表明在农户自身文化程度不高的情况下，外部信息传递对推动技术采纳不可或缺。周边有示范区也具有正向影响但是并不显著，这可能是由于大部分农户缺少深入示范区中学习与交流的机会。加入合作社对农户采纳4项技术的影响也均为正且对施用缓释肥和测土配方的影响分别在5%和1%的水平上显著，充分体现出了合作社对减量增效技术的带动作用。风险态度对化肥减量增效技术采纳的影响并不显著。一般认为，新技术风险的评价是影响决策关键的认知（徐婵娟等，2018），然而浙江省在2015年就开始推广减肥增效单项技术，农户对各项技术的效果有了较为清晰的认识，因此技术风险的影响较小。环境污染认知对4项技术采纳均有促进作用，尤其对有机肥的促进作用在10%的水平上显著。种植利润对各项技术的影响均为负且仅对缓释肥的影响不显著，可见利润低的农户更有动力尝试新技术以降低化肥投入成本。

表 3-8　化肥减量增效技术采纳决策的影响因素

变量	有机肥		秸秆还田		缓释肥		测土配方	
	系数	Z 值	系数	Z 值	系数	Z 值	系数	Z 值
年龄	0.0060 (0.0062)	0.9800	0.0033 (0.0060)	0.5400	−0.0051 (0.0061)	−0.8300	0.0047 (0.0056)	0.8400
文化程度	0.1896** (0.0849)	2.2300	0.0761 (0.0882)	0.8600	0.2433*** (0.0836)	2.9100	0.1241 (0.0817)	1.5200
劳动力数量	0.0983** (0.0475)	2.0700	0.0059 (0.0474)	0.1200	−0.2399*** (0.0481)	−4.9900	−0.1533*** (0.0442)	−3.4700
家庭兼业	−0.0006 (0.0025)	−0.2600	−0.0038 (0.0024)	−1.6100	0.0013 (0.0024)	0.5400	−0.0008 (0.0021)	−0.3600
家庭收入	0.0035 (0.0065)	0.5400	0.0096 (0.0075)	1.2700	0.0127** (0.0063)	2.0100	0.0105* (0.0062)	1.7000
种植面积	−0.0008** (0.0004)	−1.9700	0.0001 (0.0002)	0.2600	0.0000 (0.0002)	0.0500	−0.0004* (0.0002)	−1.8500
技术培训	0.0327 (0.0404)	0.8100	0.0436 (0.0453)	0.9600	0.1000** (0.0427)	2.3400	0.2128*** (0.0446)	4.7800
周边是否有示范区	0.0739 (0.1361)	0.5400	0.1496 (0.1413)	1.0600	0.0404 (0.1335)	0.3000	0.0578 (0.1259)	0.4600

续表

变量	有机肥		秸秆还田		缓释肥		测土配方	
	系数	Z 值	系数	Z 值	系数	Z 值	系数	Z 值
是否加入合作社	0.2248 (0.1436)	1.5700	0.0980 (0.1399)	0.7000	0.3611** (0.1447)	2.5000	0.3969*** (0.1278)	3.1100
风险态度	0.0244 (0.1308)	0.1900	0.2232* (0.1359)	1.6400	0.0645 (0.1296)	0.5000	0.1124 (0.1187)	0.9500
环境污染认知	0.1061* (0.0564)	1.8800	0.0711 (0.0588)	1.2100	0.0643 (0.0564)	1.1400	0.0105 (0.0517)	0.2000
种植利润	−0.0011*** (0.0003)	−3.1700	−0.0006** (0.0003)	−1.9800	−0.0005 (0.0003)	−1.6000	−0.0008*** (0.0003)	−2.9000
调研年份	−0.1038 (0.3072)	−0.3400	0.5836 (0.3849)	1.5200	−1.3261** (0.5303)	−2.5000	−0.8382** (0.3528)	−2.3800
杭州市	0.3308* (0.1891)	1.7500	−0.4790*** (0.1811)	−2.6400	0.6588*** (0.1664)	3.9600	0.4169** (0.1689)	2.4700
嘉兴市	−0.0875 (0.3560)	−0.2500	0.4006 (0.4214)	0.9500	−1.9088*** (0.5519)	−3.4600	−1.9034*** (0.3973)	−4.7900
金华市	0.0918 (0.3098)	0.3000	0.1699 (0.3860)	0.4400	−2.1615*** (0.5341)	−4.0500	−2.3138*** (0.3586)	−6.4500
常数项	−1.9121*** (0.5584)	−3.4200	0.2852 (0.5922)	0.4800	0.5747 (0.7008)	0.8200	0.9530* (0.5379)	1.7700
Log likelihood	−1133.5649							
Wald chi² (64)	326.82							
Prob > chi²	0.0000							

注：括号内数字为标准差；＊、＊＊、＊＊＊分别表示在10%、5%、1%的水平上显著。

2. 农药减量增效技术采纳结构影响因素

如表3-9所示，在人力资本禀赋中，文化程度对采纳高效精准施药技术的影响在5%的水平上显著，年龄对采纳农药减量增效技术的影响不显著。劳动力数量对种植显花/诱虫植物技术、性诱剂诱捕技术有正向影响，而对采纳高效精准施药技术有显著负向影响。在经济资本禀赋中，家庭兼业对采纳种植显花/诱虫植物技术、性诱剂诱捕技术有负向影响但并不显著，而对采纳高效精准施药技术有正向影响且在5%的水平上显著。这是由于随着兼业水平的增加，农户投入于施药环节的劳动力与精力比例会降低，从而更倾向于选择节省劳动力的高效施药方式。家庭收入对采纳农药减量增效技术的影响不显著。自然资本禀赋，即种植面积对种植显花/诱虫植物技术采纳的影响为负，而对采纳性诱剂诱捕技术和高效精准施药技术的影响为正，但在不同规模中尚未体现出显著差异。社会资本禀赋中，技术培训对采纳种植显花/诱虫植物技术的影响在5%的水平上显著，这是由于种植显花/诱虫植物技术的效果并不是立竿见影的，更依赖于培训提供技术信息。加入合作社对采纳种植显花/诱虫植物和高效精准施药技术的影响分别在1%和5%的水平上具有正向影响，但是加入合作社对采纳性诱剂诱捕技术的影响却不显著。相较于示范区，合作社与带动农户的联结更为紧密，有些合作社在技术推广的过程中能够为周边农户提供免费显花/诱虫植物种子，或者提供高效精准施药的机械出租及施药服务，提升了技术的易用性。提高环境污染的认知会增加农户采纳减药技术的可能性，环境污染认知对采纳种植鲜花/诱虫植物技术的影响在5%的水平上显著。风险偏好和种植利润对农药减量增效技术的影响不显著。

表3-9　农药减量增效技术采纳决策的影响因素

变量	种植显花/诱虫植物技术		性诱剂诱捕技术		高效精准施药技术	
	系数	Z值	系数	Z值	系数	Z值
年龄	-0.0070 (0.0059)	-1.1900	-0.0064 (0.0059)	-1.0900	-0.0052 (0.0056)	-0.9200
文化程度	0.1492* (0.0816)	1.8300	0.0894 (0.0835)	1.0700	0.1543** (0.0787)	1.9600
劳动力数量	0.0276 (0.0455)	0.6100	0.0247 (0.0455)	0.5400	-0.0745* (0.0437)	-1.7000
家庭兼业	-0.0017 (0.0023)	-0.7200	-0.0016 (0.0024)	-0.6600	0.0050** (0.0022)	2.3100
家庭收入	-0.0036 (0.0067)	-0.5300	0.0031 (0.0064)	0.4800	0.0011 (0.0062)	0.1800
种植面积	-0.00005 (0.0002)	-0.2100	0.0000 (0.0002)	0.0600	0.0001 (0.0002)	0.5700
技术培训	0.0973** (0.0397)	2.4500	0.0400 (0.0398)	1.0000	0.0290 (0.0386)	0.7500
周边是否有示范区	0.0186 (0.1297)	0.1400	0.1917 (0.1295)	1.4800	0.0103 (0.1255)	0.0800

变量	种植显花/诱虫植物技术		性诱剂诱捕技术		高效精准施药技术	
	系数	Z 值	系数	Z 值	系数	Z 值
是否加入合作社	0.4775 *** (0.1422)	3.3600	0.0368 (0.1385)	0.2700	0.3310 ** (0.1322)	2.5000
风险态度	−0.0808 (0.1277)	−0.6300	−0.0722 (0.1284)	−0.5600	0.0140 (0.1211)	0.1200
环境污染认知	0.1159 ** (0.0551)	2.1000	0.0296 (0.0550)	0.5400	0.0107 (0.0529)	0.2000
种植利润	0.0003 (0.0003)	1.1200	−0.0001 (0.0003)	−0.3600	0.0004 (0.0003)	1.2800
调研年份	−0.7388 ** (0.3173)	−2.3300	0.1924 (0.3129)	0.6100	−0.0746 (0.3139)	−0.2400
杭州市	−0.5174 *** (0.1790)	−2.8900	0.1767 (0.1705)	1.0400	0.1080 (0.1633)	0.6600
嘉兴市	−1.4711 *** (0.3588)	−4.1000	−0.0729 (0.3574)	−0.2000	−0.2203 (0.3512)	−0.6300
金华市	−1.0457 *** (0.3192)	−3.2800	−0.2130 (0.3063)	−0.7000	−0.5256 * (0.3109)	−1.6900
常数项	−0.5495 (0.5473)	−1.0000	−1.0660 ** (0.5427)	−1.9600	−1.1122 ** (0.5276)	−2.1100
Log likelihood	−897.5082					
Wald chi^2 (48)	116.1500					
Prob > chi^2	0.0000					

注：括号内数字为标准差；＊、＊＊、＊＊＊分别表示在10%、5%、1%的水平上显著。

第二节　农户单项技术采纳决策

探究化肥农药减量增效技术采纳决策机制，既是落实化肥农药减量增效行动的必要渠道，也是促使农户实现绿色转型的有效方式，具有显著的理论与现实意义。对已有研究进行梳理可知，在政府推动、技术示范、主体带动等多重路径的积极作用下，我国农户对减量增效技术普遍呈现出积极的采纳意愿，但却有诸多因素阻碍了技术采纳意愿向采纳和持续采纳行为的转化，在技术决策机制中普遍呈现出"高意愿、低行为"特征（王建明，2013；黄炎忠等，2020；姜维军、颜廷武，2020；李明月、陈凯，2020）。例如，余威震等（2017）基于湖北省农户的实地调研数据分析表明，农户采用有机肥技术在意愿与行为上发生了明显的背离，并且受到农业绿色重要性认知、生态环境政策认知等方面的影响。郭利京和王颖（2018）运用深度访谈法发现，农户生物农药施用意愿与行为存在明显的冲突，63.06%的农户"说一套、做一套"，并且生物农药施用意愿与行为之间的冲突不仅由农户自身的个人因素决定，还受销售环境、社会风气等现实情境因素影响。鉴于此，要进一步厘清农户单项技术采纳决策机制，还需要打通"意愿—行为—持续行为"这一环节，才能最终实现技术在农户中的普及和扩散。

鉴于此，为克服化肥农药减量增效技术集成采纳水平低的问题，本节从单项技术采纳视角入手，以绿色防控技术为例①，基于计划行为理论和期望确认理论的整合模型，构建"意愿—行为—持续行为"的理论分析框架，并利用浙江省576户稻农调查数据，以绿色防控这一典型的减量增效技术为对象构建农户减量增效技术采纳与持续采纳决策模型，分析绩效期望型、正式主观规范型和非正式主观规范型三类意愿的行为转化效率及行为持续性差异，同时借助多层线性模型，考察推广服务、生产禀赋等要素对采纳决策的影响，打通技术采纳决策链条的受阻环节。本节从三个方面对促进技术采纳与持续采纳行为进行拓展和深化，并回答了下述问题：第一，技术采纳意愿本身是行为决策的前提，既可来源于对行为结果的预期评价，也可来源于社会压力塑造的主观规范（Fishbein and Ajzen，1975），但鲜有研究关注意愿的异质性。随着传统小农"超稳定"社会经济结构被逐步打破，农户减量增效技术的采纳意愿究竟来源于效益期望还是社会网络压力？不同性质意愿向行为的转化是否存在差异？第二，初次采纳固然是技术推广的关键一步，但技术推广的最终目标应该是技术的持续采纳，因此本节从采纳（转化效率）和持续采纳（转化持续性）两个方面对采纳行为进行考察。第三，随着农业绿色转型紧迫性增强和农业劳动力老龄化问题日渐突出，绿色生产技术服务成为农业生产性服务业发展的重点领域（李明贤、刘美伶，2020），各类专业化服务在牵引小农生产进入现代农业发展轨道的过程中，也极大改变了采纳行为的外部条件。在这种背景下，不同类型生产服务在意愿转化过程中的作用效果如何？作用效果是否存在群体差异？

---

① 绿色防控技术作为一项有助于增加产量、提高农户收入和福利水平的技术，在我国仍面临普及率较低的尴尬局面，是分析如何加速减量增效技术扩散难题的理想技术标的。

一、单项技术采纳决策理论分析

农户技术采纳行为可以划分为首次采纳（Adoption）和持续采纳（Usage）两个步骤，持续采纳是在初次采纳某一技术或服务后并未中断继续使用的行为（汤志伟等，2016）。由于对系统使用的感知和信念会随着时间的推移而改变，研究者普遍认为持续采纳是首次采纳的线性扩展，因此影响首次采纳与持续采纳的因素存在差异（Fernandes，2004）。这就意味着用于解释首次采纳的计划行为等理论无法直接应用于持续采纳研究，需要结合服务质量、顾客满意、期望确认等理论进行改进。因此，本节尝试将计划行为理论与期望确认理论进行整合，以更有效地考察不同类型意愿在行为转化效率与行为持续性上的差异。

（一）采纳意愿的形成

计划行为理论（Theory of Planned Behavior）被认为是分析农业技术首次采纳有效而可靠的理论分析工具，该理论认为意愿是决定行为的直接因素，且意愿是通过态度和主体规范两条路径形成的。

1. 理性经济人假设下的态度形成

依据态度期望价值理论，态度（Attitude）是个体对执行某项行为可能结果的信念函数，即对行为绩效的期望（Mcguire，1969）。态度强调行为是否具有工具性价值，因此效用是理性经济人假设下行为态度的首要驱动因素。一旦农户在观察、试验和学习过程中判断某项技术能够提高效益，则会在绩效的激励下形成技术采纳意愿。源于绩效期望而形成的技术采纳意愿是市场经济下"自选择"的结果，随着绿色消费的兴起，减量增效对农户的激励将进一步强化。本节将由理性经济人假设下的预期效益促成的减量增效技术采纳意愿称为绩效期望型意愿。

2. 外部环境引导下的主观规范

主观规范（Subjective Norm）是指个体在决策是否执行某项行为时感受到的社会压力，包括个人规范、示范性规范和指令性规范等，反映的是重要他人或群体标准对个体行为的影响（Ajzen，1985）。在质量兴农战略指导下，全社会积极营造农业投入品减量增效的群体氛围：一方面，政府与农技推广部门作为正式规范的营造主体，通过制定政策规则、技术培训、设立示范区等方式规范农用品投入，增强生产主体的绿色发展参与意识；另一方面，亲朋好友、邻地邻居等构成的社会关系网络作为非正式规范的主要来源，为农户减量增效技术采纳带来了"无形压力"，尤其是在"差序格局"的社会结构下，"强关系"中约定俗成的行为准则塑造了农户希望与周边意见和社会规范保持一致的从众倾向（Li et al.，2018）。因此，将由政府与农技推广部门引导下形成的减量增效技术采纳意愿称

为正式主观规范型意愿,将来源于社会关系网络的技术采纳意愿称为非正式主观规范型意愿。据此提出假设:

H1:根据理论分析,减量增效技术的预期效益与外部环境引导下的正式与非正式主观规范均是促使个体技术采纳意愿形成的重要路径。

(二)意愿与行为转化效率

计划行为理论中,知觉行为控制(Perceived Behavioral Control)是促进意愿向行为转化的重要因素,是指在非个人意志完全控制的前提下,个体感知到执行某项行为的难易程度,包括个人能力、机会以及资源等实际控制条件的制约。随着劳动力减少和老龄化问题日渐突出,发展绿色生产技术服务成为将农户引入绿色生产的有效途径,不仅承担了优化资源配置、提高生产能力的功能,而且成为提升技术采纳知觉行为控制的主要渠道。绿色生产技术服务主要包括软件服务和硬件服务两类。软件服务主要通过建设信息平台实现生产经营信息对称,降低农户技术采纳风险与不确定性。硬件服务能够破解技术规范要求以及劳动力约束,具有降低物化成本、提高作业质量、减少劳动力投入的优势。据此提出假设:

H2:受形成动机与形成路径的影响,三类意愿采纳行为的转化效率各异,且各类生产性服务有助于促进减量增效技术采纳决策,但硬件服务与软件服务对不同类型意愿的作用效果与影响路径存在差异。

(三)意愿与持续采纳行为

期望确认理论(Expectation Confirmation Theory)是持续使用行为研究领域应用最为广泛的理论之一,该理论认为使用满意度是影响持续采纳行为的关键因素(Bhattacherjee,2001)。根据理性农户基本假设,农户对技术的满意度评价主要取决于技术采纳的绩效。由于绿色防控技术的绩效并不仅取决于病虫害防治这一个环节,在缺乏控制实验的前提下还很难直接衡量。在农户兼业化与老龄化的背景下,社会化服务对于绩效的影响更加突出,但现阶段社会化服务具有明显的规模偏好,农业社会化服务体系呈现出以大户为中心重构的特征(韩庆龄,2019)。这意味着规模经营农户与小农户在社会化服务可得性方面存在显著差异,同时两类群体的家庭资源禀赋也存在显著差异(土地本身就是农业投入中重要资源,而且耕地面积与家庭劳动人口数、土地经营能力均相关),可以认为土地经营面积差异与技术采纳绩效密切相关,生产面积是技术采纳绩效的有效代理变量。据此提出假设:

H3:三类采纳意愿向行为转化的持续性存在显著差异,绩效(以生产面积作为代理变量)是影响行为持续性的重要因素,而且对各类生产性服务的效果具有调节作用。

二、数据来源与多层线性模型构建

（一）数据来源

数据来源于笔者2019年在浙江省开展的水稻种植户化肥农药减量增效技术采纳情况调查。样本地区为金华市婺城区、武义县和兰溪市，利用多层抽样法选取样本，每个调研地点抽取2个乡镇，每个乡镇抽取3个村庄，每个村庄抽取30~35户农户。以农民口述、调查员填写的形式填写问卷，共回收问卷588份，其中有效问卷576份[1]，问卷有效率为97.96%。

（二）变量选择与描述性分析

因变量中利用是否采纳过绿色防控技术[2]（Y_{if}）和持续采纳绿色防控技术的年份（Y_{year}）两个指标来衡量。自变量中，根据农户对"您愿意采纳绿色防控技术的主要原因"的回答，将选择"绿色防控技术能够提高生产效益"划分为绩效期望型，选择"受政府及农技部门的推荐与宣传"划分为正式主观规范型，选择"受亲朋好友影响"划分为非正式主观规范型。当前我国农业生产环节的生产性服务主要包括市场信息服务、农资供应服务和绿色生产技术服务三大类[3]。市场信息服务主要是为农户提供个性化的生产经营决策信息，属于软件服务，与绿色防控技术相关的软件服务主要包括技术培训（Tra）和植保信息（Inf）。农资供应服务和绿色生产技术服务主要是直接从事替农民耕种防收的系列服务，属于硬件服务，与绿色防控技术相关的硬件服务主要包括植保服务（Ser）与绿色防控物资补贴（Sub）。利用各项生产性服务与生产规模的交互项来考察绩效的调节效用。其余控制变量包括种稻经验（Exp）、户主学历（Edu）、劳动力数量（Lab）、兼业水平（Bus）、生产规模（Sca）、风险态度（Ris）。

根据描述性分析结果（见表3-10），稻农绿色防控技术采纳"高意愿、低行为"现象突出，仅有44%的农户实际采纳了绿色防控技术，持续采纳年份平均为2.14年。提供绿色防控技术培训和植保防治信息的村分别占到了84%和79%，提供植保服务和绿色防控物资补贴服务的村分别占到58%和23%。样本总体特征可以概括为学历普遍偏低，种稻年数长，家庭非农收入的平均比重达到28.97%。

---

① 本节分析的重点是绿色防控技术采纳意愿向行为的转化，为精确研究对象，只选择具有绿色防控技术采纳意愿的农户作为样本进行实证研究。

② 根据《农业农村部办公厅关于推进农作物病虫害绿色防控的意见》，常见的水稻绿色防控技术具体包括采用种植鲜花/诱虫植物、性诱剂诱捕、杀虫灯诱杀、释放赤眼蜂、精准机械施药、施用生物农药等。

③ 详见《农业农村部关于加快发展农业生产性服务业的指导意见》。

平均水稻种植面积为 55.89 亩①，其中有 15.97% 的生产规模达到了 100 亩以上。

表 3-10　变量说明与描述性分析

变量类型	变量名称		变量解释	平均值	标准差
采纳行为	是否采纳过绿色防控技术		0=否；1=是	0.44	0.50
	持续采纳绿色防控技术的年份		持续采纳（没有中断）绿色防控技术的年份（年）	2.14	3.36
知觉行为控制	软件服务	本地是否组织过绿色防控技术培训	0=否；1=是	0.84	0.37
		本地是否提供植保防治信息	0=否；1=是	0.79	0.41
	硬件服务	本地是否提供植保服务	0=否；1=是	0.58	0.50
		本地是否提供绿色防控物资补贴	0=否；1=是	0.23	0.41
控制变量	种稻经验		家庭决策者种稻年数（岁）	26.69	14.24
	户主学历		1=小学学历；2=初中学历；3=高中学历；4=高中以上学历	2.30	0.79
	劳动力数量		家庭劳动力数量（个）	2.97	1.38
	兼业水平		家庭非农收入占总收入的比重（%）	28.97	32.59
	生产规模		家庭水稻种植面积（亩）	55.89	123.03
	风险态度		0=风险厌恶或风险中立；1=风险偏好	0.26	0.44

（三）多层线性模型

我国农户的生产生活紧紧嵌入村庄之中，村庄既是乡土社区的基本单位，也是农业生产的主要场所，因此村庄环境与资源也会对生产决策产生显著影响。当前大力建设农业生产性服务业是将小农户引入绿色生产轨道的主要途径，然而生

---

① 调研中发现，具有绿色防控技术采纳意愿的群体采纳行为差别明显，其中具有采纳行为的农户中规模种植户的比例非常高，达到了 16%，加之样本地区土地流转比例很高，导致生产规模普遍偏大，因此平均种植面积较大。

产性服务业发展水平在经济实力、发展政策等影响下呈现明显的地区性差异，不同地区农户享受到的服务内容与服务质量也不尽相同，因而生产性服务供给作为地区层面的变量，会为所在地区农户行为决策带来群体效应，而一般线性回归模型忽略了这种群体效应或背景效应，从而违反线性回归模型残差独立的基本假设。

鉴于此，本节引入多层线性模型（Hierarchical Linear Models，HLM）（Lindley and Smith，1972）进行分析。该模型将传统的线性模型随机变异分解为组内变异和组间变异，有效区分了个体层面上的个体与家庭禀赋等变量，以及背景层面上的生产性服务供给变量对个体的影响（张雷等，2003）。此外，从供给角度考察服务对技术采纳行为的影响也克服了内生性缺陷。多层线性模型分为零模型（The Null Model）和完整模型（The Full Model）。零模型中不加入任何解释变量，将个体总方差分解为来自同一群体的"组内变异"和来自不同群体之间的"组间变异"，判断各层次是否对因变量产生显著影响。完整模型中包括了第一层和第二层的所有解释变量，检测两层解释变量的影响以及跨层级的交互影响。具体模型见式（3-14）~式（3-22）。

零模型：

第一层模型：

$$Y_{ij}=\beta_{0j}+r_{ij} \tag{3-14}$$

$$\mathrm{Var}\ (r_i)=\sigma^2 \tag{3-15}$$

第二层模型：

$$\beta_{0j}=\gamma_{00}+u_{0j} \tag{3-16}$$

$$\mathrm{Var}\ (u_{0j})=\tau_{00} \tag{3-17}$$

完整模型：

第一层模型：

$$Y_{ij}=\beta_{0j}+\beta_{1j}X_{1ij}+r_{ij} \tag{3-18}$$

第二层模型：

$$\beta_{0j}=\gamma_{00}+\gamma_{01}W_{1j}+u_{0j} \tag{3-19}$$

$$\beta_{1j}=\gamma_{10}+\gamma_{11}W_{1j}+u_{1j} \tag{3-20}$$

$$\mathrm{Var}\ (u_{0j})=\tau_{00} \tag{3-21}$$

$$\mathrm{Var}\ (u_{1j})=\tau_{11} \tag{3-22}$$

式（3-14）~式（3-22）中，Y_{ij} 代表因变量。β_{0j} 是第一层模型式（3-18）的截距项，β_{1j} 是第一层模型式（3-18）的斜率，r_{ij} 是第一层模型式（3-18）的残差项。γ_{00} 为第二层模型式（3-19）的截距项，γ_{01} 是第二层模型式（3-19）

的斜率，u_{0j} 是第二层模型式（3-19）的残差项。γ_{10} 为第二层模型式（3-20）的截距项，γ_{11} 是第二层模型式（3-20）的斜率，u_{1j} 是第二层模型式（3-20）的残差项。X_{1ij} 为第一层模型的自变量，W_{1j} 为第二层模型的自变量。本节多层线性模型可表示为：

$$Y_{iif}=\gamma_{i0}+\gamma_{i01}Tra+\gamma_{i02}Inf+\gamma_{i03}Ser+\gamma_{i04}Sub+\gamma_{i10}Exp+\gamma_{i20}Edu+\gamma_{i30}Lab+\gamma_{i40}Bus+$$
$$\gamma_{i50}Sca+\gamma_{i60}Ris+u_{i0}+r_i \tag{3-23}$$

$$Y_{iyear}=\gamma_{i0}+\gamma_{i01}Tra+\gamma_{i02}Inf+\gamma_{i03}Ser+\gamma_{i04}Sub+\gamma_{i10}Exp+\gamma_{i20}Edu+\gamma_{i30}Lab+\gamma_{i40}Bus+$$
$$\gamma_{i50}Sca+\gamma_{i51}Sca\times Tra+\gamma_{i52}Sca\times Inf+\gamma_{i53}Sca\times Ser+\gamma_{i54}Sca\times Sub+$$
$$\gamma_{i60}Ris+u_{i0}+r_i \tag{3-24}$$

式（3-23）~式（3-24）中，一系列 γ_i 代表各项影响因素对技术采纳与持续采纳行为估计系数，r_i 为随机扰动项，服从独立正态分布，$i=1$，2，3 分别表示绩效期望组、正式主观规范组和非正式主观规范组。

三、单项技术采纳决策机制

（一）不同类型意愿向技术采纳行为与持续采纳行为的转化效率对比

从三类采纳意愿的转化效率来看，正式主观规范约束下形成的绿色防控技术采纳意愿的行为转化效率最高（达到 67.65%），分别比绩效期望型和非正式主观规范型高 17.94 个和 46.57 个百分点，并且三个组别的意愿转化效率的差异是显著的（见表 3-11、表 3-12、表 3-13）。从行为持续性来看，正式主观规范组农户的平均采纳年限（不含未采纳农户）最长（达到 3.80 年），其次是非正式主观规范组和绩效期望组（见表 3-14）。但正式主观规范组与其他两个组别的差异是显著的，而非正式主观规范组和绩效期望组之间差别显著性没有通过检验。

表 3-11　技术采纳意愿转化效率结果

组别	农户数量（户）	采纳技术农户数量（户）	未采纳技术农户数量（户）	意愿向行为的转化率（%）	绿色防控技术持续采纳年份（含未采纳农户）	绿色防控技术持续采纳年份（不含未采纳农户）
绩效期望组	342	170	172	49.71	1.22	2.41
正式主观规范组	68	46	22	67.65	2.57	3.80
非正式主观规范组	166	35	131	21.08	0.57	2.71

表3-12　方差检验结果

组别	F 统计值	P-value
技术采纳行为	30.49	<0.001***
技术采纳行为连续性（不含未采纳农户）	17.71	<0.001***

注：*、**、***分别代表在10%、5%和1%的水平上显著。

表3-13　技术采纳行为 Bonferroni 统计检验结果

组别　＼　组别	绩效期望组	正式主观规范组
正式主观规范组	0.1794（0.013***）	——
非正式主观规范组	−0.2862（0.000***）	−0.4656（0.000***）

注：括号内数字为标准差；*、**、***分别代表在10%、5%和1%的水平上显著。

表3-14　技术持续采纳行为 Bonferroni 统计检验结果（不含未采纳农户）

组别　＼　组别	绩效期望组	正式主观规范组
正式主观规范组	1.3939（0.000***）	——
非正式主观规范组	0.3039（0.740）	−1.0901（0.002***）

注：括号内数字为标准差；*、**、***分别代表在10%、5%和1%的水平上显著。

不同类型意愿的技术采纳行为与持续采纳行为的转化效率存在明显差异，证明意愿异质性是分析"高意愿、低行为"现象不应忽视的重要因素。样本中绩效期望组与非正式主观规范组合计占样本农户的88.19%，但意愿转化效率分别只有49.71%和21.08%、持续采纳年份只有1.22年和0.57年。这两组农户意愿转化效率偏低、持续性不足，是导致样本农户呈现意愿与行为"背离"的重要原因。

（二）采纳行为转化效率影响因素分析

1. 零模型估计结果

首先利用村级层面和农户层面的方差变异来计算组内相关系数ρ[①]（Intra-class Correlation Coefficient，ICC），判断村级层面变量是否会对个体行为产生影响。计算可知，绩效期望组、正式主观规范组和非正式主观规范组的ρ值分别

——————

① ρ值的计算公式为：$\rho = \tau_{00} / (\tau_{00} + \sigma^2)$。

为 0.29、0.32 和 0.31，表明三组稻农绿色防控技术采纳行为转化总变异中分别有 29%、32% 和 31% 来源于村级层面，属于高度相关[1]，且 P 值均在 1% 水平以上拒绝原假设（见表 3-15），可以判断村级层面变量对农户技术采纳行为产生了显著影响。综上，本数据具有层级结构性，适合利用多层线性模型进行估计。

表 3-15　技术采纳行为零模型估计结果

变量层次	绩效期望组		正式主观规范组		非正式主观规范组	
	方差变异	P 值	方差变异	P 值	方差变异	P 值
村级层面 (τ_{00})	0.1868 (0.0349)	0.000***	0.2019 (0.0408)	0.035**	0.1677 (0.0281)	0.001***
农户层面 (σ^2)	0.4659 (0.2171)		0.4240 (0.1798)		0.3720 (0.1384)	

注：括号内数字为标准差；*、**、***分别代表在 10%、5% 和 1% 的水平上显著。

2. 完整模型估计结果

如表 3-16 所示，从村级层面来看，生产性服务对三类意愿行为转化效率的影响存在明显差别。相比于软件服务，两项硬件服务对绩效期望型农户采纳意愿转化的促进作用显著。植保服务和物资补贴能够直接减少劳动力与物资成本投入，从而破除了"心有余而力不足"的现实约束（童锐等，2020），而软件服务由于不直接影响技术的成本收益，因而影响不显著。

表 3-16　技术采纳行为完整模型估计结果

变量	绩效期望组		正式主观规范组		非正式主观规范组	
	系数	Z 值	系数	Z 值	系数	Z 值
截距	−0.0478 (0.1562)	−0.3060	−0.3219* (0.1943)	−1.6560	−0.1300 (0.1568)	−0.8290
村级层面						
绿色防控技术培训	0.0503 (0.0890)	0.5650	0.2283*** (0.0740)	3.0840	0.1441 (0.0965)	1.4920

① 根据 Cohen（1988）的界定，当 $0.01 \leqslant \rho < 0.059$ 时，属于低度相关；当 $0.059 \leqslant \rho < 0.138$ 时，属于中度相关；当 $\rho \geqslant 0.138$ 时，属于高度相关。

续表

变量	绩效期望组		正式主观规范组		非正式主观规范组	
	系数	Z 值	系数	Z 值	系数	Z 值
村级层面						
植保防治信息	0.0811 (0.0696)	1.1650	0.1428 * (0.0752)	1.8980	−0.0179 (0.0822)	−0.2170
植保服务	0.1802 ** (0.0706)	2.5510	0.2158 *** (0.0704)	3.0660	0.0320 (0.0689)	0.4650
绿色防控物资补贴	0.2176 *** (0.0505)	4.3110	0.1243 ** (0.0490)	2.5360	−0.0281 (0.1140)	−0.2460
农户层面						
种稻经验	−0.0011 (0.0019)	−0.5760	0.0068 * (0.0039)	1.7530	−0.0028 (0.0025)	−1.1400
户主学历	0.0212 (0.0374)	0.5650	0.0435 (0.0563)	0.7730	0.0721 (0.0460)	1.5670
劳动力数量	0.0681 *** (0.0232)	2.9370	0.0749 ** (0.0303)	2.4690	0.0432 ** (0.0219)	1.9750
兼业水平	−0.0004 (0.0009)	−0.5020	0.0013 (0.0014)	0.9410	−0.0022 *** (0.0007)	−3.0930
生产规模	0.0009 ** (0.0004)	2.1260	0.0003 * (0.0002)	1.7580	0.0006 (0.0008)	0.6990
风险态度	0.1396 ** (0.0657)	2.1240	0.0293 (0.0884)	0.3320	0.2022 ** (0.0881)	2.2940

注：括号内数字为标准差；*、**、***分别表示在10%、5%、1%的水平上显著。

硬件服务与软件服务均对正式主观规范组农户意愿转化起到了显著促进作用，只有植保防治信息的作用稍弱。正式主观规范组农户的技术生产依赖于政府的引导与支持，考虑到目前社会化服务政策都具有一定的规模偏好，服务对象往往是各类新型经营主体（孙明扬，2021），因此推测该组农户可能偏向规模经营主体或者技术示范户，故在政策获取与服务可得性方面具有一定优势。开展技术培训等软件服务能够传递技术信息，降低技术不确定性，从而影响采用行为。但技术培训尚未作用于其他两组农户的原因在于，技术培训多是基于技术试点情况得出的知识信息，而非规模农户对新技术的态度往往更加审慎，他们往往需要综合一般性信息与本土化信息才会做出采纳决策。

四项服务对非正式主观规范组的作用均不显著。非正式主观规范组的农户更愿意坚持传统的生产方式，缺乏改善社会福利的意愿，行为特征接近"生存型小农"（罗必良，2020；张露、罗必良，2020）。相较于资源禀赋约束，缺乏生态转型的动力是该组农户面临的首要问题。由于此类农户追求的是自给自足而非经济效益最大化，因此硬件服务降低技术成本的优势对其缺乏吸引力。同时，该组农户固守传统，更依赖于从经验和社会网络中获取生产信息，对外部信息服务往往存在"选择性认知"，因而软件服务也难以改变其态度。这使得该类农户成为生态农业转型过程中的"落后者"。

绩效期望组中，劳动力数量、生产规模显著促进了技术采纳决策，再次验证了资源禀赋约束是该组农户生态转型的最大阻碍。由于传统化学农药防治技术转向新型绿色防控技术会带来净收益不确定风险（高杨等，2017），因此风险偏好也具有显著正向影响。正式主观规范组中，劳动力数量与生产规模的影响也显著为正，但出于对政府的信任和信息获取渠道的多样化，风险态度的影响不显著。种稻经验的影响为正，这是由于正式主观规范组的农户与政府的接触较多，在本地起到了专业技术领军人的作用，能更好地发挥生产经验对绿色生态技术的保驾护航作用。非正式主观规范组中，劳动力数量与风险态度均有显著正向影响，兼业水平则有负向影响，这主要是因为非正式主观规范农户的生产行为紧嵌于传统社会网络中，兼业水平较高的农户更可能选择节省劳动力的化学防治方法。

（三）持续采纳行为影响因素分析

1. 零模型估计结果

计算可知，绩效期望组、正式主观规范组与非正式主观规范组 ρ[1] 值分别为 0.29、0.54 和 0.21，表明三组稻农对绿色防控技术采纳行为持续性总变异中分别有 29%、54% 和 21% 来源于村级层面，属于高度相关[2]，且 P 值均在 1% 水平以上拒绝原假设（见表 3-17），可以认为村级层面变量对农户技术持续采纳行为产生了影响。综上，本数据具有层级结构性。适合利用多层线性模型进行估计。

---

① ρ 值的计算公式为：$\rho = \tau_{00} / (\tau_{00} + \sigma^2)$。

② 根据 Cohen（1988）的界定，当 $0.01 \leqslant \rho < 0.05g$ 时，属于低度相关；当 $0.05g \leqslant \rho < 0.138$ 时，属于中度相关；当 $\rho \geqslant 0.138$ 时，属于高度相关。

表3-17 技术持续采纳行为零模型估计结果

变量层次	绩效期望组		正式主观规范组		非正式主观规范组	
	方差变异	P 值	方差变异	P 值	方差变异	P 值
村级层面 (τ_{00})	0.5868 (0.3444)	0.000***	1.7065 (2.9120)	0.000***	0.3394 (0.1152)	0.0610*
农户层面 (σ^2)	1.4429 (2.0820)		1.4743 (2.1735)		1.1635 (1.3538)	

注：括号内数字为标准差；*、**、***分别代表在10%、5%和1%的水平上显著。

2. 完整模型估计结果

如前文所述，土地经营规模反映了家庭资源禀赋与技术实施能力差异，直接影响了技术绩效，同时土地经营规模又与政府技术推广、社会化服务可获取性相关，间接影响了技术绩效，故此处利用生产规模、生产规模与各类服务的交互项来衡量绩效对于农户技术持续采纳行为影响。

如表3-18所示，总体来看，绩效是影响意愿转化持续性的重要因素，但其对三类农户持续采纳行为的影响存在显著差别。从直接影响来看，绩效显著提升了绩效期望组农户的持续采纳，再次验证了资源禀赋约束是阻碍绩效期望组农户意愿转化的关键。但绩效对另外两组农户的驱动作用则不明显，原因是正式主观规范组更注重政策响应，非正式主观规范组更愿意选择传统的、风险小的方案。从间接影响来看，绩效在一定程度上弱化了技术培训对绩效期望组农户意愿转化的影响，以及物资补贴对正式主观规范组的影响。前者是因为绩效更高的农户往往资源禀赋更充裕，获取生产性服务更便捷，信息渠道也更多样，所以对培训信息的依赖度更低。后者则是因为物资补贴往往是针对特定产品的，绩效高（规模更大）的正式主观规范组成员，自身拥有较强的物资采购议价能力，因而他们更愿意采购符合自身需要的物资。

表3-18 技术持续采纳行为完整模型估计结果

变量	绩效期望组农户		正式主观规范组		非正式主观规范组	
	系数	Z 值	系数	Z 值	系数	Z 值
截距	−1.0293** (0.4780)	−2.1540	−2.1543** (0.8485)	−2.5390	−0.6784 (0.4798)	−1.4140
村级层面						
绿色防控技术培训	0.4007 (0.2647)	1.5140	0.8589 (0.8367)	1.0270	0.1243 (0.3651)	0.3410

续表

变量	绩效期望组农户		正式主观规范组		非正式主观规范组	
	系数	Z 值	系数	Z 值	系数	Z 值
村级层面						
植保防治信息	0.3082* (0.1638)	1.8810	0.4047 (0.5412)	0.7480	0.1396 (0.3378)	0.4130
植保服务	0.4246** (0.2122)	2.0010	1.8195** (0.9242)	1.9690	−0.2019 (0.1674)	−1.2060
绿色防控 物资补贴	0.3162** (0.1585)	1.9950	1.5958*** (0.4634)	3.4440	0.4931 (0.4330)	1.1390
交互项						
生产规模× 绿色防控 技术培训	−0.0080*** (0.0029)	−2.7280	−0.1228 (0.0995)	−1.2340	0.0080 (0.0055)	1.4710
生产规模× 植保防治信息	0.0028 (0.0023)	1.2400	0.0001 (0.0019)	0.0660	−0.0028 (0.0071)	−0.3940
生产规模× 植保服务	0.0020 (0.0020)	0.9910	0.1258 (0.0997)	1.2620	0.0043 (0.0061)	0.7070
生产规模× 绿色防控 物资补贴	0.0023 (0.0022)	1.0440	−0.0036* (0.0021)	−1.7210	−0.0087 (0.0057)	−1.5170
农户层面						
种稻经验	−0.0110* (0.0066)	−1.6540	0.0276* (0.0165)	1.6750	−0.0074 (0.0070)	−1.0500
户主学历	0.0351 (0.1196)	0.2940	0.3055 (0.2032)	1.5040	0.2536* (0.1374)	1.8460
劳动力数量	0.4522*** (0.0826)	5.4730	0.3833*** (0.1226)	3.1260	0.2421*** (0.0867)	2.7920
兼业水平	−0.0018 (0.0026)	−0.6830	−0.0125** (0.0063)	−1.9850	−0.0077*** (0.0027)	−2.8810
生产规模	0.0088** (0.0038)	2.2910	0.0008 (0.0059)	0.1410	0.0004 (0.0060)	0.0620
风险态度	0.2029 (0.1617)	1.2540	0.0452 (0.4721)	0.0960	0.2745 (0.3407)	0.8060
样本数量	342		68		166	

注：括号内数字为标准差；*、**、***分别表示在10%、5%、1%的水平上显著。

村级层面，生产性服务对三类农户持续采纳行为的影响与其对采纳决策的影响基本一致，此处不再展开论述。差别仅在于软件服务对正式主观规范组的影响变得不显著，这是因为正式主观规范组农户获取信息的渠道更加多元，而且随着采纳时间延长，自身经验不断增加，故对软件服务的需求降低。

控制变量方面，绩效期望组中，劳动力资源丰富的农户可以实现更高的田间管理精细度，这有助于提升技术绩效，因此对持续采纳行为影响显著为正。生产经验有一定的负向影响，固执于传统生产经验不利于新技术的实践和技术效果的维护。但风险态度并没有显著影响技术采纳的稳定性。正式主观规范组中，劳动力数量和生产经验影响为正，兼业水平影响为负。正式主观规范组的农户主要跟随政府的引导，技术模式的转变更为彻底，生产经验的积累使得农户在面临生产风险时更加从容。非正式主观规范组中，劳动力数量和户主学历影响为正，兼业水平影响为负，因为该组农户高度依赖社会网络获取信息，学历较高的农户更容易克服"选择性认知"障碍，提升信息利用效率，从而提高技术效益。

第三节　农户技术集成采纳决策

在明确了农户减量增效技术集成采纳特征与单项减量增效技术采纳决策机制后，本节基于山东省小麦种植户微观调研数据，以减肥增效技术为例，利用列联分析和 Multination Logit 模型，归纳各项减量增效技术采纳行为之间的关联效应，并揭示资源禀赋条件对农户采纳各类常见的减量增效技术组合的影响，从而把握农户减量增效技术集成采纳规律。

一、数据来源与 Multination Logit 模型构建

Multination Logit 模型是由丹尼尔·麦克法登（Daniel McFadden）于 1974 年提出来的，适用于分析变量有两个以上的类别且无法等级排列的模型，在国内外营销、管理、行为等领域有广泛的运用（El-Habil，2012；Beusch and Van-Soest，2020）。与二元 Logit 模型相同，Multination Logit 模型也以随机效用理论为基础。由于减量增效技术涉及品种、生产、管理多个环节，因此是多项技术的集成，不同技术组合对农户存在不同的效用，农户会根据自身的资源禀赋特征选择采纳令家庭效用最大化的组合，因此是一种多元离散无序选择行为，适用于 Multination Logit 模型进行分析。首先引入效用函数：

$$T_{ij} = x'_i \beta_j + \varepsilon_{ij} \ (i=1,\ 2,\ 3,\ \cdots,\ n) \tag{3-25}$$

式（3-25）中，T_{ij} 是农户个体 i 选择技术组合 j 的效用，x_i 是农户资源禀赋的集合，β_j 是待估参数，ε_{ij} 为误差项。用 P_{ij} 表示农户 i 选择技术组合 j 时效用达到最大的概率：

$$P_{ij} = P\ (U_{ij} > U_{ik},\ k \neq j) \qquad (3-26)$$

进而 P_{ij} 可以用 Multination Logit 模型表示为：

$$P_{ij} = P(U_{ij} > U_{ik},\ k \neq j) = \frac{e^{X'_i \beta_j}}{1 + \sum_{K=1}^{J} e^{X'_i \beta_k}},\ j = 0,\ 1,\ 2,\ \cdots,\ J \qquad (3-27)$$

可得：

$$\ln \frac{P_{ij}}{P_{i0}} = \ln \frac{\dfrac{e^{X'_i \beta_j}}{1 + \sum\limits_{K=1}^{J} e^{X'_i \beta_k}}}{\dfrac{e^{X'_i \beta_0}}{1 + \sum\limits_{K=1}^{J} e^{X'_i \beta_k}}} \qquad (3-28)$$

式（3-28）表达了农户在禀赋特征影响下选择技术组合 j（$j \neq 0$）相对于基准 $j = 0$ 的概率，利用最大似然法进行参数估计。系数表示为相对于基准组和而言，不同农户特征对于采纳某项技术组合的影响，然而只能通过其符号的正负反映其影响的方向，而不能刻画自变量对选择行为的影响大小。同理，选择其他技术组合的相对概率为：

$$\ln \frac{P_{ij}}{P_{ih}} = \ln \frac{\dfrac{e^{X'_i \beta_j}}{1 + \sum\limits_{K=1}^{J} e^{X'_i \beta_k}}}{\dfrac{e^{X'_i \beta_h}}{1 + \sum\limits_{K=1}^{J} e^{X'_i \beta_k}}} = \ln \frac{e^{X'_i \beta_j}}{e^{X'_i \beta_h}} = X'_i(\beta_j - \beta_h),\ j \neq 0,\ h \neq 0,\ j \neq h$$

$$(3-29)$$

刻画自变量对技术集成采纳行为影响大小需要计算边际效用，即在其他特征保持不变时，农户的某一特征变化，会导致农户选择某种技术组合的概率变化。边际效用可以通过下式计算：

$$\frac{\partial P_{ij}}{\partial x_i} = \left(\frac{e^{X'\beta_j}}{1 + \sum\limits_{K=1}^{J} e^{X'\beta_k}} \right)' = \frac{\beta_j e^{X'\beta_j} \left(1 + \sum\limits_{K=1}^{J} e^{X'\beta_k}\right) - \left(1 + \sum\limits_{K=1}^{J} e^{X'\beta_k}\right)' e^{X'\beta_j}}{\left(1 + \sum\limits_{K=1}^{J} e^{X'\beta_k}\right)^2}$$

$$= P_{ij}\beta_j - P_{ij}\sum_{K=1}^{J} P_{ik}\beta_k = P_{ij}\left(\beta_j - \sum_{K=1}^{J} P_{ik}\,\beta_k\right),\ j = 0,\ 1,\ 2,\ \cdots,\ J$$

$$(3-30)$$

（一）数据来源与变量选取

数据来源于笔者 2020~2021 年在山东省开展的小麦种植户化肥农药减量增效技术采纳情况调查。实现小麦产业化肥减量增效集成推广不仅有助于提高山东提升粮食产能，确保粮食安全，也有助于推进山东省农业生产的绿色转型。样本地区包括山东省东部、中部、西部地区的德州市齐河县和宁津县、菏泽市曹县和单县、济宁市邹城市和汶上县、潍坊市寿光市、青岛市黄岛区和平度市、烟台市海阳市、威海市荣成市①。调查利用分层抽样法选取样本，每个调查地点抽取 1~2 个乡镇，每个乡镇抽取 2 个村庄，每个村庄抽取 15~20 户农户。调查依托调研员完成，并于调研前对调研员进行了集中调研培训。统一以农民口述、调查员填写的形式填写问卷，共回收问卷 630 份，其中有效问卷 618 份，问卷有效率为 98.10%。

技术对象主要来源于目前我国主推的小麦一次性施肥技术模式：根据缓释氮肥氮素释放期施用小麦专用生物可降解型缓释氮肥并配施腐植酸尿素，在播种过程中将粉碎玉米秸秆和根茬混合均匀覆盖在土壤表面再进行深耕整地。整地过程中再适当施入商品有机肥或腐熟农家肥。因此本节以本地区最常见的有机肥、秸秆还田和缓释肥 3 项技术组成的 8 种技术组合为对象进行分析②，探究山东省小麦种植户对减肥增效技术组合的偏好，掌握不同技术组合的扩散规律。结合已有文献（Yoder et al.，2019；王璇等，2020；何丽娟等，2021），从农户人力禀赋、经济禀赋、自然禀赋和外部支持因素 4 个方面选取自变量。人力禀赋包括年龄、文化程度和劳动力数量；经济禀赋为兼业程度；自然禀赋为生产面积；外部支持因素包括是否加入新型经营主体，以乡镇是否有提供生产服务的生产组织来代表外部生产支持渠道，以是否依赖亲朋好友/销售商/个人经验获取技术信息来代表技术信息支持渠道。

---

① 德州市齐河县和宁津县、菏泽市曹县和单县、济宁市邹城市和汶上县、潍坊市寿光市、青岛市黄岛区和平度市、烟台市海阳市、威海市荣成市分布于山东省西部、中部、东部地区，均是本地产粮大县，作为样本地区具有一定的代表性，也能够为粮食绿色生产转型提供有益实践参考。

② 除有机肥、秸秆还田与缓释肥技术外，结合实地调研与专家访谈，山东省"一揽子"小麦化肥减量增效技术还包括施用测土配方、水肥一体化和深耕深松等，农药减量增效技术包括了生物防控、物理防控和施用高效植保机械等技术。但是由于 Multination Logit 模型需要每种技术组合具有一定的样本量才能够保持影响因素模型拟合的准确性，因此只以已经具有一定采纳规模的有机肥、秸秆还田与缓释肥技术为例进行分析。

（二）描述性分析

首先对有机肥、秸秆还田与缓释肥技术组成的 8 种技术组合采纳情况进行分析（见表 3-19）。根据采纳农户数量，3 项技术均没有采纳的农户在 8 个组别中占比最高，为 17.80%。只采纳了 1 项技术的农户占比为 31.72%，采纳比重高低依次为秸秆还田、有机肥和缓释肥技术，单独采纳缓释肥的农户仅占到了1.62%。采纳了 2 项技术的农户占比为 34.95%，其中采纳秸秆还田+有机肥、秸秆还田+缓释肥组合的农户占比都在 15% 左右，而采纳了缓释肥+有机肥组合的农户仅占 3.72%。3 项技术同时采纳的农户仅占 15.53%。总结来看，当前样本地区大部分农户采纳了 1 项或者 2 项化肥减量增效技术，小麦化肥减量增效技术还有很大的推广潜力。

表 3-19　小麦化肥增量增效技术组合与描述性分析

小麦化肥减量增效技术组合	小麦化肥减量增效技术项目	采纳数量（户）	采纳比重（%）
组合 1	有机肥	77	12.46
组合 2	秸秆还田	109	17.64
组合 3	缓释肥	10	1.62
组合 4	秸秆还田+有机肥	95	15.37
组合 5	缓释肥+有机肥	23	3.72
组合 6	缓释肥+秸秆还田	98	15.86
组合 7	秸秆还田+有机肥+缓释肥	96	15.53
组合 8	无	110	17.8

样本农户个体特征可以概括为学历低且年龄大（见表 3-20），与张益等（2019）对冀鲁豫地区小麦种植户调查得出的人口特征相似。家庭劳动力数量不足 4 人且非农收入已经占据大部分家庭的收入来源的一半。平均小麦种植面积为8.76 亩。仅有 25% 的样本成为新型经营主体，能获得生产性服务的农户占据半数。从技术信息渠道来看，依赖个体经验来获取技术信息的农户比重最高，其次是亲朋好友与经销商。

表 3-20　变量名称、变量定义与描述性分析

变量名称	变量定义	平均值	标准差
年龄	户主的年龄（岁）	53.28	9.46

续表

变量名称	变量定义	平均值	标准差
文化程度	1＝小学及以下学历；2＝初中学历； 3＝高中学历；4＝高中及以上学历	1.90	0.75
劳动力数量	家庭务农劳动力数量（人）	3.78	1.52
兼业程度	非农收入占家庭总收入比重（%）	0.50	0.24
种植面积	小麦种植面积（亩）	8.76	13.98
是否加入合作社/申报家庭农场/ 申报种粮大户	1＝是；0＝否	0.25	0.44
乡镇是否有提供生产服务的 生产组织	1＝是；0＝否	0.53	0.50
是否依赖亲朋好友获取 技术信息	1＝是；0＝否	0.68	0.47
是否依赖经销商获取技术信息	1＝是；0＝否	0.64	0.48
是否依赖个人经验获取 技术信息	1＝是；0＝否	0.76	0.42

二、集成采纳偏好

利用列联分析描述有机肥、秸秆还田和缓释肥采纳行为之间的关联性。根据皮尔逊卡方检验结果（见表3-21），施用有机肥和施用缓释肥行为在10%的水平上显著相关，Odd ratio值为1.3944，表明两者呈现互补关系，施用缓释肥的农户相比于未施用缓释肥的农户，施用有机肥的概率高39.44%。秸秆还田和施用缓释肥行为在1%的水平上显著相关，Odd ratio值为5.6542，表明两者呈现互补关系，施用缓释肥的农户相比于不施用缓释肥的农户，采纳秸秆还田的概率高5.65倍。可见农户更倾向于将缓释肥与其他两项技术搭配使用。施用有机肥与秸秆还田之间的互补关系并不显著，这是由于秸秆还田属于资金密集型技术，有机肥属于劳动密集型技术，技术属性差异显著，因此受资源禀赋约束，农户无法同时采用2项技术。三维列联分析中（见表3-22），皮尔逊卡方检验结果表明3项技术的采纳存在1%水平上显著的关联效用，采纳了其中1项技术的农户也更容易采纳另外的1项或者2项技术。可见，农户对3项技术减肥增效技术的采纳呈现出相互依赖性和同时性的特点。

表 3-21 二维列联表结果

		缓释肥		秸秆还田	
		未采用	采用	未采用	采用
有机肥	未采用	200	103	105	198
	采用	149	107	76	180
	Odd ratio	1.3944		1.2560	
	X²(1)	3.60*		1.56	
秸秆还田	未采用	155	26	—	—
	采用	194	184	—	—
	Odd ratio	5.6542		—	—
	X²(1)	61.44***		—	—

注：*、**、***分别表示在10%、5%、1%的水平上显著。

表 3-22 三维列联表结果

有机肥	缓释肥	秸秆还田	
		未采用	采用
未采用	未采用	97	103
	采用	8	95
采用	未采用	58	91
	采用	18	89
X²(1)		69.42***	

注：*、**、***分别表示在10%、5%、1%的水平上显著。

三、集成采纳偏好影响因素

（一）影响因素分析

利用 Multination Logit 模型，以组合8（没有采纳任何减肥增效技术）作为基准组，对农户采纳各项技术组合的影响因素进行拟合分析（见表3-23）。模型拟合的 Log likelihood 值为1021.8639，Wald 卡方检验值为225.17且在1%的水平上显著，模型拟合结果较好。

表3-23　集成采纳影响因素模型估计结果

变量	组合1 系数	组合1 Z值	组合2 系数	组合2 Z值	组合3 系数	组合3 Z值	组合4 系数	组合4 Z值	组合5 系数	组合5 Z值	组合6 系数	组合6 Z值	组合7 系数	组合7 Z值
文化程度	-0.2817* (0.1542)	-1.8300	0.3133** (0.1295)	2.4200	0.4878 (0.3409)	1.4300	0.1429 (0.1345)	1.0600	0.4234** (0.1759)	2.4100	0.2843** (0.1339)	2.1200	0.2987*** (0.1330)	2.2500
年龄	0.0196* (0.0114)	1.7200	-0.0175* (0.0105)	-1.6600	-0.1015*** (0.0363)	-2.8000	-0.0065 (0.0106)	-0.6100	-0.0248* (0.0150)	-1.6600	-0.0250** (0.0109)	-2.3000	-0.0171 (0.0106)	-1.6000
劳动力数量	0.2714*** (0.0751)	3.6100	0.0579 (0.0716)	0.8100	-0.7465** (0.3546)	-2.1100	0.2747*** (0.0688)	3.9900	0.2076** (0.0919)	2.2600	-0.0094 (0.0764)	-0.1200	0.2149*** (0.0690)	3.1100
兼业程度	-1.4671*** (0.4426)	-3.3100	0.5360 (0.4214)	1.2700	3.6395** (1.5295)	2.3800	-0.4454 (0.4182)	-1.0700	-0.9814* (0.5778)	-1.7000	1.6932*** (0.4922)	3.4400	-0.8047* (0.4127)	-1.9500
种植面积	0.0341*** (0.0111)	3.0700	-0.0075 (0.0146)	-0.5200	0.0500*** (0.0154)	3.2400	-0.0045 (0.0150)	-0.3000	0.0377*** (0.0118)	3.2000	0.0356*** (0.0110)	3.2400	0.0264** (0.0113)	2.3300
是否加入合作社/申报家庭农场/申报种粮大户	0.7352*** (0.2544)	2.8900	-0.0584 (0.2541)	-0.2300	1.4473** (0.6310)	2.2900	0.2320 (0.2500)	0.9300	0.6993** (0.3028)	2.3100	0.2992 (0.2466)	1.2100	0.6574*** (0.2366)	2.7800
乡镇是否有提供生产服务的生产组织	0.3366 (0.2184)	1.5400	0.2141 (0.1941)	1.1000	1.4543** (0.7388)	1.9700	0.3211 (0.1992)	1.6100	0.8122*** (0.2918)	2.7800	0.1459 (0.2011)	0.7300	0.5115** (0.2000)	2.5600

续表

变量	组合1 系数	组合1 Z值	组合2 系数	组合2 Z值	组合3 系数	组合3 Z值	组合4 系数	组合4 Z值	组合5 系数	组合5 Z值	组合6 系数	组合6 Z值	组合7 系数	组合7 Z值
是否依赖亲朋好友获取技术信息	-0.3322 (0.2232)	-1.4900	0.2250 (0.2080)	1.0800	0.1620 (0.6072)	0.2700	0.1617 (0.2098)	0.7700	-0.1030 (0.2831)	-0.3600	0.2702 (0.2171)	1.2400	0.0356 (0.2082)	0.1700
是否依赖经销商获取技术信息	-0.4340** (0.2210)	-1.9600	-0.2580 (0.1991)	-1.3000	0.3782 (0.6448)	0.5900	-0.1783 (0.2023)	-0.8800	0.2883 (0.3094)	0.9300	0.1582 (0.2138)	0.7400	0.1728 (0.2097)	0.8200
是否依赖个人经验获取技术信息	0.862*** (0.2794)	3.1700	0.6251*** (0.2234)	2.8000	-0.0091 (0.5928)	-0.0200	0.4747** (0.2251)	2.1100	0.3553 (0.3111)	1.1400	0.5262** (0.2267)	2.3200	0.5025** (0.2263)	2.2200
常数项	-2.0629** (0.8092)	-2.5500	-0.6616 (0.7323)	-0.9000	-0.3642 (2.5660)	-0.1400	-1.3591* (0.7408)	-1.8300	-2.1043** (1.0024)	-2.1000	-1.3268* (0.7791)	-1.7000	-1.2731* (0.7443)	-1.7100
Log likelihood							1021.8639							
Wald卡方检验							225.17							
Prob>chi2							0.0000***							

注：括号内数字为标准差；*、**、***分别表示在10%、5%、1%的水平上显著。

相比没有采纳任何减肥增效技术的农户，受教育程度较低的农户倾向于施用有机肥，而其他技术组合则与教育程度正向相关，且对秸秆还田、缓释肥+有机肥、缓释肥+秸秆还田以及有机肥+缓释肥+秸秆还田技术组合均在5%的水平上显著。由于秸秆还田目前存在还田效果不稳定的问题，加之缓释肥种类多样，这两种技术的搭配需要学习如何控制效果，确保施用量、施用时间、施用种类合适，因而对个体的学习能力要求更高。

年龄对施用有机肥有正向影响，而对其他技术组合的影响为负，尤其是对缓释肥技术、秸秆还田+缓释肥技术组合的影响分别在1%和5%的水平上显著。由于小麦有机肥以农家肥为主，更容易被年龄偏大、文化水平偏低的农民认可，而缓释肥作为替代劳动力的资本投入型技术则更吸引年轻农民。

家庭劳动力数量的增加对缓释肥技术、缓释肥+秸秆还田技术组合的影响为负，尤其是对采纳缓释肥的影响在5%的水平上显著，而对其他技术组合的影响显著为正。技术特征决定了劳动力需求，由于有机肥用量大且施用过程复杂，因此需要增加人工投入，而缓释肥能够省略追肥次数，从而放松了对劳动力的要求，因此劳动力数量少的农户更愿意采纳缓释肥。

兼业水平对有机肥技术、包含有机肥的技术组合以及有机肥+缓释肥+秸秆还田技术组合的影响为负，尤其是对有机肥技术的负向影响在1%的水平上显著。相反，秸秆还田、缓释肥以及秸秆还田+缓释肥技术组合与兼业水平呈现正相关关系，并且对缓释肥、缓释肥+秸秆还田技术组合的影响在1%的水平上显著。这表明越是依靠农业收入的家庭越关心土地的可持续生产能力，希望通过有机肥增加土壤微生物量、改善土壤养分结构，以达到提高土壤质量、提高产量的目的。兼业程度较高的家庭更倾向于采纳缓释肥。由于秸秆还田需要配套收割机、拖拉机甚至大型旋耕机等农机具，缓释肥的价格偏高，因此采纳秸秆还田和缓释肥技术更能够体现出兼业的投资效应。

种植面积对有机肥、缓释肥、包含缓释肥的技术组合以及有机肥+缓释肥+秸秆还田技术组合的影响为正，规模户更倾向于采纳秸秆还田之外的减肥增效技术，并且种植面积对单项及技术组合的影响均非常显著。一方面，采纳绿色生产技术是保障土地可持续生产能力的农业经营行为，规模户更愿意进行此类的长期投入（李兆亮等，2019）；另一方面，采纳新技术的时间成本、人工成本、机械成本等都能随着耕地经营规模的扩大得以分摊（徐涛等，2018）。生产面积对秸秆还田，秸秆还田+有机肥技术组合的影响为负。一般认为，适当扩大种植规模有助于秸秆还田的机械作业，但是在农户层面，土地经营规模的扩大并不代表农户实际中耕种的连片经营面积的扩大，地块过度分散反而会造成机械作业转运成本的增加，加之施用有机肥提高了劳动力成本，因此并不被种植面积更大的农户所接受。此外，秸秆还田技术虽然具有优势，但技术不成熟容易产生还田不均匀、粉碎不彻底，造成烧苗、携带病虫等问题，因此很多农户考虑到技术风险反而很少在规模大的土地上使用。

新型经营主体更愿意采纳除秸秆还田以外的各项技术及其组合。由于新型经营主体生产方式的专业化和商品化，对可持续技术与新型技术的接受程度比一般农户更高。新型经营主体种植面积偏大可能是限制采用秸秆还田的障碍，这一点在面积变量上也体现了出来，随着土地经营规模的进一步扩大，还田过程控制、交易成本以及雇工监督等问题成为新型经营主体采纳秸秆还田技术的限制条件。

提供生产性服务对各项技术组合均具有促进效果，尤其是对缓释肥、缓释肥+有机肥以及有机肥+缓释肥+秸秆还田技术组合的采纳分别在5%、1%和5%的水平上显著。由于生产性服务能够有效衔接小农户与绿色生产技术，缓解资本、技术和装备等生产要素的不足，尤其是对于缓释肥一类新型的、需要物资与生产指导的技术，有利于降低技术采纳门槛。

从三类技术信息渠道来看，将亲朋好友作为技术信息来源对有机肥以及有机肥+缓释肥技术组合的影响为负，对其他技术组合的影响为正但是均不显著。可见，强关系对减肥增效技术扩散的影响不足，这主要是因为小麦有机肥多是农家肥，农户自身的生产经验最了解自家土壤的配肥要求。与经销商交流仅对包含缓释肥的技术组合以及有机肥+缓释肥+秸秆还田技术组合的影响为正，对其他组合的影响为负，尤其是对有机肥的负向影响在1%的水平上显著。因为经销商偏好销售商品有机肥或者普通肥料，因此会降低农户采纳农家肥的概率。个人经验对缓释肥的影响为负，而对其他的技术组合的影响显著为正。有机肥和秸秆还田等相对传统的技术更多依赖个人经验，但缓释肥主要是依靠亲朋好友和销售商的交流，因为农户普遍缺乏缓释肥施用经验，从而更加依赖外部的技术信息支持。

（二）边际效应分析

边际效应是指在其他特征保持不变时，某变量改变1个单位导致该农户选择某个技术组合的概率发生的变化。根据回归结果（见表3-24），年龄、劳动力数量、种植面积和新型经营主体身份以及依赖个人经验获取技术信息，每增加1个单位，农户选择施用有机肥的可能性会显著分别增加0.46%、2.08%、0.32%、6.43%和6.63%，而文化程度、兼业水平、依赖亲朋好友交流和依赖经销商获取技术信息，每增加1个单位，选择有机肥的行为会显著分别下降6.89%、20.56%、6.16%和5.97%。生产面积每增加1个单位和成为新型经营主体，农户选择采纳秸秆还田的概率会显著分别降低0.51%和8.58%。户主年龄和劳动力数量每增加1个单位，农户采纳缓释肥的概率会显著分别下降0.14%、1.33%；

表3-24　边际效应模型估计结果

变量	组合1 系数	组合1 Z值	组合2 系数	组合2 Z值	组合3 系数	组合3 Z值	组合4 系数	组合4 Z值	组合5 系数	组合5 Z值	组合6 系数	组合6 Z值	组合7 系数	组合7 Z值	组合8 系数	组合8 Z值
文化程度	-0.0689*** (0.0176)	-3.9200	0.0361* (0.0196)	1.8500	0.0041 (0.0051)	0.8100	-0.0018 (0.0191)	-0.0900	0.0164* (0.0093)	1.7800	0.0219 (0.0181)	1.2100	0.0316* (0.0189)	1.6800	-0.0396** (0.0202)	-1.9600
年龄	0.0046*** (0.0012)	3.6700	-0.0016 (0.0016)	-0.9700	-0.0014** (0.0006)	-2.3000	0.0007 (0.0015)	0.4400	-0.0008 (0.0008)	-1.0700	-0.0026* (0.0015)	-1.7200	-0.0015 (0.0015)	-0.9700	0.0026 (0.0016)	1.6100
劳动力数量	0.0208*** (0.0076)	2.7200	-0.0136 (0.0106)	-1.2800	-0.0133** (0.0057)	-2.3200	0.0325*** (0.0089)	3.6500	0.0054 (0.0045)	1.2100	-0.0231** (0.0103)	-2.2300	0.0202** (0.0089)	2.2700	-0.0289*** (0.0109)	-2.6400
兼业程度	-0.2066*** (0.0470)	-4.3700	0.1202* (0.0633)	1.9000	0.0528** (0.0244)	2.1600	-0.0780 (0.0570)	-1.3700	-0.0594** (0.0296)	-2.0000	0.3397*** (0.0703)	4.8300	-0.1668*** (0.0559)	-2.9800	-0.0030 (0.0624)	-0.0500
种植面积	0.0032*** (0.0009)	3.6700	-0.0051** (0.0024)	-2.1500	0.0005** (0.0002)	2.4300	-0.0040* (0.0023)	-1.7500	0.0014*** (0.0004)	3.0600	0.0047*** (0.0011)	4.1700	0.0026** (0.0013)	2.0200	-0.0032 (0.0020)	-1.5700
是否加入合作社/申报家庭农场/申报种粮大户	0.0643** (0.0262)	2.4500	-0.0858** (0.0387)	-2.2200	0.0178* (0.0098)	1.8100	-0.0175 (0.0345)	-0.5100	0.0212 (0.0151)	1.4000	-0.0011 (0.0322)	-0.0300	0.0731** (0.0314)	2.3300	-0.0719* (0.0382)	-1.8800
乡镇是否有提供生产服务的生产组织	0.0063 (0.0245)	0.2600	-0.0139 (0.0303)	-0.4600	0.0184 (0.0115)	1.6000	0.0087 (0.0289)	0.3000	0.0316* (0.0164)	1.9300	-0.0314 (0.0279)	-1.1300	0.0473 (0.0292)	1.6200	-0.0670** (0.0302)	-2.2200

续表

变量	组合1		组合2		组合3		组合4		组合5		组合6		组合7		组合8	
	系数	Z值	系数	Z值	系数	Z值	系数	Z值	系数	Z值	系数	Z值	系数	Z值	系数	Z值
是否依赖亲朋好友获取技术信息	-0.0616** (0.0250)	-2.4600	0.0347 (0.0331)	1.0500	0.0007 (0.0092)	0.0800	0.0224 (0.0307)	0.7300	-0.0106 (0.0152)	-0.7000	0.0393 (0.0310)	1.2700	-0.0057 (0.0306)	-0.1900	-0.0192 (0.0320)	-0.6000
是否依赖经销商获取技术信息	-0.0597** (0.0246)	-2.4200	-0.0516* (0.0309)	-1.6700	0.0055 (0.0099)	0.5500	-0.0244 (0.0290)	-0.8400	0.0210 (0.0171)	1.2200	0.0422 (0.0302)	1.3900	0.0516* (0.0310)	1.6700	0.0154 (0.0313)	0.4900
是否依赖个人经验获取技术信息	0.0663** (0.0338)	1.9600	0.0423 (0.0365)	1.1600	-0.0074 (0.0089)	-0.8300	-0.0002 (0.0339)	-0.0100	-0.0082 (0.0168)	-0.4900	0.0163 (0.0327)	0.5000	0.0060 (0.0343)	0.1800	-0.1151*** (0.0331)	-3.4800

注：括号内数字为标准差；*、**、***分别表示在10%、5%、1%的水平上显著。

兼业程度、种植面积每增加 1 个单位，农户采纳缓释肥的概率会显著分别上升 5.28%、0.05%。劳动力数量每增加 1 个单位，农户采纳秸秆还田+有机肥技术组合的概率会显著上升 3.25%。兼业程度每增加 1 个单位，农户采纳有机肥+缓释肥技术组合的概率会显著下降 5.94%；种植面积每增加 1 个单位，采纳有机肥+缓释肥技术组合的概率会显著上升 0.14%。劳动力数量每增加 1 个单位，农户采纳缓释肥+秸秆还田技术组合的概率会显著下降 2.31%；兼业程度、种植面积每增加 1 个单位，农户采纳缓释肥+秸秆还田技术组合的概率会显著上升 33.97%、0.47%。劳动力数量、种植面积每增加 1 个单位和成为新型经营主体，农户采纳有机肥+缓释肥+秸秆还田技术组合的概率会显著上升 2.02%、0.26%、7.31%；兼业程度每增加 1 个单位，农户采纳有机肥+缓释肥+秸秆还田技术组合的概率会显著下降 16.68%。文化程度、家庭劳动力每增加 1 个单位，或者成为新型经营主体和依赖个人经验获取技术信息，农户不采纳任何化肥减量增效技术的概率会显著下降 3.96%、2.89%、6.70%、11.51%。

第四章 推进农户化肥农药减量增效技术集成采纳路径

为有效实现化肥、农药减量增效技术在农户群体中的集成扩散,本章分别从社会嵌入与群体分化的视角构建实证模型,探索推进减量增效技术集成采纳的路径。本章主要包括以下两部分内容:第一,社会嵌入对减量增效技术集成采纳的影响。以浙江省水稻种植户为例,根据农户减量增效技术采纳水平,结合社会嵌入理论,考察生产规模、社会网络、个体认知、文化氛围和政策激励等社会嵌入因素对农户化肥减量增效技术集成采纳行为的影响。第二,小农户生产转型对技术集成采纳的影响。以山东省小麦种植户为例,根据当前农户化肥投入水平与化肥减量增效技术采纳水平对小农户群体进行分类,划分出减量增效转型领先的农户群体,并从社会网络等维度对不同群体投入品减量行为的影响因素进行分析,以发挥"关键大众"对减量增效技术集成推广的带动作用。

第一节 社会嵌入对技术集成采纳的影响

化肥减量增效技术集成涉及多个生产环节,包含投入品、农机与农艺的配套与管理,知识密集程度更高,对技术扩散渠道的要求也更高。社会网络是农业新技术扩散的重要渠道(李博伟、徐翔,2017),由于农业技术主要是以经验形态的"隐性"知识存在,因此农业技术和经验知识最有效的转移方式就是"手把手""面对面"的交流(Nonaka,1994),这解释了为什么"自我摸索"和"亲戚朋友"一直是我国农户获取农业技术的主要方式(张蕾等,2009)。同时,中国乡村社会长期处在"差序格局"的社会关系结构下,本地所营造的地方性"共识"和"共享"观念不仅是维系乡村社会秩序的基础,也是农户生产行为的重要影响因素,尤其是在新技术推广初期,农户对新技术普遍缺乏准确认知,对依托社会网络所传递的技术信息具有很强的依赖（Krishnan and Patnam，2014；Genius et al.，2014）。这种社会与文化因素影响经济决策的现象被卡尔·波兰尼称为经济行为的社会"嵌入性"，即经济行为嵌入与他人互动所形成的关系网络中（Granovetter，1985）。

随着农业生产方式与经营体系变革，农户群体分化不断加深（陈春生，2007；李宪宝、高强，2013；赵晓峰、赵祥云，2016），近年来的农村土地流转更是在加剧农户生产力分化的基础上，形成了规模户和小农户两个阶层，并重塑了社会嵌入形式（田先红、陈玲，2013；周娟，2017a）。在此背景下，社会网络以及由此形成的社会嵌入能否依然有效促进农业新技术扩散值得深入探讨。然而，国内研究针对此问题尚未得出一致结论，社会嵌入似乎具有加速技术扩散与造成技术锁定的"两面性"（马兴栋等，2018；杨志海，2018；盖豪等，2019；赵秋倩等，2020）。部分研究者尝试从社会嵌入的结构差异出发解释社会嵌入作用的异质性，证实强关系社会网络与弱关系社会网络（胡海华，2016）、功能性社会网络和建构性社会网络（Zhang et al.，2020）、亲缘网络与友缘网络（王淇韬、郭翔宇，2020；陈海江等，2020）促进技术扩散的作用存在显著差异。但社会网络与社会嵌入并非个人自由选择的结果，而是由个人偏好与社会结构性因素共同决定的（梁玉成，2010）。换言之，社会嵌入具有一定的内生性，农户并不能完全自主决定其社会嵌入的类型。因此，重视农户间社会嵌入的差异，从各类农户既有社会嵌入特征出发，才能更有效地加速农业投入品减量增效技术推广。

鉴于此，本节从社会嵌入视角出发，从结构嵌入、认知嵌入、文化嵌入、政治嵌入四个维度分别刻画规模户与小农户群体社会嵌入的差异，并分析嵌入差异对农户化肥减量增效技术集成采纳的影响，为更好地利用社会网络与社会嵌入加速绿色农业技术推广提供有益思路。本节主要回答以下问题：第一，规模户与小农户的社会嵌入呈现出哪些差异？第二，农户分化背景下社会嵌入是否仍会对农户的减量增效技术集成采纳产生影响？第三，不同类型嵌入因素对规模户和小农户集成采纳行为的影响有何差异？

一、社会嵌入理论分析

早在20世纪40年代，卡尔·波兰尼就针对经济行为受制于社会情境的现象提出了嵌入性（Embeddedness）概念，强调现实中的经济行为之所以偏离经济学既有的理论假设，是由于忽视了客观社会情境对经济行为的干扰作用。1985年，Granovetter将"嵌入性"概念批判性继承并发展成为社会嵌入理论，该理论强调经济行为深深嵌入于持续性社会关系与制度中。格兰诺维特将社会嵌入分为关系嵌入（Relational Embeddedness）与结构嵌入（Structural Embeddedness）。前者是指经济行为嵌入与他人互动所形成的关系网络之中，后者是指行为主体所在的网络又与其他社会网络相联系构成了整个社会的网络结构。祖金和迪马乔则将社会嵌入进一步划分为结构嵌入、认知嵌入、文化嵌入和政治嵌入四类（Zukin and Dimaggio，1990）。

（一）结构嵌入

结构嵌入强调的是个体受其所处社会网络的功能与结构影响，个体所维系的社会网络及个体在其中的位置决定了其可以获得的资源。一般认为，乡村社会中的人们基于互惠性亲缘、地缘或业缘等关系构建了一个内外有别的差序格局关系网并将其作为信息交流的载体（费孝通，2004），通过长期的、持续性、日常性沟通和互动获取相关信息（Läpple and Rensburg，2017），从而对新技术的扩散产生积极影响。然而，随着生产力分化加剧，农户群体逐步分化为规模户和小农户。两类农户在经营规模、生产方式和经营目的方面存在差异，对于自然资源、社会化服务以及政府扶持的需求也存在显著差异。然而，一定区域内自然资源与社会资源的稀缺性与有限性必然造成农户的竞争，原本处于同一社会网络中的规模户与小农户之间必然产生利益冲突（韩庆龄，2019；吴重庆、张慧鹏，2019）。这种农户关系的重塑，将导致规模户与小农户的社会网络逐步分离，两类农户的社会网络的结构与功能也将产生差异，呈现出结构嵌入上的不同，结构嵌入对两类农户技术集成采纳的影响也会不同。

（二）认知嵌入

认知嵌入是指个体在进行经济决策时会受到知识背景、认知结构和固有思想的影响（Zukin and Dimaggio，1990）。规模户与小农户在要素禀赋、生产方式上的差别导致了其对化肥减量增效技术态度存在显著差异。或受制于收入、年龄和文化水平等自身因素，或受制于耕地经营规模小、耕地细碎等经营特征，小农户对现代农业生产要素的接纳能力较低（阮文彪，2019；陈航英，2019），也缺乏主动了解化肥减量增效技术等现代农业技术和现代农业生产方式的意识。因而，面对新技术，小农户可能更容易受到固有认知和思想的约束，从而形成小农户与规模户认知嵌入上的差异，进而导致两类农户在技术集成采纳方面存在差异。

（三）文化嵌入

文化嵌入是指经济决策会受到本地人们共享的文化传统、价值规范和观念意识等文化因素的影响和制约（Zukin and Dimaggio，1990）。绿色一直是我国传统农耕文化的重要特色，然而不同于传统生态农业，现代绿色农业是聚合现代生产要素打造的全新农业生产方式。因此，传统的绿色农耕文化和生态观念虽有助于化肥减量增效技术推广，但政府设立化肥减量增效技术集成示范区、示范项目进行宣传与推广，对提高农户绿色生产的自觉性和主动性、加速农户化肥减量增效技术集成采纳更具引导作用。由于地方化肥减量增效技术集成示范区、示范项目一般通过申报—遴选的方式确定，对申报者的经营规模有一定要求，同时也往往依托规模经营主体进行管理，这就导致规模户和小农户在绿色生产文化的嵌入上存在天然差异。同时，由于生产方式与经营目标不同，导致两类农户主动融入绿色生产文化氛围的意识也会不同。因而，两类农户的文化嵌入程度及其对化肥减量增效技术集成采纳的影响都可能存在差异。

（四）政治嵌入

政治嵌入表现在政府及相关部门制定的制度框架会对个人行为带来一定的压力与引导。由于化肥减量增效技术集成涉及多种生产要素与生产技术，而农机、资本等现代生产要素和先进农业技术存在规模门槛（郭庆海，2018），因此鼓励农地流转、实现农地规模经营被认为是实现农业投入品减量化的重要途径（张露、罗必良，2020）。政府政策在化肥减量增效技术集成推广中的"规模导向"，使得规模户与小农户在政治嵌入上表现出极大差异，进而导致其集成采纳行为存在差别。

总结起来，随着农户分化与社会关系重塑（周娟，2017a），规模户与小农户的社会嵌入发生了实质性改变。明确规模户与小农户社会嵌入特征及其在农业技术扩散中的作用差异，在理论层面上有助于解释为何不同类型社会嵌入促进技术扩散的作用存在差异，在实践层面有助于实现推广策略的优化从而提升化肥减量增效技术集成的推广效率。

二、数据来源与内生转换模型构建

（一）数据来源与描述性分析

数据来源于笔者2017~2018年在浙江省开展的水稻种植户化肥农药施用情况调查。调查利用分层抽样法选取样本，样本地区包括嘉兴市、金华市、宁波市和湖州市共9个区县，每个调研地点抽取2~3个乡镇，每个乡镇抽取1~2个村庄，每个村庄抽取15~20户农户。以农民口述、调查员填写的形式填写问卷，共回收问卷594份，其中有效问卷583份，问卷有效率为98.15%。

（二）变量选取与描述性分析

本节要检验的核心问题是规模户与小农户的社会嵌入差异，以及社会嵌入对两类农户化肥减量增效技术集成采纳决策的影响，需要对小农户和规模户进行精准界定。根据国家出台的生产补贴划分标准和相关研究（罗丹等，2017），将50亩以上（包括50亩）的种植户视为规模户，50亩以下的种植户视为小农户。

1. 农户化肥减量增效技术集成采纳

当前常见的水稻化肥、农药减量增效技术主要基于中国农业科学院建立的单季稻绿色增产增效技术集成生产模式（苗水清等，2017）。该模式在坚持"一控两减三基本"要求的基础上，充分考虑了长江流域水稻生产方式与不同季节生长特点，因而该方案具有很强的可复制性。本节在该生产模式的 11 项核心技术中，选择了"测、增、减"三位一体高产高效施肥技术：测土配方、增施有机肥、秸秆还田、施用缓释肥、机械侧深施五项。上述技术减量增效路径各异：测土配方则是通过配方肥精准满足特定土壤养分与供肥能力来调整施肥结构和用量；增施有机肥与秸秆还田均是通过增加土壤有机质的方式来改善土壤的物理性质，提高土壤有机质含量和微生物数量；施用缓释肥、侧深施肥通过控制养分的转化速率延长肥效，实现化肥减量。同时，上述技术涉及耕种、施肥、田间管理、秸秆处理等多个生产环节，集成采纳有助于发挥技术之间的协同减量效应。

2. 嵌入因素变量

结构嵌入的差异表现在社会网络规模、社会网络中心度和网络异质性等方面（Hansen，1999；Anderson et al.，2001；Coleman，1988）。利用受访农户经常保持联系的村民个数来衡量社会网络规模，因为基于亲缘和地缘关系形成的社会网络以及其中的面对面交流仍然是农民获取社会实际支持的主要来源（张玉昆、曹光忠，2017）。利用是否担任过村干部来衡量社会网络中心度，因为现阶段村干部的乡村精英角色既是国家意志的基层"代理者"又是社区利益的代表人（孙秀林，2009），处于村集体关系结构中最重要的节点，为个体带来一定的比较优势和超额价值，包括信息和资源优势。利用熟人中非农农户或非同等经营规模农户比例来衡量社会网络异质性，这是由于当前农户阶层分化主要由生产力分化驱动，非农户或者非同等经营规模的农户，其生产规模、生产目标和生产方式往往具有差异，可以带来异质性的生产与技术信息。认知嵌入方面，结合张复宏等（2017）等的研究结论，分别利用农户对当前稻田环境污染程度（反映个体对绿色生产必要性的认知）和过量施用化肥的负面影响（化肥施用量与稻田环境污染关联的认知）的评价来衡量。文化嵌入方面，利用农户家庭与示范区的距离来反映绿色生产文化氛围的差异，利用农户对绿色生产转型的认同度来刻画农户对绿色生产价值观与规范意识的认同程度。政治嵌入方面，利用农户是否接触过政府发放的宣传材料，以及是否享受秸秆还田，购买有机肥、缓释肥补贴两个变量来衡量政治嵌入。

3. 识别变量

农户的土地经营规模与化肥减量增效技术集成采纳之间具有一定的内生性，因此在分析规模户与小农户社会嵌入作用差异时利用内生转换模型来处理潜在的内生性问题。选取农户家庭户籍人口数作为识别变量，主要原因在于，经营规模是农户土地经营能力与可获取土地资源两者权衡的结果，农村土地分配与家庭人口挂钩，家庭人口数越多，家庭土地经营面积越大。但在浙江省，由于人均耕地面积仅为 0.56 亩，户籍人口多的农户也难以直接达到土地规模经营的门槛，因而户籍人口多的农户未必就一定能成为规模经营户。同时，家庭户籍人口数多并不等同于家庭农业劳动力数量多，因此家庭户籍人口数多的家庭未必偏好劳动密集型生产技术。综合来看，家庭户籍人口可能影响农户是否能够成为规模经营户，但并不直接影响农户的生产方式选择与化肥减量增效技术的集成采纳。

4. 控制变量

结合已有文献（Mase et al.，2017；高晶晶等，2019），将户主学历、户主年龄、兼业程度、户籍人口数作为控制变量。

从描述性分析结果来看（见表 4-1），集成采纳 5 项技术的农户占样本的 38%，其中小农户集成采纳的比例为 25.71%，而规模户集成采纳的比例为 58.08%，两类群体的差别十分明显。从农户个体和生产特征来看，农户普遍学历较低、年龄大但是生产经验足，非农收入已经成为大部分家庭的重要收入来源。

表 4-1　变量选择与描述性统计

	变量名称	变量定义	均值	标准差
因变量	是否集成采纳	是否采纳了全部 5 项化肥减量增效技术	0.38	0.49
内生变量	生产规模	1＝规模户；0＝小农户	0.39	0.49
结构嵌入	社会网络规模	经常保持联络的村民个数（个）	8.98	5.64
	社会网络中心度	是否担任过村干部：是＝1；否＝0	0.10	0.30
	社会网络异质性	熟人中非农农户或非同等经营规模农户比例（%）	35.49	26.71
认知嵌入	环境污染程度判断	1＝没有污染；2＝轻微污染；3＝中度污染；4＝严重污染	2.16	1.11
	化肥负面影响认知	施用化肥的负面影响程度：1＝没有污染；2＝轻微污染；3＝中度污染；4＝严重污染	1.84	0.96
文化嵌入	绿色生产氛围	与最近的化肥减量增效技术示范区的距离（米）	2022.45	3670.66
	绿色生产认同度	对绿色农业转型的认同程度：1＝非常不认同；2＝比较不认同；3＝一般；4＝认同；5＝非常认同	2.53	1.61

变量名称		变量定义	均值	标准差
政治嵌入	绿色生产技术知晓度	是否接触过政府发放的"明白纸"或其他宣传材料：是=1；否=0	0.75	0.43
	绿色技术补贴享受	近三年是否享受过秸秆还田，购买有机肥、缓释肥等补贴：是=1；否=0	0.51	0.50
控制变量	户主学历	小学及以下学历=1；初中学历=2；高中学历=3；高中以上学历=4	2.04	0.78
	户主年龄	家庭决策者年龄（岁）	53.40	11.05
	兼业程度	非农收入占家庭总收入比重（%）	43.78	29.22
识别变量	户籍人口数	农户家庭户籍人口数（人）	4.95	4.42

（三）模型构建

为解决内生性问题，选择内生转换模型来矫正农户社会嵌入与生产规模、化肥减量增效技术集成采纳之间的"自选择"偏差。内生转换模型既可以综合处理可观测和不可观测变量导致的样本选择偏差，也能够有效处理规模户与小农户两组样本处理效应同质的不合理假设，因此可以改善估计结果（朋文欢、黄祖辉，2017）。

内生转换 Probit 模型包含转换方程和结果方程。转换方程用于判断社会嵌入对生产规模的影响，由此明确社会嵌入对化肥减量增效技术集成采纳的间接影响。结果方程用于判断农户社会嵌入和生产规模对集成采纳的影响，由此明确社会嵌入对集成采纳的直接影响。具体可用模型表达为：

$$L_i^* = a + \gamma_1 S_i + \beta_1 X_i + u_i \quad L_i = 1 \, if L_i^* > 0; \ L_i = 0 \, otherwise \tag{4-1}$$

$$T_i^* = b + \gamma_2 S_i + \varphi L_i^* + \beta_2 Y_i + v_i \quad T_i = 1 \, if T_i^* > 0; \ T_i = 0 \, otherwise \tag{4-2}$$

式（4-1）~式（4-2）中，L_i^* 表示农户 i 的土地规模，φ 为其在结果方程中的估计系数，$L_i = 1$ 表示规模户，$L_i = 0$ 表示小农户。T_i 表示农户技术采纳行为观测值，$T_i = 1$ 表示集成采纳，$T_i = 0$ 表示未集成采纳。S_i 表示农户 i 的社会嵌入，γ_1 与 γ_2 分别表示其在转换方程和结果方程中的估计系数，X_i 与 Y_i 分别表示影响农户 i 生产规模与技术集成采纳行为的控制变量，β_1 与 β_2 分别表示其估计系数。a 与 b 分别表示转换方程与结果方程中的常数项，u_i 与 v_i 分别表示转换方程与结果方程中的随机扰动项。

为考察不同类型社会嵌入有关影响的差异，模型将社会资本分解为以 9 个变量为代表的 4 种社会嵌入，则：

$$L_i^* = a' + \gamma_3 S_{1i} + \gamma_4 S_{2i} + \gamma_5 S_{3i} + \gamma_6 S_{4i} + \gamma_7 S_{5i} + \gamma_8 S_{6i} + \gamma_9 S_{7i} + \gamma_{10} S_{8i} + \gamma_{11} S_{9i} + \beta_1' X_i + u_i'$$

$$L_i = 1 \, if L_i^* > 0, \ L_i = 0 \, otherwise \tag{4-3}$$

$$T_i^* = b' + \gamma_1 2S_{1i} + \gamma_{13}S_{2i} + \gamma_{14}S_{3i} + \gamma_{15}S_{4i} + \gamma_{16}S_{5i} + \gamma_{17}S_{6i} + \gamma_{18}S_{7i} + \gamma_{19}S_{8i} + \gamma_{20}S_{9i} + \varphi' L_i^* + \beta'_2 Y_i + v_i'$$

$$T_i = 1 \, if \, T_i^* > 0; \quad T_i = 0 \, otherwise \tag{4-4}$$

式（4-3）~式（4-4）中，$S_{1i} \sim S_{9i}$ 分别代表 9 项社会嵌入变量，$\gamma_3 \sim \gamma_{20}$ 分别表示其在转换方程和结果方程中的估计系数。β_1' 与 β_2' 分别为农户 i 生产规模和技术集成采纳的控制变量的估计系数。φ' 为个体 i 生产规模在结果方程中的估计系数。a' 与 b' 分别为转换方程与结果方程中的常数项，u_i' 与 v_i' 分别为转换方程与结果方程中的随机扰动项。

此外，为判断内生转换 Probit 模型的必要性，需要检验生产规模在结果方程中是否为内生性变量。依据共享随机效应，建立起随机扰动项 u_i' 与 v_i' 之间的相互联系，即：

$$\begin{cases} u_i = \omega\theta_i + \zeta_i \\ v_i = \theta_i + \xi_i \end{cases} \tag{4-5}$$

式（4-5）中，假设 θ_i、ζ_i 与 ξ_i 服从期望为 0 且方差为 1 的独立同分布。θ_i 为共享随机效应，ω 为其估计系数，是一个因子加载项。ζ_i、ξ_i 分别为 u_i 和 v_i 两个方程中的误差项。则随机扰动项 u_i 与 v_i 之间的协方差矩阵为：

$$Cov(u_i, \, v_i) = \sum = \left(\frac{\omega^2 + 1}{\omega} \frac{\omega}{2} \right) \tag{4-6}$$

进而，随机扰动项 u_i 与 v_i 之间的关系可表示为：

$$\rho = \frac{\omega}{\sqrt{2 \, (\omega^2 + 1)}} \tag{4-7}$$

式（4-7）中，ρ 为随机扰动项 u_i 与 v_i 之间的相关系数。若 $\rho = 0$，说明农户生产规模是一个外生变量，转换方程与结果方程分别独立进行估计可得到系数的无偏估计值；否则，说明生产规模是一个内生变量，此时有必要构建内生转换 Probit 模型进行系数估计。

为进一步探讨不同土地经营规模农户的社会嵌入对其技术集成采纳的促进作用是否存在差异，依据内生转换 Probit 模型的估计结果，将社会嵌入对技术集成采纳行为的影响分解为直接影响和间接影响。联立内生转换 Probit 模型中的转换方程与结果方程，可得到方程式：

$$T^* = h + (\gamma_2 + \gamma_1\varphi) \, S + \beta_3 I + \beta_4 D + \varepsilon \tag{4-8}$$

式（4-8）中，I 为控制变量，D 为识别变量，β_3 与 β_4 分别为其估计系数。h 为常数项，ε 为随机扰动项。γ_2 为社会嵌入对技术集成采纳行为的直接影响，$\gamma_1\varphi$ 为间接影响，$\gamma_2 + \gamma_1\varphi$ 为总影响。若 $\gamma_1\varphi$ 为正，表示社会嵌入有助于强化生产规模对技术集成采纳产生的促进作用。

不同经营规模农户社会嵌入对技术集成采纳的促进作用是否存在差异可由式 (4-9) 来判断：

$$T^* = h' + (\gamma_3 + \gamma_{12}\varphi')S_1 + (\gamma_4 + \gamma_{13}\varphi')S_2 + (\gamma_5 + \gamma_{14}\varphi')S_3 + (\gamma_6 + \gamma_{15}\varphi')S_4 +$$
$$(\gamma_7 + \gamma_{16}\varphi')S_5 + (\gamma_8 + \gamma_{17}\varphi')S_6 + (\gamma_9 + \gamma_{18}\varphi')S_7 + (\gamma_{10} + \gamma_{19}\varphi')S_8 +$$
$$(\gamma_{11} + \gamma_{20}\varphi')S_9 + \beta'_3 I + \beta'_4 D + \varepsilon' \tag{4-9}$$

式 (4-9) 中，β'_3 与 β'_4 分别为 I 和 D 的估计系数。h' 为常数项，ε' 为随机扰动项。$\gamma_3 \sim \gamma_{20}$ 为社会嵌入对个体技术集成采纳的直接影响，$\gamma_{12}\varphi' \sim \gamma_{20}\varphi'$ 为间接影响。直接影响与间接影响相加为总影响。

三、规模户与小农户的社会嵌入差异

规模户与小农户的社会嵌入性存在显著差异（见表4-2），验证了生产力分化是农户社会嵌入差异的重要决定因素。从结构嵌入来看，规模户经常保持联络的村民个数约是小农户的2倍，其社会网络规模更大，异质性更强（社会网络中非农或非同等经营规模的农户比例超过60%），担任过村干部的比例也高于小农户；而小农户的社会网络规模更小，同质性更强（社会网络中非农或非同等经营规模的农户比例低于20%），呈现出典型的强关系社会网络特征。从认知嵌入来看，规模户对环境污染程度的判断以及对施用化肥的负面影响认知均高于小农户，但整体嵌入水平较低，两类农户间差别较小（T检验结果表明规模农户与小农户仅在环境污染认识上存在10%的水平上的显著差异）。从文化嵌入来看，规模户对农业绿色转型的认同度显著高于小农户（在1%的水平上显著），规模户与技术示范区的平均距离要大于小农户，但是差异并不显著。这是因为化肥减量增效技术示范区的选择需要兼顾申报者的经营能力与示范范围，因此县区内技术示范区的分布相对比较分散，而为了避免土地等生产资源与补贴政策竞争，规模户间的距离往往较规模户与小农户更大，这就导致示范区所在规模户与其他规模户的距离较其与小农户的距离略大。从政治嵌入来看，规模户的政治嵌入程度显著较高，接受了更多的政府宣传与补贴，而小农户的政治嵌入程度较低，虽然接受的宣传也较多但获取的补贴较少，表现出被边缘化的趋势。

表4-2 规模户与小农户的社会嵌入对比

变量名称		规模户		小农户		T检验
		均值	标准差	均值	标准差	显著性
因变量	集成采纳	0.58	0.50	0.26	0.44	0.000***

续表

变量名称		规模户		小农户		T 检验
		均值	标准差	均值	标准差	显著性
结构嵌入	社会网络规模	12.35	6.37	6.80	3.75	0.000***
	社会网络中心度	0.12	0.32	0.09	0.28	0.018**
	社会网络异质性	60.95	19.70	19.02	15.29	0.002***
认知嵌入	对环境污染程度的认知	2.46	1.05	1.97	1.11	0.096*
	施用的负面影响感知	1.94	0.98	1.77	0.95	0.464
文化嵌入	绿色生产认同度	3.16	1.78	2.12	1.36	0.000***
	绿色生产氛围	2287.64	5491.75	1850.9	1630.88	0.249
政治嵌入	绿色生产技术知晓度	0.83	0.38	0.70	0.46	0.000***
	绿色技术补贴享受	0.92	0.27	0.25	0.43	0.000***

注：*、**、***分别表示在10%、5%、1%的水平上显著。

四、社会嵌入对技术集成采纳影响程度与路径

（一）土地经营规模的内生性检验

转换方程与结果方程的随机扰动项相关系数 ρ 在 1% 的水平下显著不为零（见表 4-3），表明土地经营规模是一个内生变量（邹宗森等，2019）。因此，转换方程与结果方程不能分别独立进行估计，有必要构建内生转换 Probit 模型。

表 4-3 内生转换 Probit 模型估计结果

变量名称	转换方程（生产规模）			结果方程（化肥减量增效技术集成采纳）		
	系数	标准差	Z 值	系数	显著性	Z 值
生产规模	—	—	—	0.7625***	0.2360	3.2300
社会网络规模	0.1501***	0.0249	6.0200	0.0316**	0.0139	2.2800
社会网络中心度	−0.3879	0.3997	−0.9700	0.0538	0.2083	0.2600
社会网络异质性	0.0669***	0.0082	8.1300	0.0002	0.0035	0.0600
环境污染程度判断	0.0814	0.1142	0.7100	0.0480	0.0594	0.8100
化肥负面影响认知	−0.0724	0.1317	−0.5500	0.0959	0.0647	1.4800
绿色生产氛围	0.0003***	0.0001	3.2500	−0.0004***	0.0001	−7.4500
绿色生产认同度	0.2233***	0.0836	2.6700	0.2347***	0.0450	5.2200

续表

变量名称	转换方程（生产规模）			结果方程（化肥减量增效技术集成采纳）		
	系数	标准差	Z 值	系数	显著性	Z 值
绿色生产技术知晓度	0.4837*	0.2650	1.8300	0.4516***	0.1497	3.0200
绿色技术补贴享受	1.7315***	0.2619	6.6100	0.1141	0.1589	0.7200
户主学历	-0.0277**	0.0114	-2.4200	0.0095	0.0059	1.6200
户主年龄	0.4599***	0.1585	2.9000	0.2251***	0.0831	2.7100
兼业程度	-0.0122***	0.0043	-2.8200	0.0026	0.0021	1.2300
户籍人口	-0.1489*	0.0876	-1.7000	—	—	—
常数项	-4.3580***	0.9733	-4.4800	-3.4130***	0.4737	-7.2100
相关系数	—	—	—	-0.5818***	0.0699	-8.3200

注：*、**、***分别表示在10%、5%、1%的水平下显著。

（二）识别变量的有效性检验

如表4-3所示，户籍人口数对农户的土地经营规模具有显著的负向影响（在10%的水平上显著）。如前所述，浙江省人均耕地面积仅为0.56亩，户籍人口数为10人的家庭土地经营面积也仅为5亩，远远低于50亩的规模经营门槛。同时，浙江省是改革开放和民营经济起步最早的地区，户籍人口越多生存压力越大，其非农化转型越早，因而户籍人口多的家庭兼业程度可能更高、更有可能脱离农业生产。

（三）社会嵌入对化肥减量增效技术集成采纳的直接影响

从回归结果来看（见表4-3），结构嵌入、文化嵌入和政治嵌入显著影响了农户化肥减量增效技术集成采纳，而认知嵌入的影响并不显著。结构嵌入方面，社会网络规模的影响在5%水平上显著，由于化肥减量增效技术集成采纳需要更高的技术跃迁成本和更多的要素投入，规模更大的社会网络不仅能够带来更多的生产技术信息，降低技术信息的不确定性（Tezera et al.，2018；Wang et al.，2020），也能带来更丰富的生产资源，从而有力地促进了化肥减量增效技术的集成采纳。社会网络中心度和社会网络异质性的影响并不显著，前者可能因为村干部"专职化"使其脱离了农业生产，村干部身份未能给农户带来足够的技术更新资源，后者则是因为网络异质性增强导致信息冗杂性升高，需要农户花费更多成本识别有用信息，故降低了其作用。认知嵌入方面，环境污染程度认知和施用化肥的负面影响认知影响均不显著。这可能是由于浙江省率先进行了绿色发展转型，在2014年就开始在全省开展"五水共治"，2016年又出台了《浙江省土壤污染防治工作方案》，要求加强农业面源污染防治，开展土壤污染治理修复，浙江省农业生态环境治理走在全国前列，因此农户普遍认为当前农田环境污染问题并不严重，对化肥造成的负面影响也缺乏准确认识。文化嵌入方面，绿色生产认同度对农户的化肥减量增效技术集成采纳产生了显著影响，这表明对绿色生产转型的认同是农户集成采纳的重要条件，农户越能够意识到绿色转型的重要性就越有可能进行集成采纳。绿色生产氛围，即靠近绿色技术源头的系数为负，表明越靠近技术示范区越能促进农户的集成采纳，体现出了技术示范区示范效应的外溢。政治嵌入中，绿色生产技术知晓度对农户采纳化肥减量增效技术集成采纳有显著正向影响，绿色补贴虽有正向影响但影响并不显著，这主要是因为绿色补贴存在一定的"规模门槛"，小农户难以享受绿色补贴，导致绿色补贴的激励作用并不显著。

（四）社会嵌入对化肥减量增效技术集成采纳的间接影响

如表4-4所示，规模农户与小农户社会嵌入作用的差异，集中表现在社会嵌入对化肥减量增效技术集成采纳的间接影响上，即社会嵌入通过促进土地规模经营间接推动化肥减量增效技术集成采纳。由转换方程回归结果和间接影响的计算方式可知，结构嵌入中的社会网络规模与社会网络异质性，文化嵌入中的绿色生产氛围和绿色生产认同度，政治嵌入中的绿色生产技术知晓度和绿色技术补贴享受，都对农户土地经营规模具有显著的正向影响，间接促进了化肥减量增效技术集成采纳，由此形成了规模户与小农户社会嵌入作用的差异。其中，社会网络规模、绿色生产氛围、绿色生产认同度和绿色生产技术知晓度既具有显著的间接影响，又具有显著的直接影响。鉴于上述变量的影响机理基本一致，故为节省篇幅，此处重点讨论社会网络异质性与绿色技术补贴享受两个变量的间接影响及其与直接影响的差异。由于当前农村土地流转往往发生在熟人之间，社会网络异质性越强，意味着社会网络中从事非农经营的农户比例越高，农户从外部流转土地的机会就越多，同时农户获取异质性信息与资源的机会也就越多，这有助于增强其土地经营能力促进农户的规模经营。但社会网络异质性的作用存在一定的"门槛效应"，只有当异质性网络能够带来足够多样的信息与资源，且农户能够具备足够的信息分辨能力时，社会网络异质性才能够发挥积极作用，否则就容易降低农户的信息利用效率，不利于农户采纳新技术，由此导致社会网络异质性具有显著的间接影响，但直接影响却不显著。无论是投入品补贴还是生产性服务补贴，绿色技术补贴均可以有效降低农户生产经营成本，提升农户土地经营效率，诱导农户扩大经营规模以实现收益最大化。而随着土地经营面积达到"规模经营"门槛，农户对诸如水肥一体化等具有规模效应的化肥减量增效技术需求增强，从而促进了化肥减量增效技术的集成采纳。

表4-4　社会嵌入对农户化肥减量增效技术集成采纳的影响分解

核心解释变量		影响类型	计算方式	计算结果
结构嵌入	社会网络规模	直接影响	γ_3	0.0316
		间接影响	$\gamma_{12}\varphi'$	0.1145
		总影响	$\gamma_3+\gamma_{12}\varphi'$	0.1461
	社会网络异质性	直接影响	γ_5	0.0002
		间接影响	$\gamma_{14}\varphi'$	0.0510
		总影响	$\gamma_5+\gamma_{14}\varphi'$	0.0512
文化嵌入	绿色生产氛围	直接影响	γ_8	−0.0004
		间接影响	$\gamma_{17}\varphi'$	0.0002
		总影响	$\gamma_8+\gamma_{17}\varphi'$	−0.0002
	绿色生产认同度	直接影响	γ_9	0.2347
		间接影响	$\gamma_{18}\varphi'$	0.1703
		总影响	$\gamma_9+\gamma_{18}\varphi'$	0.4050
政治嵌入	绿色生产技术知晓度	直接影响	γ_{10}	0.4516
		间接影响	$\gamma_{19}\varphi'$	0.3688
		总影响	$\gamma_{10}+\gamma_{19}\varphi'$	0.8204
	绿色技术补贴享受	直接影响	γ_{11}	0.1141
		间接影响	$\gamma_{20}\varphi'$	1.3203
		总影响	$\gamma_{11}+\gamma_{20}\varphi'$	1.4344

（五）控制变量对化肥减量增效技术集成采纳的影响

从转换方程来看，户主学历、户主年龄和兼业程度显著影响了农户的土地经营规模，学历较低、年龄较大、兼业程度较低的农户更有可能成为规模农户，这是因为学历低、年龄大的农户往往缺乏非农就业的能力与渠道，因而家庭经营的重心集中在农业生产上。同时，由于小规模土地经营收益较低，只有扩大土地经营规模才能获取更多的政策支持提升经营效益，因而他们更有动力通过土地流转进行土地的规模经营。从结果方程来看，仅户主年龄对化肥减量增效技术集成采纳具有显著的正向影响，这是因为户主年龄越大，从事农业生产经营的时间越长，农业生产技术水平越高，对过量施用化肥所带来的经济成本和环境影响有着更为准确的认识，因而有动机通过集成采纳化肥减量增效技术来"节本增效"，实现土地的可持续经营。

第二节　小农户生产转型对技术集成采纳影响

　　创新扩散理论（Rogers，2003）认为新技术的扩散不是一蹴而就的。根据技术采纳速度差异，创新采用者可以分为创新先驱者、早期采用者、早期大众、后期大众和落后者五类，因此新技术的扩散曲线随时间呈现"S"形特征。在技术扩散早期，只有少数创新先驱者和早期采用者采纳，技术扩散范围很小，速度很慢；而后随着早期大众群体采纳的人数逐步增加，曲线开始快速上升，技术扩散进入起飞期；直到成员普遍采纳该项技术后，曲线重新变得平缓，扩散最终完成。Valente（1995）和Barnett（2011）等进一步研究发现，技术扩散曲线不仅可以是"S"形，还可以是"R"形，并且具备"R"形扩散特征的技术能够更快达到临界点，实现更高的采用率和更快的扩散速度。无论是"S"形扩散曲线，还是"R"形扩散曲线，根据阈值理论（Valente，1995），技术扩散进入起飞期的关键都在于使"早期大众"这一群体尽早接受新技术，进而通过早期大众的示范引领加速后期大众与落后者的技术采纳。在我国农业经营体系中，新型经营主体被定位为现代农业主力军和突击队，他们往往更具创新精神，也拥有更强的技术实施能力，是各类农业投入品减量增效技术示范点、示范项目的主要承担者，在农业新技术扩散中承担了技术创新先驱者和早期采用者的角色（楼栋、孔祥智，2013；赵晓峰、赵祥云，2016）。而小农户由于缺乏足够的风险应对能力，他们对待新技术的态度更加审慎（仇焕广等，2014；李卫等，2017；高杨、牛子恒，2019），往往需要在不确定性消除之后甚至是周边多数人采纳之后才会接受新技术。要加快减量增效技术在小农户中的集成推广，就必须找出小农户群体中率先转型、能够起到示范引领作用的早期大众，明确其形成条件，以便促进该群体尽早转型、跨越减量增效技术扩散的阈值门槛。

　　因此，本节将关注重点放在规模小于50亩的小农户群体上，以浙江省643户水稻种植户为例，首先通过有限混合模型分析小农户投入品减量转型的分化情况，尝试识别投入品减量转型中的领先群体，然后利用分位数回归模型分析小农户投入品减量转型分化的原因，从而为进一步完善小农户投入品减量转型推广政策提供有益思路。本节主要贡献在于：第一，从投入品减量增效结果与减量增效技术采纳两方面入手，尽可能精准地刻画投入品减量转型过程中的小农户群体分化特征，借此锁定小农户群体中优先转型、能对其他小农户起到示范引导作用的"关键大众"；第二，对比社会网络对不同群体投入品减量转型的影响差异，进一步揭示社会网络对小农户群体绿色生产转型的影响机制。

一、数据来源与有限混合模型构建

（一）研究方法与模型设定

小农户投入品减量转型的群体分化直接体现在投入品减量增效技术采纳及减量效果差异上。但由于投入品减量增效包含"精、调、改、替"多种路径，且不同路径对小农户采纳能力与资源禀赋的要求存在差异，小农户可能表现出对特定属性技术的选择偏向（郑旭媛等，2018），因而以某一种（类）技术的采纳速度作为判断农户绿色生产转型差异的标准很有可能导致判别失准。为更全面、精准地刻画小农户投入品减量转型的群体分化特征，本节综合了化肥利用率和绿色生产技术采纳两项标准。一是测算化肥利用率，区别于一般生产函数将总产量或亩产量作为产出的处理方式，为直观展示化肥利用率差异，将单位化肥（每百斤化肥）投入下的水稻产量作为产出变量，产出数值越高，表示每百斤化肥投入所带来的水稻产量越多，化肥利用率越高。二是引入了4种符合样本地区需求、具有可分割技术包特征的绿色生产技术[①]作为判断农户生产方式是否绿色的标准。

基于以上标准，利用有限混合模型（Finite Mixture Model，FMM）构建以单位化肥投入折算的水稻产量为因变量的生产函数，同时将4种技术采纳情况作为协变量加入模型，以刻画小农户投入品减量转型差异，锁定能够引领小农户投入品减量转型的"关键大众"。在此基础上，以样本农户成为"关键大众"的概率为因变量建立分位数回归模型，分析小农户投入品减量转型分化的影响因素。

有限混合模型是一种对可观测数据聚类的分析方法。区别于按照某个主观标准进行分类，有限混合模型在聚类过程中不预设任何关于群体分类的先验知识，仅靠群体间的异质性进行分类，从而确保分类结果的客观性（Kasahara and Shimotsu，2009）。有限混合模型基本形式为：

$$f(Y \mid X, \theta) = \sum_{k=1}^{K} \pi_k f(Y \mid X, \theta_k) = \pi_1 f_1(X) + \pi_2 f_2(X) + \cdots + \pi_k f_k(X)$$

（4-10）

式（4-10）中，$f(Y \mid X, \theta_k)$ 表示样本 Y 由于不可观测的异质性因素落在潜在类别 K 下的条件密度分布，X 是解释变量组成的向量，θ_k 为待估参数，π_k

---

① 这4种水稻绿色生产技术包括有机肥、秸秆还田、绿色防控和机械侧深施肥。虽然每一种技术减量增效机理不同但效果都已经得到证实，同时技术之间具有较强的关联效应，完全采纳有助于进一步提升效果，因此具有典型的可分割技术包特征。有机肥属于劳动密集型技术，绿色防控属于知识密集型技术，机械侧深施肥属于资本密集型技术，秸秆还田因为既需要依托机械服务，又需要投入额外劳动力进行水分、肥料管理，因而兼具资本、劳动、知识密集特征。

表示混合比例，也被称为各子密度f_k (X)所对应的权重，且$\sum \pi_k = 1$。

假定样本可以划分为两个类别，则样本的分布函数可表示为：

$$f\ (Y\mid X,\ \theta)\ =\pi_H f_H\ (X)\ +\pi_L f_L\ (X) \tag{4-11}$$

$$P\ (j\mid X,\ Y)\ =\frac{\pi_j f_j\ (Y\mid X,\ \theta_j)}{\pi_H f_H\ (Y\mid X,\ \theta_H)\ +\pi_L f_L\ (Y\mid X,\ \theta_L)} \tag{4-12}$$

通过式（4-12）计算每个样本农户落入第j个类别的后验概率估计值，$j=$ $(I,\ K)$，$P_I P_K$分别为样本落入两个潜在类别的后验概率。

区别于一般回归模型均值回归的处理方式，分位数回归模型可以对被解释变量中位数、分位数进行分析，因而有助于描述解释变量条件分布的全貌。同时，与最小二乘法相比，分位数回归不易受极端值影响，回归结果更加稳健。因此以样本农户成为关键大众的概率（即样本农户落入领先组的概率）为被解释变量，揭示不同分位点农户绿色生产转型的影响因素差异，探寻小农户群体转型分化的关键原因。小农户投入品减量转型分化的分位数回归模型为：

$$Y_i^* =\alpha X_i + \beta Z_i + \varepsilon_i \tag{4-13}$$

式（4-13）中，Y_i^*表示第i个农户落入领先组的概率，X_i代表社会网络变量，Z_i代表一系列控制变量，α、β和r代表相应系数向量，ε_i代表回归模型的随机误差项。

（二）变量选取

1. 有限混合模型变量

有限混合模型的自变量主要包括投入变量和协变量（见表4-5）。投入变量包括了种苗费用、农药费用、机械费用、劳动力投入量和土地投入面积①。协变量包括有机肥使用量，是否采用绿色防控、秸秆还田与机械侧深施肥技术。

表4-5 有限混合模型变量设定与描述性统计

变量名称		变量定义	均值	标准差
因变量	产量	每百斤化肥投入下的水稻产量（公斤）	766.8967	429.7609
投入变量	种苗投入	按产量折算的种苗投入量（元）	3.0012	2.6027
	农药投入	按产量折算的农药投入费用（元）	103.9150	66.3561
	机械投入	按产量折算的机械投入费用（元）	150.4736	138.2094
	劳动力投入	按产量折算的劳动力投入量（人）	3.9847	3.8924
	生产面积	按产量折算的耕地面积（亩）	1.5714	0.7298

① 在投入变量中，考虑到小农户在生产过程中很可能完全依靠自家劳动力生产作业，因此机械投入为0，参考 Battese（2010）添加虚拟变量的方法对机械投入为0变量进行技术处理以保证生产函数估计的无偏性。

变量名称		变量定义	均值	标准差
协变量	有机肥用量	亩均有机肥投入量（斤）	466.6051	870.5785
	秸秆是否粉碎还田	是＝1；否＝0	0.6594	0.4743
	是否采用绿色防控	是＝1；否＝0	0.4442	0.4576
	是否采用机械侧深施肥	是＝1；否＝0	0.2691	0.4438

2. 农户绿色生产转型分化回归模型变量

农户绿色生产转型分化回归模型的自变量主要包括社会网络以及户主个体特征、家庭生产经营特征等（见表4-6）。创新扩散理论（Rogers，2003）认为，社会网络对后期采用者和落后者有着"更强烈、更直接的影响"。农户技术采纳的同群（伴）效应、遵同效应、邻里效应或溢出效应也充分证明了社会网络对农户新技术采纳的重要性（朱月季，2016；郭利京、赵瑾，2017；李博伟、徐翔，2018；熊航、肖利平，2021）。Conley 和 Udry（2010）、王格玲和陆迁（2015）、杨志海（2018）、赵秋情等（2020）将社会网络促进技术扩散的机制总结为互通

表4-6　分位数回归模型变量设定与描述性分析

变量名称		变量定义	均值	标准差
因变量	小农户成为"关键大众"的概率	农户落入领先组的概率（%）	0.3343	0.3711
社会网络	社会网络规模	经常保持联络的村民个数（个）	7.0467	3.9254
	社会网络中心度	是否担任过村干部：是＝1；否＝0	0.0793	0.2704
其他变量	户主学历	小学及以下学历＝1；初中学历＝2；高中学历＝3；高中以上学历＝4	1.9238	0.8440
	户主年龄	家庭决策者年龄（岁）	51.6791	8.9015
	劳动力数量	家庭劳动力数量（个）	2.1415	0.9223
	兼业程度	非农收入占家庭总收入比重（%）	60.6540	26.4389
	生产面积	水稻种植面积（亩）	6.4688	10.9897
	风险态度	风险态度：风险偏好＝1；风险中立/厌恶＝0	0.3421	0.4748
	技术培训	当地化肥农药使用相关的技术培训次数（次/年）	1.9907	1.0937
	生产性服务	本地是否有提供绿色生产性服务的组织：有＝1；无＝0	0.7045	0.4566

信息、互动学习、互助帮扶，而这些都与农户社会网络规模以及其在社会网络中的位置密切相关，因此分别利用经常保持联系的村民个数和是否担任过村干部来衡量小农户的社会网络规模与社会网络中心度。同时结合已有研究（侯麟科等，2014；佟大建等，2018），加入户主学历、户主年龄、劳动力数量、兼业程度、生产面积、风险态度、技术培训、生产性服务等变量。

（三）数据来源与描述性分析

数据来源于笔者 2019 年在浙江省开展的水稻种植户减量增效技术采纳情况调查。浙江省是较早开始农村土地流转机制探索的地区之一①，农户分化也更加明显，因而浙江省的样本能够很好地反映小农户绿色转型差异。第三次全国农业普查数据显示，全国规模户占到登记户数的比例为 1.73%，而浙江省比例高达10.12%。样本地区包括杭州市、嘉兴市、湖州市共 8 个区县，利用多层抽样法选取样本，每个调研地点抽取 2~3 个乡镇，每个乡镇抽取 1~2 个村庄，每个村庄抽取 15~20 户农户。以农民口述、调查员填写的形式填写问卷，共回收问卷824 份，其中 50 亩以下规模②的小农户有效问卷 643 份。

从描述性分析结果来看（见表 4-5），小农户单位化肥投入下的平均水稻产量为 766.90 公斤，但标准差达到了 429.76，说明样本农户内部差异比较明显。4种减量增效技术中，亩均有机肥（包括了商品有机肥和自培有机肥等）用量的均值约为 466.61 斤，秸秆还田技术的平均采纳率为 65.94%，绿色防控技术的平均采纳率为 44.42%，机械侧深施肥技术的平均采纳率为 26.91%。

从社会网络来看（见表 4-6），小农户经常保持联络的村民个数约为 7 人，有 8% 的农户担任过村干部。从农户个体特征和生产特征来看，小农户群体特征可以概括为学历低、年龄大、厌恶风险。家庭劳动力数量约为 2 人且兼业程度较高，非农收入占家庭收入的比重超过 60%。平均生产面积为 6.47 亩。农户接受绿色生态技术培训的次数不足 2 次，小农户获取外部知识仍面临诸多限制。绿色生产性服务组织的覆盖率超过了 70%，需要说明的是这一数据仅仅是本地是否存在绿色生产性服务组织，而非小农户是否采用了绿色生产性服务。

二、小农户生产转型分化结果

在估计有限混合模型前，需要根据赤池信息准则（Akaika Information Criterion，AIC）以及贝叶斯信息准则（Bayesion Information Criterion，BIC）确定最优

---

① 浙江大学农业现代化与农村发展研究中心，浙江省农业厅联合调查组．农村土地流转：新情况、新思考——浙江农村土地流转制度的调查［J］．中国农村经济，2001。

② 根据浙江省规模种植补贴标准和相关研究（罗丹等，2017），将 50 亩以下种植户视为小农户。

分组数目。根据定义：

$$AIC = 2k - 2\ln\,(L) \tag{4-14}$$

$$BIC = k\ln\,(n)\,-2\ln\,(L) \tag{4-15}$$

式（4-14）中，k 为模型参数个数，L 为似然函数。式（4-15）中，k 为模型参数个数，n 为样本数量，L 为似然函数。

如表4-7所示，当类别数为3时AIC与BIC值均达到最小，表明样本农户的绿色生产转型进度依据不可观测异质性可被划分为三个类别。根据后验概率结果（见表4-8），样本落入子类别一的后验概率为16.17%，落入子类别二的后验概率为44.98%，落入子类别三的后验概率为38.85%。子类别一的平均产量为681.24公斤，子类别二的平均产量为625.03公斤，子类别三的平均产量为891.01公斤（见表4-9）。样本小农户化肥利用效率差异十分显著，子类别三的化肥利用效率最高。

表4-7　AIC 与 BIC 检验结果

类别数目	自由度	AIC	BIC
1	9	8591.389	8631.213
2	23	8444.714	8551.991
3	31	8414.820	8546.486

表4-8　样本落入潜在类别的后验概率

类别	Margin	Delta-method Std. Err.
子类别一	0.1617	0.0297
子类别二	0.4498	0.0465
子类别三	0.3885	0.0420

表4-9　潜在类别的边际均值估计

类别	Margin	Delta-method Std. Err.	Z 值
子类别一	681.2391***	8.9447	76.1600
子类别二	625.0278***	17.8897	34.9400
子类别三	891.0142***	20.9521	42.5300

注：*、**、***分别表示在10%、5%、1%的水平上显著。

进而通过方差分析来判断三组农户减量增效技术采纳差异。如表4-10所示，方差分析表明，除秸秆粉碎还田之外，其他三类技术均存在显著差异。如表 4-11 所示，根据 Bonferroni 检验结果，第三组有机肥用量以及绿色防控、机械侧深施肥采纳率显著高于另外两组，第二组农户的绿色防控采纳率也显著高于第一组。基于化肥利用率和四种技术采纳结果，分别将这三组命名为落后组、中间组和领先组①。

表 4-10　三组农户减量增效技术采纳行为方差分析

减量增效技术	子类别一		子类别二		子类别三		方差	
	样本	均值	样本	均值	样本	均值	F 值	P 值
有机肥	104	294.848	289	436.355	250	620.802	6.60	0.0015***
秸秆还田	104	0.6216	289	0.6703	250	0.6712	0.61	0.5438
绿色防控	104	0.1149	289	0.3743	250	0.7548	128.54	0.0000***
机械侧深施肥	104	0.0608	289	0.1341	250	0.5800	111.20	0.0000***

注：*、**、***分别表示在 10%、5%、1%的水平上显著。

表 4-11　减量增效技术采纳行为差异的 Bonferroni 统计检验结果

	有机肥		秸秆还田		绿色防控		机械侧深施肥	
	差值	显著性	差值	显著性	差值	显著性	差值	显著性
第一组与第二组	222.364	0.3240	0.049	0.9440	0.259	0.0000***	0.073	0.1830
第一组与第三组	512.203	0.0010***	0.050	0.9790	0.640	0.0000***	0.519	0.0000***
第二组与第三组	289.839	0.0550*	0.001	1.0000	0.381	0.0000***	0.446	0.0000***

注：*、**、***分别表示在 10%、5%、1%的水平上显著。

综合来看，领先组小农户无论是在化肥利用率，还是在有机肥用量、减量增效技术采纳方面均显著超越另外两组，且秸秆还田、绿色防控与机械侧深施肥 3 项技术的平均采纳率均超过 50%，因此可以认为领先组就是能够率先转型、能够为其他小农户提供示范引导的"关键大众"。

三、小农户生产转型分化影响因素

利用分位数回归模型分析不同群组投入品减量转型的影响因素及其差异。结

---

① 由于本节只关注了小农户群体技术采纳的分化情况，属于罗杰斯所界定的"接受不完全"情况（即采纳者分类未能包括所有研究对象，创新采纳率也未达到 100%），故没有使用创新扩散理论中"早期大众""后期大众""落后者"等概念来命名三组农户。

合样本农户落入投入品减量转型领先组的概率分布，选择了25%与75%两个分位点用以对比考察转型最为滞后的25%农户（Q25，称为"落后者"）① 与转型速度领先的25%农户（Q75 称为"领先者"）之间的差异。

如表4-12 所示，从分位数回归结果来看，两个群体投入品减量转型影响因素的最主要差别就在于社会网络。社会网络规模对"领先者"的影响为正且在1%的水平上显著，而对"落后者"的影响为负且在1%水平上显著。社会网络规模对两类群体均产生了显著影响，证实了社会网络对于小农户减量增效技术采纳与投入品减量转型的重要意义。由于小农户往往缺乏足够的采纳能力与知识来应对技术的不确定性，因此需要利用本地社会网络与同伴进行"一对一"和"面对面"的沟通，获取本地化信息，提高技术实施能力，并最终依据获取到的信息审慎地做出决策。但从系数符号来看，社会网络规模对两个群体产生了截然相反的影响：社会网络规模扩大能够促进"领先者"的转型，却引发了"落后者"的技术锁定。究其原因，面对减量增效技术潜在的不确定性，"领先者"除了利用社会网络的社会学习与互助机制，还对异质信息具有迫切需求，能够充分利用技术培训获取异质性信息。换言之，"领先者"能够将外部获取的一般性知识与通过社会网络获取的本地化知识相结合，不断更新自身认知，从而克服了单一、同质化沟通所导致的"盘丝洞效应"（杨震宁等，2013）。而"落后者"更愿意相信自身经验或者社会网络传递的信息，尤其是当外部信息与自身态度不一致时，会出现"选择性认知"，这就导致外部信息对其技术采纳的影响十分有限（Hassinger and Mcamara，1959）。技术培训对两类农户的影响差异也验证了"领先者"异质性信息利用效率要高于"落后者"。因此，对于"领先者"而言，社会网络规模越大，异质信息越能得以充分讨论，技术不确定性越能得以降低，因而促进了减量增效技术采纳与生产绿色转型；而对于"落后者"而言，社会网络规模越大，同质化沟通作用越强，传统生产技术信息被强化程度越高；同时社会网络扩大还使"落后者"观察到更多失败案例，加深了他们对新技术的排斥，导致其陷入"技术锁定"（马兴栋等，2018）。社会网络的异质性，即村干部的身份对两类群体的影响均为负但并不显著。村干部虽处于一个村庄社会网络的中心节点上，理论上能够为个体生产转型提供信息和资源支撑。然而，随着行政村建制调整，村干部"专职化"成为趋势，这使村干部逐步脱离农业生产（印子，2017；杜姣，2020），他们往往不会将网络中心位置带来的资源运用在农业生产

---

① 虽然此处的概率有别于有限混合模型中的分组概率，但因25%分位点以下的农户是样本中创新精神最弱的群组（组员以落后组群体为主），所以本节仍将其命名为"落后者"。同理，75%分位点以上的群体是样本中创新精神最强的群组，因此命名为"领先者"。

上，故其影响有限。

表4-12 分位数回归结果

变量	Q25			Q75		
	系数	标准差	T值	系数	标准差	T值
社会网络规模	-0.0016***	0.0005	-2.9600	0.0147**	0.0062	2.3600
社会网络异质性	-0.0058	0.0159	-0.3600	-0.1390	0.0913	-1.5200
户主学历	0.0042	0.0048	0.8800	0.0559	0.0393	1.4200
户主年龄	-0.0003	0.0004	-0.6900	-0.0043	0.0039	-1.1000
劳动力数量	0.0061	0.0060	1.0200	0.0867***	0.0261	3.3200
兼业程度	0.0002*	0.0001	1.6900	0.0013	0.0012	1.0200
生产面积	0.0005	0.0015	0.3100	0.0010	0.0021	0.4600
风险态度	0.0170*	0.0090	1.9000	0.1185	0.0730	1.6200
技术培训	0.0051	0.0033	1.5300	0.0666**	0.0261	2.5500
生产性服务	0.0127*	0.0067	1.9000	0.3202***	0.1163	2.7500
常数项	0.0084	0.0264	0.3200	-0.0521	0.2445	-0.2100

注：*、**、***分别表示在10%、5%、1%的水平上显著。

　　劳动力数量对"领先者"与"落后者"的影响均为正，但仅对"领先者"的影响显著，说明劳动力数量多的农户更愿意为保障土地可持续生产能力进行长期投入（李兆亮等，2019）。因为农业投入品减量增效技术中包括了劳动密集型技术，家庭劳动力资源越丰富，投入品减量转型的劳动力禀赋约束就越小，因而促进了"领先者"的技术采纳。但是劳动力数量多的"落后者"却没有更多采纳减量增效技术，这是因为相较于"领先者"，"落后者"缺少的是技术更新的动力和态度，而非技术实践能力，这一点也可以从风险态度对"落后者"的影响中得以印证。兼业程度对"领先者"和"落后者"的影响均为正，但仅对"落后者"的影响在10%的水平上显著，这表明非农收入增加给"落后者"带来的投资效应要大于劳动力挤出效应。由于"落后者"大多是年龄偏高、家庭收入偏低的老龄农户，对该群体而言，即使兼业程度较高，农业降低生活成本的功能仍至关重要（李宪宝、高强，2013；张露，2020），兼业程度高的农户就有动力投资新技术以便进一步"节本增效"。

　　其他变量对两类群体的影响基本一致。户主学历、生产面积对两组农户的影响均为正，户主年龄的影响均为负，但这些变量的影响均不显著，这是因为样本农户普遍具有经营规模小、年龄高、学历低的基本特征，样本农户之间的差异不明显导致变量显著性不高。减量增效技术服务对"领先者"和"落后者"的技术采纳的带动作用分别在1%和10%的水平上显著。对于"落后者"而言，相较于技术培训，绿色生产技术服务组织提供生产性服务能够更好地缓解家庭资源禀赋约束，降低减量增效技术采纳门槛与技术效果的不确定性（董莹、穆月英，2019；孙小燕、刘雍，2019），从而有助于促进"落后者"的转型。

四、稳健性检验

为进一步验证社会网络对农户投入品减量转型分化的影响，本节采取了剔除部分特殊样本的办法进行稳健性检验（见表4-13）。样本筛选主要基于两个标准：一是根据问卷中的题项"每年生产的粮食中用于出售的比例"，剔除出售比例低于50%的农户；二是根据农户年龄和水稻种植面积，剔除年龄大于65周岁且种植面积小于等于1亩的样本农户。这是因为这部分农户的生产目的主要是满足自家消费需求，他们对新技术的关注度和需求度较低，对新技术的认知能力和实践能力也较差。基于上述标准，共剔除95户，剩下548户进行分位数检验。从稳健性检验结果来看，社会网络对"落后者"（Q25）和"领先者"（Q75）的影响差异仍然显著，证实了社会网络有助于"领先者"的生态转型，却使"落后者"陷入技术锁定的结论。

表4-13 稳健型检验分位数回归结果

变量	Q25			Q75		
	系数	标准差	T值	系数	标准差	T值
社会网络规模	-0.0013**	0.0006	-2.0200	0.0173**	0.0072	2.4000
社会网络异质性	-0.0223	0.0207	-1.0800	-0.1707	0.1288	-1.3300
户主学历	0.0018	0.0044	0.4100	0.1005**	0.0491	2.0500
户主年龄	-0.0002	0.0004	-0.4300	-0.0019	0.0041	-0.4600
劳动力数量	0.0071	0.0052	1.3600	0.0878***	0.0294	2.9900
兼业程度	0.0002*	0.0001	1.8500	0.0019	0.0013	1.4300
生产面积	0.0005	0.0020	0.2600	0.0010	0.0016	0.6200
风险态度	0.0175**	0.0072	2.4200	0.1201	0.0750	1.6000
技术培训	0.0028	0.0027	1.0600	0.0845***	0.0237	3.5600
生产性服务	0.0112	0.0073	1.5300	0.3042***	0.0773	3.9300
常数项	0.0056	0.0255	0.2200	-0.3818	0.2587	-1.4800

注：*、**、***分别表示在10%、5%、1%的水平上显著。

第五章 化肥农药减量增效
技术集成扩散演化过程

本章从技术扩散视角，把握化肥农药减量增效技术在农户中的集成扩散演化过程。首先，归纳技术扩散时间规律。以典型劳动密集型技术和资金/知识密集型技术为对象，通过可视化分析，归纳技术扩散时间、技术面积特征，并利用"S"形扩散曲线模型拟合技术采纳率，把握技术扩散时间规律（扩散阶段、扩散速度和扩散广度等）。其次，归纳技术扩散空间规律。以典型劳动密集型技术和资金/知识密集型技术为对象，以农户持续采纳技术年份构建空间滞后模型，归纳技术空间扩散效应（集聚效应、示范效应等）、扩散形式和扩散路径，并揭示生产性服务、社会学习等集成技术扩散的关键渠道作用，力争提高减量增效技术的扩散效率。

农业技术扩散经验表明，实现一项新的农业技术的全面扩散对发展中国家而言仍是具有关键性和挑战性的环节（Dardak and Adham，2014），受农户风险意识、家庭禀赋约束和技术信息缺乏等影响，一些看似有效益的技术在发展中国家面临着缓慢而不全面的推广过程（Abdulai and Huffman，2005）。尽管2020年底，我国化肥农药减量增效已顺利实现预期目标，化肥农药使用量显著减少，化肥农药利用率明显提升。然而，要进一步实现2025年化肥农药利用率再提高3个百分点的新目标，实现农业生产方式全面绿色转型的新任务，必须加快减量增效技术在生产主体中的扩散速度和扩散效率，扩大减量增效技术的覆盖范围与覆盖主体。尽管部分学者从不同方面对如何实现农业生产技术扩散进行了丰富的研究，但是伴随着绿色生产技术推广的不断深入，围绕化肥农药减量增效技术扩散过程及扩散规律的研究在数量和内容上还稍显不足。

为明确不同属性技术扩散路径与扩散规律的差异性，本节分别考察劳动密集型与资金/知识密集型减量增效技术的扩散演化过程。结合实地调研，选取有机肥作为典型的劳动力密集型技术，选取秸秆还田和缓释肥作为典型的资金/知识密集型技术作为分析对象。这三项技术是目前最为常见的减肥增效技术，已经在农技部门的推动下在样本地区扩散了一段时间，更有利于反映出减量增效技术的扩散趋势。

本章主要进行以下分析：第一，减量增效技术扩散时间特征分析。从扩散时间、扩散面积以及技术采纳率三个维度对典型减量增效技术的扩散过程进行描述性分析、可视化分析和动态数量模型拟合，掌握减量增效技术的扩散阶段、扩散速度和扩散广度等动态指标，揭示减量增效技术的时间扩散规律。第二，减量增效技术扩散空间特征分析。利用空间计量模型，从空间维度分别揭示劳动力密集型和资金/知识密集型减量增效技术扩散规律（示范效应、集聚效应等）、扩散形式和扩散路径，并分析生产性服务、社会学习、技术示范等因素对空间扩散路径的影响，为下一步如何开展减量增效技术推广提供参考依据。

第一节　技术集成扩散演化过程调查

数据来源于笔者 2020~2021 年在山东省开展的小麦种植户化肥减量增效技术采纳情况调查。调研地区选取的是山东省平度市田庄镇。平度市作为山东省产粮大市，粮食生产能力居山东省首位，2018 年全市粮食播种面积达到 300.38 万亩[1]。近年来，平度市作为青岛市粮食生产功能区，先后承担了国家和省级粮食绿色高产创建项目区项目，建立粮食绿色高产创建项目区百亩以上。在粮食主产区先后推广了小麦"四高一改"、玉米"一增四改"、深松整地、测土配方施肥、专业化统防统治等绿色高质高效栽培集成技术，探索绿色高效生产技术"融合推广"机制，为小麦减量增效技术的集成运用提供了样本范例。其中，田庄镇 2018 年粮食播种面积达到了 329024 亩，总产量 16.23 万吨[2]。作为平度市粮食生产功能区和粮食绿色高产高效创建项目主要的承担镇，田庄镇积极开展小麦—玉米一年两熟绿色高产高效田创建，在粮食种植户中积极推广减量增效技术，树立了多个绿色生产示范户、示范田，因此适合作为探究小麦减量增效技术扩散问题的样本地区。

本章选择从一个绿色生产示范的中心地区开始，再向其临近地区扩散的调研方法展开农户调查，便于在有限的调查能力内能够尽可能地模拟技术扩散过程。调查首先以位于田庄镇中心的田庄村作为起始点展开，将种植小麦的农户（无论是自家土地还是流转土地）纳为调查对象，对调查期间正在家中且愿意接受调查的农户进行调查，然后再扩展到田庄村周边的田庄王家村和前柳坡村，重复调查步骤，直到调查的样本农户数量过千户。最终以田庄村为起点，向外扩展至周边

---

[1]　资料来源：《2018 年平度市国民经济和社会发展统计公报》。

[2]　该数据来源于对田庄镇政府农业部门的调研。

共 15 个村庄，调查以农民口述、调查员填写的形式填写问卷，共回收问卷 1100 份，其中有效问卷 1065 份。需要说明的是，很多农户已经将自家土地流转给其他人种植，则不算在调研的对象中。

第二节　技术扩散时间特征

一、扩散时间特征分析

为了明确样本地区减量增效技术扩散的动态时间特征，本章以农户 3 项减量增效技术采纳年份以及从农户与距离最近的采纳农户的采纳年份差异来反映减量增效技术扩散的时间特征。如表 5-1 所示，从技术采纳时间年份分布来看，样本农户采纳有机肥技术的平均年份为 2006 年，采纳秸秆还田技术的平均年份为 2010 年，采纳缓释肥技术的平均年份为 2012 年下半年，表明有机肥技术在样本地区最先开始扩散，其次是秸秆还田，最后是缓释肥。从有机肥采纳年份和采纳数量的分布来看，整体大致呈现左偏正态分布特征：进入 1999 年后，采纳数量开始迅速增加，并且在 1999~2002 年和 2009~2012 年出现了两个采纳峰值，在这两个时间段中，采纳的农户数量年均超过了百户（见图 5-1）。从秸秆还田采纳年份和采纳数量的分布来看，整体也大致呈现左偏正态分布特征：进入 2010 年后，采纳的农户数量开始迅速增加，并且在 2010~2013 年呈现出迅速增加的趋势，出现了采纳数量的峰值，在这个时间段中，采纳的农户数量年均也超过百户（见图 5-2）。从缓释肥采纳年份和采纳数量的分布来看，也呈现出一定的左偏正态分布特征：进入 2009 年后，采纳技术的农户数量开始迅速增加，一直持续到 2018 年（见图 5-3）。可见，劳动力密集型技术和资金/知识密集型技术的采纳时间均呈现正态左偏分布特征。

表 5-1　农户减量增效技术采纳时间

减量增效技术	时间特征	技术采纳平均时间	技术采纳最早时间	技术采纳最晚时间
有机肥（劳动力密集型技术）	采纳时间	2006 年 6 月	1972 年	2021 年
	采纳农户与其距离最近的采纳农户技术采纳年份差异	2.35	0	12

续表

减量增效技术	时间特征	技术采纳平均时间	技术采纳最早时间	技术采纳最晚时间
秸秆还田（资金/知识密集型技术）	采纳时间	2010 年 5 月	1985 年	2019 年
	采纳农户与其距离最近的采纳农户技术采纳年份差异	3.24	0	18
缓释肥（资金/知识密集型技术）	采纳时间	2012 年 9 月	2000 年	2021 年
	采纳农户与其距离最近的采纳农户技术采纳年份差异	2.58	0	13

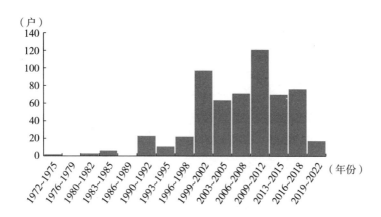

图 5-1 有机肥技术采纳时间分布

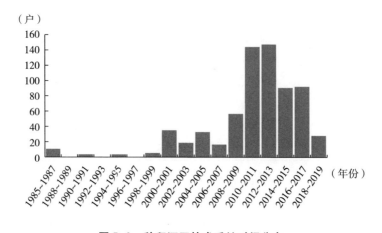

图 5-2 秸秆还田技术采纳时间分布

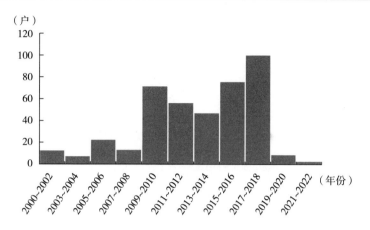

图 5-3　缓释肥技术采纳时间分布

二、扩散面积特征分析

本章对典型减量增效技术采纳面积的动态扩散趋势进行分析。如图 5-4 至图 5-6 所示，有机肥技术采纳面积从 1972 年的 7 亩扩散到 2021 年的 3162 亩；秸秆还田技术采纳面积从 1985 年的 24 亩扩散到 2021 年的 6826.67 亩；缓释肥技术采纳面积从 2000 年的 5 亩扩散到 2021 年的 3913.35 亩。三项技术扩散的面积整体均呈现逐年上升的趋势。对比来看，资金/知识密集型技术的扩散面积要大于劳动力密集型技术，尤其是秸秆还田技术的扩散广度最大，2010 年以来，技术覆盖范围明显加快，2021 年秸秆还田技术扩散面积约是有机肥技术扩散面积的 2 倍。

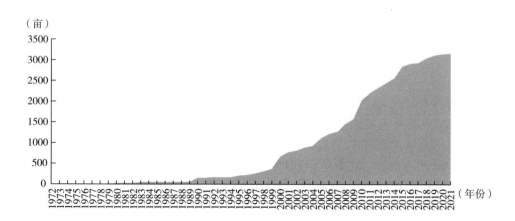

图 5-4　有机肥技术采纳面积扩散趋势

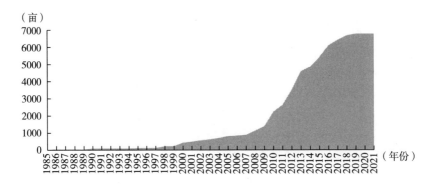

图 5-5　秸秆还田技术采纳面积扩散趋势

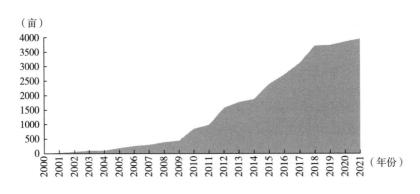

图 5-6　缓释肥技术采纳面积扩散趋势

第三节　技术采纳率变化特征

对比来看，当前样本地区三项典型代表技术采纳率由高至低分别为秸秆还田技术（60.84%）、有机肥技术（51.80%）和缓释肥技术（36.20%）。根据对三项技术采纳率年均增长率的计算①，1972~2021 年，有机肥技术采纳率平均增长率为 13.62%；1985~2021 年，秸秆还田技术采纳率平均增长率为 13.65%；2000~2021 年，缓释肥技术采纳率平均增长率为 31.34%。2000~2021 年，有机肥技术采纳率平均增长率为 6.67%，秸秆还田技术采纳率平均增长率为 12.53%，

———————

① 技术采纳率计算公式：年均增长率=｛(本期采纳率/前 n 年采纳率)^[1/(n-1)]-1｝。

缓释肥技术采纳率平均增长率为 31.34%。2010~2021 年，有机肥技术采纳率平均增长率为 3.50%，秸秆还田技术采纳率平均增长率为 7.65%，缓释肥技术采纳率平均增长率为 10.44%。可见，2000 年以来，资金/知识密集型技术的采纳率，即技术扩散速度要显著高于劳动密集型技术，最晚开始扩散的缓释肥技术的扩散过程反而最为迅速。

从有机肥技术采纳率的变化情况来看（见图 5-7），自 1972 年以来，有机肥技术采纳率呈现缓慢上升的趋势，并且在 1998 年斜率开始变大，上升趋势开始加快，2021 年采纳率达到了 51.80%。有机肥技术的采纳率呈现出三段式的变化趋势：1972~1990 年，技术采纳率一直维持在很低的水平，1990~1998 年采纳水平开始缓慢上升，尤其是在 2000 年之后上升趋势加快，2015 年后，采纳率增长的速度开始放缓。秸秆还田技术采纳率也呈现出三阶段的分布特征（见图 5-8）：1985~1999 年，采纳率维持在很低的水平，1990~2009 年，技术采纳率呈现缓慢上升的趋势，尤其是在 2009 年之后上升的趋势开始加快，到了 2016 年技术采纳率增长的速度开始变缓慢，2021 年采纳率达到了 60.84%。从缓释肥技术采纳率的变化趋势来看（见图 5-9），2000 年缓释肥技术开始扩散，技术采纳率呈现缓慢上升的趋势，从 2009 年扩散速度开始快速提高，2021 年扩散率达到了 36.20%。

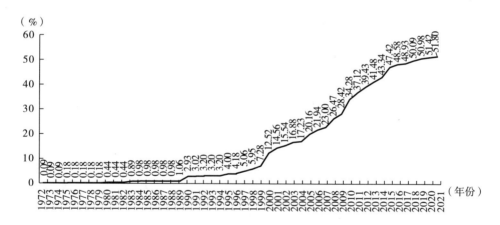

图 5-7 有机肥技术采纳率变化趋势

为了进一步归纳三项典型减量增效技术采纳率的动态变化规律，接着利用技术扩散动态数量模型进行拟合分析。技术扩散动态数量模型主要包括 Bass 模型、Mansfield 的 "S" 形扩散模型、Logit 扩散模型等。根据对技术采纳率可视化处理的结果可以观察出，有机肥、秸秆还田与缓释肥技术采纳率的扩散过程基本符合

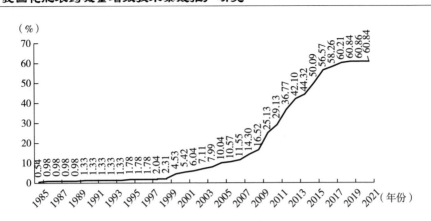

图 5-8　秸秆还田技术采纳率变化趋势

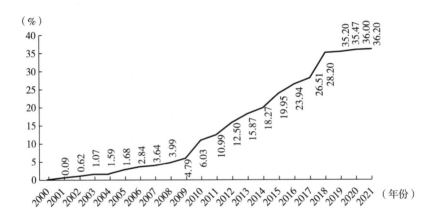

图 5-9　缓释肥技术采纳率变化趋势

"S"形扩散模型的扩散趋势。"S"形扩散模型由 Mansfield 在 1961 年提出，描述的是技术随时间的扩散过程先后经历初始扩散、中期扩散和饱和三个阶段（Hagerstrand，1967）。在初始扩散阶段，技术仅被少部分人拥有，技术创新源地会与周边地区形成显著势差；在中期扩散阶段，创新开始从创新源地的集聚处向四周呈放射状扩散，技术的覆盖面积逐渐扩大；在饱和阶段，技术的扩散范围达到最大，空间距离对技术扩散的影响力逐渐缩小，直到技术扩散最终完成。因此本章利用 Mansfield 的"S"形扩散模型对减量增效技术的采纳率进行拟合估计，其基本形式可表示为：

$$\frac{D\eta(t)}{Dt} = \beta\eta(t)\left[1-\eta(t)\right] \tag{5-1}$$

式（5-1）中，$\eta(t)$ 为知识或者技术扩散水平，即某一时刻技术采纳的农户占总农户的比重；β 是增长（扩散）系数。式（5-1）可变形为：

$$\eta(t)=\frac{1}{1+\exp(-\alpha-\beta t)} \tag{5-2}$$

且有 $\eta(0)=\dfrac{1}{1+\exp(-\alpha)}$ 及 $\eta(t)\rightarrow 1(t\rightarrow\infty)$，又令 $\dfrac{d^2\eta(t)}{d^2 t}=0$，可得 $t=\dfrac{-\alpha}{\beta}$，

$\eta(t)=\dfrac{1}{2}$，即 $\left[\dfrac{-\alpha}{\beta},\dfrac{1}{2}\right]$ 是模型拟合曲线的拐点，其中 $t=\dfrac{-\alpha}{\beta}$ 是加速增长和减速增长的分界时刻。

首先，计算有机肥技术采纳率扩散的"S"形曲线拟合模型。以 1972 年采纳率 0.0009% 为初始开始计算，求得模型的参数估计结果为 $\alpha=-7.0122$，$\beta=0.1443$，有机肥技术扩散拟合模型可表示为：

$$\eta(t)=\frac{1}{1+\exp(7.0122-0.1443 t)} \tag{5-3}$$

计算可知，$t=\dfrac{-\alpha}{\beta}=48.59$，表明 2020～2021 年有机肥技术扩散进入加速增长和减速增长的分界时刻，即由采纳率快速增加进入到减速增加的阶段。

其次，计算秸秆还田技术采纳率扩散的"S"形曲线拟合模型。将 1985 年 0.0054% 采纳率为初始值进行计算，求得模型的参数估计结果为 $\alpha=-5.2149$，$\beta=0.1616$，缓释肥技术扩散模型可表示为：

$$\eta(t)=\frac{1}{1+\exp(5.2149-0.1616 t)} \tag{5-4}$$

计算可知，$t=\dfrac{-\alpha}{\beta}=32.27$，表明 2016～2017 年缓释肥技术扩散进入加速增长和减速增长的分界时刻。

最后，计算缓释肥技术采纳率扩散的"S"形曲线拟合模型。将 2000 年 0.0009% 采纳率为初始值开始计算，求得模型的参数估计结果为 $\alpha=-7.0122$，$\beta=0.3218$，缓释肥技术扩散模型可表示为：

$$\eta(t)=\frac{1}{1+\exp(7.0122-0.3218 t)} \tag{5-5}$$

计算可知，$t=\dfrac{-\alpha}{\beta}=21.79$，表明 2021～2022 年缓释肥技术扩散进入到加速增长和减速增长的分界时刻。

根据上述结果，可以判断出秸秆还田技术已经过了加速增长和减速增长的分

界时刻，进入了中期扩散阶段，在这个阶段尽管技术采纳率增长的趋势会持续，但是增长的速度有所下降。有机肥技术和缓释肥技术则刚好开始进入到分界阶段，扩散速度将逐渐开始降低。可见从扩散阶段来看，无论是劳动力密集型技术还是资金/知识密集型技术都已经由快速增长阶段进入到稳定扩散的阶段。

第四节　技术扩散空间特征

一、空间计量研究方法

（一）全域莫兰指数

全域莫兰指数（Global Moran's I）根据个体位置与属性行为测量其在空间上的自相关性，是空间计量研究方法中分析同一个分布区内的观测数据之间潜在的相互依赖性的一个重要研究指标。Global Moran's I 指数计算公式为：

$$\text{Global Moran's I} = \frac{n \sum\limits_i \sum\limits_{i \neq j} w_{ij}(y_i - \bar{y})(y_j - \bar{y})}{(\sum\limits_i \sum\limits_{j \neq i} w_{ij}) \sum\limits_i (y_i - \bar{y})^2} \tag{5-6}$$

经过方差归一化之后，Global Moran's I 的取值范围为 [-1，1]。Global Moran's I >0 表示个体行为呈现空间正相关性，其值越大，空间相关性越明显；Global Moran's I<0 表示个体行为呈现空间负相关性，其值越小，空间差异越大；Global Moran's I=0，表示个体行为在空间上呈随机性。

Global Moran's I 主要用来刻画农户化肥农药减量增效技术采纳行为的空间分布的自相关情况。当 Global Moran's I>0 时，表示农户减量增效技术采纳行为具有空间正相关性，采纳相同技术的农户在地理位置上相互靠近。数值越大，相关性越强。当 Global Moran's I<0 时，表示农户减量增效技术采纳行为具有空间负相关性，采纳相同技术的农户在地理位置上相互远离。数值越小，相关性越强。当 Global Moran's I=0 时，农户减量增效技术采纳行为呈现空间随机性。

（二）空间计量模型

空间计量经济方法将经济地理当中的"空间"和"距离"概念引入技术扩散研究中，通过个体间的地理位置与空间联系建立计量关系，识别和测量造成空间结构特征以及影响空间变化规律的因素（Anselin，1988）。考虑到行为在空间上的相关性，利用空间计量模型对农户生产行为的分析更加符合我国"人情社会"和"差序格局"下的技术决策习惯。根据经典的理性经济学假设，农户技术采纳的决策取决于对效用（Utility）的判断。农户 i 技术采纳决策的效用 Y_i^* 可表示为：

$$Y_i^* = U_{i1} - U_{i0} \tag{5-7}$$

式（5-7）中，U_{i1} 和 U_{i0} 分别代表农户采纳和未采纳某项技术时的效用。

在效用模型的基础上，农户技术采纳的空间决策模型假设 Y_i^* 不仅取决于农户自身特征，还取决于农户和邻居间的空间依赖性，具体可表示为：

$$Y_i^* = U(X_i, S_i^*) + e \tag{5-8}$$

式（5-8）中，S_i^* 代表不可观察的空间依赖性对农户 i 采纳决策的影响，可表示为：

$$S_i^* = S[Z_t, Y_j(i)] + e \tag{5-9}$$

式（5-9）中，Z_t 代表农户 i 的一系列外生变量，$Y_j(i)$ 代表农户 i 邻居的行为决策（i 不等于 j）。

根据 Anselin（1988）的表示法，空间计量模型基本形式可表示为：

$$Y_i = \rho W Y_i + \beta X_i + u_i \tag{5-10}$$

$$u_i = \lambda M u_i + \varepsilon, \ u_i \sim N(0, \sigma^2 I_n) \tag{5-11}$$

式（5-10）~式（5-11）中，u 为误差项，W 和 M 分别是 Y 与 u 的空间权值矩阵，ρ 为空间自回归系数，λ 为误差项的空间自回归系数。目前主流的空间计量模型主要包括空间误差模型（Spatial Error Model，SEM）、空间滞后模型（Spatial Lag Model，SLM）和空间杜宾模型（Spatial Dubin Model，SDM）三类，其中空间误差模型与空间滞后模型基本假设分别对应于 $\rho = 0$ 与 $\lambda = 0$，空间杜宾模型的基本假设为系数均不为零且 $\rho \neq 0$、$\lambda \neq 0$。

空间杜宾模型可表示为：

$$Y_i = \rho W Y_i + \beta X_i + \delta W X_i + u_i \tag{5-12}$$

空间误差模型可表示为：

$$Y_i = \beta X_i + u_i \tag{5-13}$$

$$u_i = \lambda W \cdot e_i \tag{5-14}$$

空间滞后模型可表示为：

$$Y_i = \rho W Y_i + \beta X_i + u_i \tag{5-15}$$

$$u_i \sim N(0, \sigma^2 I_n) \tag{5-16}$$

式（5-12）~式（5-16）中，ρ 为空间自回归系数，考察的是空间自回归 WY_i 与 WY_i 对 Y_i 的影响。

传统的空间计量模型选择主要通过拉格朗日乘子检验结果判断[①]，然而对空间计量模型的选择应基于理论基础而非计量判断（姜磊，2016）。由于要探究的是农户减量增效技术采纳行为对周边农户采纳行为的影响，即具体考察 Y_i 是否对 Y_j 产生影响，因此本节首先利用空间滞后模型进行分析，其次考虑利用空间误差模型进行稳健性检验。

二、模型构建与描述性分析

考虑到技术禀赋和技术属性是影响农户采纳决策与影响技术扩散效率的重要因素，结合调研，本节以有机肥作为典型劳动力密集型技术，以秸秆还田技术作为典型资金/知识密集型技术进行分析。因变量中，相比传统分析中利用个体是否采纳某项技术的二元变量作为衡量扩散与否的变量，本节利用个体技术持续采纳年份进行衡量。之所以采取技术持续采纳年份的数值型变量作为因变量进行分析，主要是因为采纳年份数值既能够反映出农户采纳与未采纳之间的区别，也能够通过年份变化将持续采纳的动态差异反映在其中，其对动态扩散过程的反映要优于采纳与否的二元变量。

结合文献综述与实地调研，从生产性服务、社会学习和资源禀赋三个维度选择自变量进行分析。生产性服务方面，利用农户家与最近的化肥减量增效技术示范区的距离、是否加入合作社、技术培训服务、本地是否提供测土信息服务来衡量。社会学习方面，主要考察邻居采纳行为的影响，包括距离最近的农户是否采纳减量增效以技术，以及距离最近的农户持续采纳减量增效技术的年份，这两个变量及其交互项不仅能够判断邻居采纳行为的溢出效应，而且能够判断技术采纳时间对技术采纳行为溢出效应的调节效应，以进一步反映出社会学习效应影响下采纳行为与技术效果稳定性对个体技术决策的影响。个人与禀赋因素等控制变量包括户主学历、户主年龄、劳动力数量、生产面积和兼业程度等。具体模型如式（5-17）~式（5-18）所示：

$$Y_1 = \alpha_0 + \rho_1 WY_1 + \alpha_1 dis + \alpha_2 edu + \alpha_3 age + \alpha_4 lab + \alpha_5 bus + \alpha_6 are + \alpha_7 cor + \alpha_8 tra + \alpha_9 soi +$$
$$\alpha_{10} nyouji + \alpha_{11} nyyouji + u_1 \tag{5-17}$$

$$Y_2 = \beta_0 + \rho_2 WY_2 + \beta_1 dis + \beta_2 edu + \beta_3 age + \beta_4 lab + \beta_5 bus + \beta_6 are + \beta_7 cor + \beta_8 tra + \beta_9 soi +$$
$$\beta_{10} njiegan + \beta_{11} nyjiegan + u_2 \tag{5-18}$$

式（5-17）~式（5-18）中，Y_1 为劳动密集型技术持续采纳年份，Y_2 为资

---

① 参考 Anselin（1998）的检验方法：如果 Spatial error-LM 较 Spatial lag-LM 更为显著且 Spatial error-R-LM 显著而 Spatial lag-R-LM 不显著，应该选用 SEM；反之则选用 SLM。当两类 LM 及其稳健性检验均显著时，应该采用 SDM。

金/知识密集型技术持续采纳年份。一系列 α、β 代表采纳行为影响因素估计系数。ρ 代表空间自回归系数，W 为空间权值矩阵，u_1、u_2 为随机扰动项，服从独立正态分布。

如表 5-2 所示，根据描述性分析结果，截至 2021 年，样本农户持续采纳有机肥技术平均年份为 6.90 年，持续采纳秸秆还田技术平均年份为 5.86 年。距离调查农户最近的邻居有机肥技术采纳的比重为 49%，平均持续采纳年份为 6.04 年。距离调查农户最近的邻居秸秆还田技术采纳的比重为 60%，平均持续采纳年份为 5.73 年。从各项生产性服务与信息渠道来看，农户与最近的化肥减量增效技术示范区的平均距离约为 4 千米，加入合作社的比重为 21%，参与技术培训的平均年次数为 0.81 次，而本地区具有测土配方信息服务的仅有 17%。从个体禀赋来看，农户平均学历不足初中水平，平均年龄在 52.5 岁，呈现出文化水平较低、年龄偏大的特点。平均家庭劳动力数量为 3.87 人，非农收入达到了 55%，小麦平均种植面积为 9.83 亩。

表 5-2　变量说明与描述性分析

变量		符号	变量说明与赋值	平均值	标准差
因变量	持续采纳有机肥技术年份	Y_1	持续采纳有机肥（没有中断）的年份（年）	6.90	8.75
	持续采纳秸秆还田技术年份	Y_2	持续采纳秸秆还田（没有中断）的年份（年）	5.86	6.58
自变量　生产性服务	距离	dis	您家与最近的化肥减量增效技术示范区的距离（米）	4008.82	5195.99
	是否加入合作社	cor	1＝是；0＝否	0.21	0.41
	技术培训服务	tra	参加化肥农药使用相关的技术培训次数（次/年）	0.81	1.53
	本地是否提供测土配方信息服务	soi	1＝提供；0＝不提供	0.17	0.38
社会学习	距离您家最近的邻居是否采纳了有机肥技术	nyouji	是＝1；否＝0	0.49	0.50
	距离您家最近的邻居持续采纳有机肥年份	nyyouji	持续采纳有机肥（没有中断）的年份（年）	6.04	8.18
	距离您家最近的邻居是否采纳了秸秆还田技术	njiegan	是＝1；否＝0	0.60	0.49
	距离您家最近的邻居持续采纳秸秆还田技术年份	nyjiegan	持续采纳秸秆还田（没有中断）的年份（年）	5.73	6.06

续表

		变量	符号	变量说明与赋值	平均值	标准差
自变量	资源禀赋	户主学历	edu	1＝小学学历；2＝初中学历；3＝高中学历 4＝高中以上学历	1.92	0.76
		户主年龄	age	家庭决策者年龄（岁）	52.50	9.83
		劳动力数量	lab	家庭劳动力数量（人）	3.87	1.35
		兼业程度	bus	家庭非农收入占总收入的比重	0.55	0.29
		生产面积	are	小麦种植面积（亩）	9.83	15.18

三、莫兰指数分析

在进行空间计量分析之前需要先确定空间权值矩阵 W_{ij}。常见的确定空间权值矩阵主要有两类方法：一类是基于邻接空间关系；另一类是基于距离关系。在同一个村子中，邻居农户不仅代表着地理距离上相互靠近，而且代表着相互之间的信息传递迅速而密切，因此选择基于邻接空间关系来确定空间权值矩阵。若农户 i 与农户 j 为邻居，则 W_{ij} 为 1，否则 W_{ij} 为 0。

先利用全域莫兰指数（Global Moran's I）刻画样本农户两项技术的技术采纳行为与技术持续采纳年份空间分布的自相关情况。如表 5-3 所示，劳动力密集型技术的采纳行为与采纳年份的 Global Moran's I 均在 1% 的水平上显著为正，表明具有技术采纳行为的农户与技术持续采纳年份相似的农户在地理位置上相互靠近，适合运用空间计量模型进行估计。同理，资金/知识密集型技术的采纳行为与采纳年份的 Global Moran's I 均在 1% 的水平上显著为正，表明具有技术采纳行为的农户与技术持续采纳年份相似的农户在地理位置上相互靠近，适合运用空间计量模型进行估计。

表 5-3　Global Moran's I 指数检验结果

检验指标	劳动密集型技术		资金/技术密集型技术	
	是否采纳	采纳年份	是否采纳	采纳年份
Moran's I	0.507	0.441	0.466	0.583
Moran's I-Probability	0.000***	0.000***	0.000***	0.000***

注：*、**、***分别表示在 10%、5%、1% 的水平上显著。

之后参考 Anselin（1988）的检验方法，通过拉格朗日乘子（Lagrange Multiplier）及其稳健性（Robust LM）检验判断采纳空间滞后模型的合理性。如表5-4 所示，劳动力密集型技术与资金/知识密集型技术的 Lagrange Multiplier 与 Robust LM 均在 1%的水平上显著，因此采用空间滞后模型进行估计是合适的。

表 5-4　Lagrange Multiplier 检验结果

检验指标	劳动密集型技术		资金/技术密集型技术	
Spatial lag	Statistic	P-value	Statistic	P-value
Lagrange Multiplier	285.166	0.000***	563.19	0.000***
Robust LM	68.666	0.000***	165.37	0.000***

注：*、**、***分别表示在 10%、5%、1%的水平上显著。

四、劳动力密集型技术空间扩散特征

下文利用有机肥技术作为典型劳动力密集型技术来构建空间滞后模型，在模型（1）中放入距离最近邻居持续采纳有机肥年份，在模型（2）中放入距离最近邻居是否采纳有机肥、距离最近邻居持续采纳有机肥年份，以及两个变量的交互项进行分析，从而判断技术采纳时间对技术采纳行为溢出效应的调节效应。

根据表 5-5，模型（1）的 Wald Test 值为 191.71，P-Value 为 0.000，F-Test 值为 19.17，P-Value 为 0.000，说明模型拟合度较好；模型（2）的 Wald Test 值为 538.54，P-Value 为 0.000，F-Test 值为 44.88，P-Value 为 0.000，说明模型拟合度较好。模型（1）与模型（2）的 ρ 值分别为 0.0044 和 0.0066，且均不显著，说明技术采纳年份并没有呈现出显著的空间关联性，或者说农户的有机肥技术扩散并没有产生显著的聚集特征。社会学习方面，根据模型（1），邻居有机肥持续采纳年份具有正向影响且在 1%的水平上显著，表明邻居之间的技术采纳决策具有相似性，即邻居的技术采纳年份会对个体采纳年份产生显著的正向影响，邻居采纳有机肥技术越早，则个体采纳有机肥技术也越早，因此技术呈现出就近扩散路径。尽管邻居的技术采纳行为具有显著的溢出效应，但是有机肥技术扩散并没有形成显著的集聚特征，主要原因可能在于劳动力密集型农业技术的扩散主要有赖于是否具备劳动力禀赋条件，随着农业劳动力外流和农业劳动力老龄化趋势，农用劳动力成本迅速上升，成为小麦种植中生产成本最高的项目，造成了劳动力投入不足，从而限制了农户的采纳。根据模型（2），邻居技术采纳行为与技术持续采纳年份的交互项系数为正并且在 1%的水平上显著。结合直接影响与交互项间接影响，表明邻居技术采纳行为对个体采纳行为的影响，即个

体采纳的溢出效应会受邻居采纳时间的调节呈现先负后正的特征：邻居采纳行为
要经过一段时间之后才会对个体采纳产生显著的正向影响，农户不是在看到邻居
采纳技术之后就会迅速产生跟随和从众的心理，而是需要一定的时间来观察邻居
的技术效果及其稳定性，从而才会产生跟随行为。

表 5-5　有机肥技术采纳空间滞后模型

变量	模型（1）			模型（2）		
	系数	标准误	Z 值	系数	标准误	Z 值
户主学历	−0.1910	0.2734	−0.7000	−0.2248	0.2697	−0.8300
户主年龄	0.0329	0.0235	1.4000	0.0176	0.0244	0.7200
劳动力数量	0.4012***	0.1582	2.5400	0.3394**	0.1514	2.2400
生产面积	0.0320*	0.0173	1.8400	0.0016	0.0171	0.0900
兼业程度	−2.2212***	0.7645	−2.9100	−1.514**	0.6967	−2.1700
距离	−0.00003	0.00004	−0.5800	−0.0001**	0.0000	−2.2900
加入合作社	2.0347***	0.6185	3.2900	1.7296***	0.5464	3.1700
技术培训	0.3281**	0.1394	2.3500	0.2571**	0.1181	2.1800
测土配方信息服务	0.2314	0.5960	0.3900	0.2882	0.5367	0.5400
邻居持续采纳年份	0.4207***	0.0468	8.9800	−8.9137***	0.7497	−11.8900
邻居采纳行为	—	—	—	−0.0577	0.2070	−0.2800
邻居持续采纳年份×邻居采纳行为	—	—	—	0.7705***	0.2114	3.6500
常数项	6.3405***	1.5634	4.0600	11.4755***	1.6503	6.9500
ρ	0.0044	0.0073	0.6000	0.0066	0.0065	1.0000
σ	5.4965***	0.2356	23.330	5.0586***	0.2314	21.860

注：*、**、***分别表示在 10%、5%、1%的水平上显著。

社会服务方面，结合模型（1）和模型（2），个体与技术示范区的距离系数
为负但是并不显著，表明设立减量增效技术示范区并没有对农户的有机肥采纳行
为产生显著的示范效应，原因可能是施用有机肥作为最传统的生产技术，其作用
效果是被大家熟知的，因而并不需要通过示范区的技术示范来传递技术效果。加
入合作社和技术培训分别在 1%和 5%的水平上显著为正，即通过服务组织和技术
培训能够直接降低技术采纳门槛，从而有效提高农户技术采纳能力，表明劳动力
密集型技术还会沿着便捷接受服务带动的农户位置进行扩散。测土配方信息服务

的效用并不显著，这表明农户将有机肥技术作为增加土地肥力传统而有效的方式，并不依赖测土的结果。个体禀赋方面，劳动力数量的影响为正且在5%的水平上显著，主要因为劳动密集型技术需要劳动力的投入。家庭兼业程度在5%的水平上显著为负，表明越是依赖农业的农户越有可能施用有机肥，作为传统生产技术，有机肥的施用既费时又费力，只有重视农业生产、重视保持土地持续生产力的农户才愿意采纳。

五、资金/知识密集型技术空间扩散特征

秸秆还田技术采纳空间滞后模型中，在模型（3）放入距离最近邻居持续采纳秸秆还田年份，在模型（4）中放入距离最近邻居是否采纳秸秆还田、距离最近邻居持续采纳秸秆还田年份，以及两个变量的交互项进行分析。

根据表5-6，模型（3）的 Wald Test 值为189.74，P-Value 为0.000，F-Test 值为18.97，P-Value 为0.000，模型拟合度较好；模型（4）的 Wald Test 值为478.778，P-Value 为0.000，F-Test 值为39.90，P-Value 为0.000，模型拟合度较好。模型（3）与模型（4）的 ρ 值分别为0.0370和0.0251，且均在1%的水平上显著，表明农户的秸秆还田行为呈现出显著的空间关联性，秸秆还田技术的扩散呈现出显著的集聚效应。社会学习方面，根据模型（3），邻居有机肥持续采纳年份具有正向影响且在1%的水平上显著，这表明邻居之间的技术采纳决策具有相似性，即邻居的技术采纳年份会对个体采纳年份产生显著的正向影响，邻居采纳秸秆还田技术越早，则个体采纳有机肥技术也会越早。可见，农户在秸秆还田技术采纳决策过程中会观察邻居的采纳行为，在与邻居的交流过程中产生了学习效应和从众效应，因此呈现就近扩散路径，并且在地理空间上呈现出明显的集聚特征。秸秆还田技术的扩散过程之所以呈现显著的集聚效应，主要是因为秸秆还田技术既需要资金也需要知识的投入，加之秸秆还田技术目前可能存在还田过量、还田效果不稳定等情况，因此农户面临的风险更高，从而需要依赖亲缘、地缘关系形成的社会网络中获取技术信息，交流技术实践方式，掌握技术要领，从而降低技术采纳的不确定性，使一定范围内农户技术采纳行为具有一致性和一贯性。根据模型（4），邻居技术采纳行为与技术持续采纳年份的交互项系数为正。结合直接影响与交互项的间接影响，邻居技术采纳行为的影响在采纳年份的调节下呈现先正后负的特点，同样证明了邻居的技术采纳行为并不是在一开始就会呈现溢出效应，而是需要经过一段时间，待稳定的技术采纳行为传递出了技术效果稳定的信号之后，才会对其他农户产生积极的影响。

表 5-6 秸秆还田技术采纳空间滞后模型

变量	模型（3）			模型（4）		
	系数	标准误	Z 值	系数	标准误	Z 值
户主学历	0.0832	0.1880	0.4400	0.1395	0.1808	0.7700
户主年龄	0.0047	0.0145	0.3300	0.0097	0.0139	0.7000
劳动力数量	−0.0832	0.1070	−0.7800	−0.1013	0.1045	−0.9700
生产面积	−0.0208**	0.0088	−2.3700	−0.0218***	0.0083	−2.6300
兼业程度	−0.6614	0.4927	−1.3400	−1.1603**	0.4727	−2.4500
距离	−0.00005	0.00003	−1.6100	−0.0001**	0.0000	−2.0000
加入合作社	−0.2093	0.3668	−0.5700	−0.0692	0.3548	−0.2000
技术培训	0.0149	0.0871	0.1700	−0.0105	0.0817	−0.1300
测土配方信息服务	0.4653	0.3850	1.2100	−0.0317	0.3692	−0.0900
邻居持续采纳年份	0.4072***	0.0260	15.6600	−7.5861***	0.4901	−15.4800
邻居采纳行为	—	—	—	0.7045**	0.3400	2.0700
邻居持续采纳年份×邻居采纳行为	—	—	—	0.1017	0.3385	0.3000
常数项	5.4098***	1.0501	5.1500	8.9218***	1.0465	8.5300
ρ	0.0370***	0.0037	9.9300	0.0251***	0.0037	6.7500
σ	3.9611***	0.1058	37.4200	3.6455***	0.0980	37.2200

注：*、**、***分别表示在10%、5%、1%的水平上显著。

生产性服务方面，结合模型（3）和模型（4）的结果，个体与技术示范区的距离系数为负且显著，这表明设立减量增效技术示范区对农户的秸秆还田技术的扩散产生了显著的示范效应。示范效应显著的主要原因也是秸秆还田技术的不确定性较高，示范区等正式信息渠道会对农户的决策起到技术规范与技术信息的引导作用。因此资金/知识密集型技术还会由政府指定的技术示范园区或技术示范田作为中心，向周边区域扩散，呈现出"由点至面"的扩散路径。个体禀赋方面，生产面积和兼业程度的系数为负且具有显著的负向影响，表明小面积的农户更倾向于秸秆还田，原因依然在于秸秆还田技术的效果不稳定并且资金投入较多，因而小面积农户面临的技术风险更小。技术培训、测土配方信息服务与加入合作社变量的影响并不显著。

六、稳健性检验

下文进一步利用空间误差模型进行稳健性检验。如表5-7和表5-8所示，空间误差模型估计结果与相应的空间滞后模型估计结果基本一致，仅在个别变量的显著性上有所差别，可以认为空间滞后模型的结果是稳健的。

表5-7　有机肥技术采纳空间误差模型

变量	模型（5）			模型（6）		
	系数	标准误	Z 值	系数	标准误	Z 值
户主学历	−0.1895	0.2876	−0.6600	−0.2156	0.2827	−0.7600
户主年龄	0.0328	0.0233	1.4000	0.0185	0.0235	0.7900
劳动力数量	0.4075***	0.1573	2.5900	0.3431**	0.1517	2.2600
生产面积	0.0311	0.0295	1.0500	−0.0005	0.0301	−0.0200
兼业程度	−2.2487***	0.7245	−3.1000	−1.5711**	0.6937	−2.2600
距离	0.00003	0.00004	−0.6900	−0.0001***	0.00004	−2.6700
加入合作社	2.0576***	0.5245	3.9200	1.7169***	0.4987	3.4400
技术培训	0.3361***	0.1286	2.6100	0.2698**	0.1207	2.2300
测土配方信息服务	0.2324	0.5264	0.4400	0.3093	0.4972	0.6200
邻居持续采纳年份	0.4236***	0.0270	15.6700	−9.0501***	0.6723	−13.460
邻居采纳行为	—	—	—	−0.0510	0.3064	−0.1700
邻居持续采纳年份×邻居采纳行为	—	—	—	0.7747**	0.3073	2.5200
常数项	6.5319***	1.5993	4.0800	11.9346***	1.6635	7.1700
ρ	0.0027	0.0080	0.3400	−0.0016	0.0068	−0.2400
σ	5.5213***	0.1775	31.1100	5.1515***	0.1610	32.0000

注：*、**、***分别表示在10%、5%、1%的水平上显著。

表5-8　秸秆还田技术采纳空间误差模型

变量	模型（7）			模型（8）		
	系数	标准误	Z 值	系数	标准误	Z 值
户主学历	0.1048	0.1962	0.5300	0.0927	0.1896	0.4900
户主年龄	0.0074	0.0140	0.5300	0.0095	0.0144	0.6600
劳动力数量	−0.0601	0.1131	−0.5300	−0.0777	0.1112	−0.7000
生产面积	−0.0200**	0.0094	−2.1300	−0.0222**	0.0088	−2.5200
兼业程度	−0.2342	0.5635	−0.4200	−1.0950**	0.5185	−2.1100
距离	−0.0001*	0.0000	−1.7400	−0.0001**	0.0000	−2.1000

续表

变量	模型（7）			模型（8）		
	系数	标准误	Z值	系数	标准误	Z值
加入合作社	-0.0206	0.4115	-0.0500	-0.0227	0.3838	-0.0600
技术培训	0.0774	0.0990	0.7800	-0.0021	0.0889	-0.0200
测土配方信息服务	0.5384	0.4383	1.2300	0.0750	0.4021	0.1900
邻居持续采纳年份	0.4124***	0.0275	14.9900	-8.0885***	0.5150	-15.710
邻居采纳行为	—	—	—	0.7126**	0.3571	2.0000
邻居持续采纳年份× 邻居采纳行为	—	—	—	0.1507	0.3552	0.4200
常数项	5.4369***	0.7761	7.0100	9.2285***	1.0371	8.9000
ρ	0.0440***	0.0051	8.7100	0.0203***	0.0050	4.0700
σ	3.9667***	0.1114	35.6100	3.7407***	0.1036	36.1100

注：*、**、***分别表示在10%、5%、1%的水平上显著。

第六章 农户化肥农药减量增效技术社会化服务需求

农业社会化服务作为衔接小农户与现代绿色转型农业的有效渠道，有助于推进小农户实践化肥农药减量增效技术等绿色生产转型。为整合小农户在绿色生产转型过程中对社会化服务的需求内容、明确需求差异，本章先识别了农户对化肥农药减量增效技术配套服务的需求，明确农户需要哪些服务、需要怎样的服务，以及影响服务需求的各类因素，然后以生产性托管这一新型模式为对象，利用选择实验法分析农户对绿色生产模式的托管需求，从组织形式、服务模式、服务内容、盈余分配和托管服务价格等方面设计绿色生产托管服务契约方案，并利用山东省小麦种植户数据与选择实验等方法考察农户对托管服务的需求偏好及其异质性。

第一节 农户技术配套服务需求

本节针对稻农减量增效技术配套服务的需求问题进行分析。首先，基于"一揽子"水稻化肥农药减量增效技术，结合技术属性与农户采纳行为分析，从4个方面提出8项与水稻化肥农药减量增效技术推广相配套的服务项目。其次，基于浙江省和江苏省水稻种植户调研数据，利用Kano模型识别农户对各项配套服务的需求强度与优先顺序。最后，利用多层线性模型，从地区和农户两个层面对农户配套服务需求的驱动因素进行分析，从而为优化减量增效技术配套服务内容供给，进一步发挥生产性服务对化肥农药减量增效技术扩散的促进作用提供参考。

一、技术配套服务内容识别

建立化肥农药减量增效技术配套服务必须明确哪些服务是稻农实践减量增效技术真正需要的，并在此基础上确定服务的供给主体和供给方式。本节结合水稻化肥农药减量增效技术属性分析，提出与水稻化肥农药减量增效技术推广相配套的服务。服务项目和服务内容主要从以下四个方面确定：

第一，提升肥效、理化诱控和生物防治等技术的实践需要相应的农业信息配合。例如，运用测土配方需要准确的土壤养分检测信息；实践二化螟性诱剂技术需要依靠病虫害监测信息来判断害虫越冬代成虫初发期。及时、准确地向农户传达土壤、植保相关信息，不仅能够减少农户不必要的施肥、施药次数，还是稻农实践减量增效技术的必要条件。

第二，养分替代技术、提升肥效技术、生物调控技术要求更新传统的农药化肥品种，追加投入新型的安全高效物资。购买有机肥、缓释肥、生物农药等物资提高了农户在品种筛选、购买渠道和资金投入等方面的难度。为农户提供物资市场信息、统一采购物资并给予补贴，甚至是提供免费种苗等物资服务，能够有效减轻农户在物资方面的压力。

第三，劳动力约束是当前稻农普遍存在的问题，尤其是在育秧和植保这些操作过程复杂且技术要求较高的环节，稻农往往会面临较大的生产压力。在这种劳动力禀赋条件下，农户没有能力也没有意愿采纳减量增效技术。为农户提供统一供种供秧和统防统治并配套相应补贴，一方面能够减轻农户的劳作压力，另一方面能够提高减肥减药品种和旋耕机械、植保机械的使用率，从而间接提高了各项减量增效技术的实践效果。

第四，实践减量增效技术首先需要转变稻农不合理的施肥、施药观念，培养安全、高效的施肥、施药习惯。其次需要稻农学习侧深施、生态防控、理化诱控等新技术，掌握成套的技术理论与操作过程。这对固守传统种植方式并且文化水平普遍偏低的稻农群体来说有较大难度。因此需要为农户提供多样的技术学习渠道和针对性的技术指导，降低农户的技术学习难度。

综合上述分析，水稻化肥、农药减量增效技术的服务项目主要包括统一供种供秧、农业技术培训与技术指导、植保信息服务、测土信息服务、农资信息服务、农资统购服务、免费物资服务和统防统治服务共8项服务（具体服务内容见表6-1）。该配套服务提供了减量增效技术推广所需的农业信息、技术培训等基础性、普惠性服务，解决了农户"做不到"的难题；提高了稻农在购买物资、育秧、植保等环节的生产质量和生产效率，解决了农户"做不好"的问题，从而有效促进了稻农对减量增效技术的学习、吸收与实践。

表 6-1 水稻化肥农药减量增效技术配套服务

服务项目	服务内容与服务方式	服务意义
统一供种供秧服务	种粮大户、粮食合作社等与农户签订合同,采用统一抗病虫害品种,按照规范化技术要求统一育秧并提供给农户,政府为接受服务的农户以及提供服务的组织提供补贴	有助于推广减药品种,减少育秧成本,提高育秧质量
农业技术培训与技术指导服务	政府举办减量增效技术培训班、示范区现场学习会等,并由农技人员进行田间和入户指导	有助于转变农户化肥、农药使用观念,为农户提供认识、学习和掌握减量增效技术的渠道
植保信息服务	由农业行政主管部门所属的农作物病虫测报机构监测、预报和发布水稻病虫害情况	有助于规范农户农药使用行为,减少施药次数,提高减药技术效果
测土信息服务	政府农技推广人员采集和分析所在区域土壤养分,公布土壤养分信息,并发放《配方施肥建议卡》	有助于农户调整肥料配方,减少不必要的化肥投入,提高施肥效果
农资信息服务	政府相关部门为农户提供优质种子、农药和化肥的品种种类、购买渠道、销售价格等市场信息	有助于推广优质化肥农药物资,减少农户的搜寻成本
农资统购服务	政府通过统一招标采购优质的农药和化肥、有机肥,按照各地政府的补贴标准,以差价形式对农户进行直接补贴,也可结合物资的统一标识、统一价格与统一配送服务	有助于争取低于市场价格的优惠价格,从源头阻止假冒伪劣农资商品进入市场,保证产品质量
免费物资服务	政府免费向农户发放减量增效技术需要的香根草、向日葵和芝麻的种子等物资	有利于减少农户的技术采纳成本
统防统治服务	种粮大户、合作社或者专业植保组织等与农户签订合同,组建机防队伍、利用高效植保机械为农户提供融合绿色防控技术的承包服务。政府对接受服务的农户和提供服务的主体提供补贴	有助于减少植保成本、提高植保质量和绿色防控技术使用率

鉴于农业面源性污染防控具有强烈的正外部性,因此配套服务应具备较强的公益性。农业信息(包括测土信息与植保信息)、农业技术培训和指导等公益性、普惠性服务应借助政府的力量,由政府和政府部门直接提供。统一供种供秧、统防统治服务和物资统购服务介于公益性服务与经营性服务之间,主要通过政府订购、定向委托的方式向专业服务公司、农民合作社(联合社)等新型经营主体购买生产性服务并且提供一定的补贴方式。专业服务队等新型经营主体还需要发挥自身的专业化优势,在技术培训、信息发布等方面协助政府部门优化服务内容、丰富服务方式。

二、技术配套服务需求

(一)Kano 模型构建

Kano 模型是由日本质量管理专家狩野纪昭(Noriaki Kano)在赫兹伯格双因

素理论基础上提出的，用于考察产品或服务质量属性在提供和不提供两种情境下的个体态度，从而识别对产品或服务的需求类型。相比传统的分类方法，Kano模型能够通过精确识别个体对产品或服务的态度变化来深入挖掘个体对服务的需求强度与优先顺序（刘蕾，2015；潘秋岑等，2016；张露等，2017）。Kano模型的分析过程主要有以下几步：

第一步，明确供稻农选择的配套服务需求（见表6-1）。

第二步，在调查中为稻农设定采纳减量增效技术时"提供"或者"不提供"每项服务的情境，稻农在这两种情境下选择自我态度，包括"很喜欢""理所当然""无所谓""勉强接受""很不喜欢"5类。

第三步，整理稻农对各项服务及相应情境下的选择结果，并依据表6-2 Kano模型分类标准识别稻农配套服务需求类型，共分为五类：一是必备型需求（Basic Quality），农户认为提供该项服务是政府应该履行的责任，如果政府不积极提供此项服务会引起农户的不满，从而降低农户对减量增效技术的采纳意愿；二是期望型需求（Performance Quality），如果农户获得该项服务会提高满意度，反之则会明显不满；三是魅力型需求（Excitement Quality），如果农户获得该项服务会提高满意度，反之则不会明显不满；四是无差异型需求（Indifferent Quality），无论农户是否能够获得该项服务，农户的态度均没有明显差别；五是反向型需求（Reverse Quality），如果获得该项服务反而会导致农户的反感（见表6-2）。

表6-2　Kano模型需求分类标准

选项	很喜欢	理所当然	无所谓	勉强接受	很不喜欢
很喜欢	可疑结果	魅力型	魅力型	魅力型	期望型
理所当然	反向型	无差异型	无差异型	无差异型	必备型
无所谓	反向型	无差异型	无差异型	无差异型	必备型
勉强接受	反向型	无差异型	无差异型	无差异型	必备型
很不喜欢	反向型	反向型	反向型	反向型	可疑结果

第四步，识别各项服务需求类别后，可根据 Berger（1993）提出的 Better-Worse 系数来评价农户对每项服务的满意度。Better 系数是指农户可以获得某项服务时满意度的提升，通常为正，越接近 1，农户满意度提升越大。Worse 系数是指农户不能获得某项服务时满意度的下降，通常为负，越接近-1，农户满意度下降越大。Better-Worse 系数即为两者之差，计算公式如下：

$$C_{Better}=[P_E+P_P]/[P_E+P_P+P_I+P_B] \tag{6-1}$$

$$C_{Worse}=-[P_P+P_B]/[P_E+P_P+P_I+P_B] \tag{6-2}$$

$$C_{B-W} = C_{Better} - C_{Worse} \qquad (6-3)$$

式（6-1）~式（6-3）中，P_E 为魅力型需求、P_P 为期望型需求、P_I 为必备型需求、P_B 为无差异型需求。

（二）配套服务需求分析结果

农户化肥、农药减量增效技术配套服务需求的识别结果（见表6-3）表明，统一供种供秧服务、统防统治服务和免费物资服务属于魅力型服务，表明农户非常希望获得这些服务，但如果没有这些服务也是可以接受的。技术培训与技术指导服务和植保信息服务属于期望型服务，获得这两项服务能够提高农户的满意度，一旦缺少这两项服务则会引起农户的不满。测土信息服务、农资信息服务和农资统购服务属于无差异型服务，对于获得或者没有获得服务，农户不会表现出明显的满意或者不满的情绪。

表6-3 稻农对配套服务的需求识别结果及分类

服务项目	必备型	魅力型	期望型	无差异型	反向型	最终结果
统一供种供秧服务	54	233	187	126	1	魅力型
技术培训与技术指导服务	125	157	182	134	3	期望型
植保信息服务	83	180	209	129	0	期望型
测土信息服务	52	166	99	281	3	无差异型
农资信息服务	47	172	108	270	4	无差异型
农资统购服务	54	205	113	228	1	无差异型
统防统治服务	41	238	197	125	0	魅力型
免费物资服务	61	223	152	165	0	魅力型

从各项配套服务的 Better-Worse 系数排序结果来看（见表6-4），稻农最需要的前三项服务分别为植保信息服务、统防统治服务和统一供种供秧服务，Better-Worse 系数均超过了1.1。这主要是因为植保环节技术含量高，一般农户难以准确把握防治期，防治方法相对落后，难免导致防治效果不佳和人力成本过高，因此农户依赖政府提供的地区病虫害疫情信息调整施药次数和施药结构，并且依赖统防统治服务减少植保投入，提高植保质量。同样情况的还有育秧环节，"秧好一半稻"，完整的育秧过程包括备种、翻耕、施农药、管理、撒种子等，成本可以高达100元/亩以上，掌握不好育秧时间和育秧技术还容易出现稻种冻死、烧死的情况，因此农户希望通过专业化的统一供种供秧服务来提高秧苗质量和成秧率。因此，发展减量增效技术推广的配套服务，应强化统一供种供秧服务和统防统治服务，充分发挥专业服务组织等新型经营主体的专业化、规模化服务优势

以及政府在其中的补贴作用。

排在第四位的是技术培训与技术指导服务。由于很多农户将提供技术培训看作是政府不可或缺的基本责任，因此相比于提供服务带来的满意感，农户对政府不提供技术培训服务的不满更为强烈。

排在第五位和第六位的分别是免费物资服务和农资统购服务。这两项物资方面的服务需求排名之所以较低，主要是因为随着农资市场的发展，农资购买渠道逐渐多元化，除了政府统一采购，农户可以通过厂家直销、连锁店等多种渠道便捷地获得物资。

排在第七位和第八位的服务是农资信息服务和测土信息服务。农户之所以对这两项服务的响应最不积极，尤其是对测土信息服务的需求强度最弱，一是因为农户对调整施肥结构能够带来的好处感受不深，二是因为测土配方技术本身还存在配肥成本较高、配方肥效果较差的问题。

表 6-4　各项配套服务的 Better-Worse 系数

服务项目	Better 系数	Worse 系数	Better-Worse 系数	排序
植保信息服务	0.647	−0.486	1.133	1
统防统治服务	0.724	−0.396	1.120	2
统一供种供秧服务	0.700	−0.402	1.102	3
技术培训与技术指导服务	0.567	−0.513	1.080	4
免费物资服务	0.624	−0.354	0.978	5
农资统购服务	0.530	−0.278	0.808	6
农资信息服务	0.469	−0.260	0.729	7
测土信息服务	0.443	−0.253	0.696	8

三、技术配套服务需求影响因素

（一）多层线性模型构建

本节采用多层线性模型分析稻农配套服务需求的影响因素，从村庄和农户两个层面揭示其对农户服务需求的影响。采用多层线性模型的原因是，稻农对配套服务的需求不仅与个体因素相关，还会受所在地区层面生产性服务发展水平的影响，而生产性服务发展水平在村级或者乡镇文化、经济发展背景的影响下呈现出明显的地区性差异，但同一地区农户所能获得的服务具有一致性。此外，稻农样本利用多层次抽样方法采集，具有典型的多层结构数据特征。然而，一般线性回归模型在处理含有多层影响因素的数据时没有考虑地区性的问题，通常采用"集中"或者"分解"两种方式简化多层问题，遗漏相同环境下个体存在的一种共享经验和情景，从而忽略了个体效应和组织效应，违背了线性回归模型残差独立的基本假设。

（二）变量选择与描述性分析

变量选择上，参考张露等（2017）的研究，模型因变量，即稻农对配套服务的需求强度（Nec）利用必备型和期望型服务的总数代表。参考相关研究（Kibwika et al.，2009；李俏、张波，2011；李显戈、姜长云，2015），村级层面自变量包括经济发展水平和生产性服务可得性，分别利用本地区平均雇工价格（Pri）和本地区提供的配套服务项目数量（Avai）表示。农户层面自变量包括生产经验（Year）、生产面积（Area）、生产成本（Cost）、劳动力数量（Lab）、家庭兼业水平（Bus）和技术难度认知（Reg）。同时，为考察生产性服务可得性的影响，加入技术服务可得性与技术难度认知的跨层级交互项（Avai×Reg）。具体变量说明如表6-5所示，具体模型可表示为：

$$Nec = \gamma_0 + \gamma_{01}Pri + \gamma_{02}Avai + \gamma_{10}Year + \gamma_{20}Area + \gamma_{30}Cost + \gamma_{40}Lab + \gamma_{50}Bus +$$
$$\gamma_{60}Reg + \gamma_{61}Avai \times Reg + u_0 + r \tag{6-4}$$

式（6-4）中，一系列 γ 代表各项影响因素对服务需求强度估计系数，r 为随机扰动项，服从独立正态分布。

从描述性分析结果来看（见表6-5），样本农户平均服务需求强度为2.93，表明在8类服务中，平均有3类服务为必备型或期望型，可见整体需求水平并不高，一方面是因为农户对配套服务的内在期望不足，另一方面是因为农户已经习惯了长期以来自给自足的独立生产方式。村级层面，各村平均雇工价格达到122.04元/工日，雇工成本较高。平均提供的配套服务项目数量为3.36个，显然目前的配套服务供给体系还不健全。农户层面，样本农户的生产经验丰富，生产面积较大，并且大部分已经不以种稻作为唯一收入来源。种稻的平均生产成本接近1000元/亩·季。认为减量增效技术难以掌握的农户占到了23%。

表6-5 多层线性模型变量说明与描述性分析

变量	符号	变量说明与赋值	单位	平均数	标准差
需求强度	Nec	必备型和期望型服务总数	个	2.93	1.78
村级层面					
经济发展水平	Pri	本地区平均雇工价格	元/工日	122.04	56.87
技术服务可得性	Avai	本地区提供的配套服务项目数量	个	3.36	1.50

续表

变量	符号	变量说明与赋值	单位	平均数	标准差
农户层面					
生产经验	Year	家庭决策者种植水稻年数	年	25.50	16.13
生产面积	Area	水稻种植面积	亩	64.18	112.25
生产成本	Cost	水稻生产成本	元/亩·季	990.06	461.54
劳动力数量	Lab	家庭劳动力数量	人	2.96	1.37
家庭兼业水平	Bus	非农收入占家庭总收入比重	%	37.90	32.16
技术难度认知	Reg	减量增效技术是否难以掌握	0=否；1=是	0.23	0.42

（三）稻农配套服务需求的影响因素分析

不同技术采纳水平下的农户由于技术实践要求的不同而表现出差异化的服务需求。对不同技术采纳水平农户配套服务需求分别进行分析，关注不同群体需求的差异，有利于优化配套服务体系供给，提高供给效率。因此，根据"一揽子"减量增效技术的采纳数量多少划分为高技术采纳水平组（353个）和低技术采纳水平组（248个），并对其分别进行分析。利用 HLM7.0 软件对高技术采纳水平组和低技术采纳水平组的多层线性模型分别进行估计。按照 Hofmann（1997）提出的思路，首先使用零模型分析农户层面和村级层面对配套服务需求产生的影响，其次利用完整模型分析两个层面上的自变量对配套服务需求的影响。

1. 基于零模型的估计结果

零模型估计结果如表6-6所示。首先利用村级层面和农户层面的方差变异计算组内相关系数 ρ[①]（Intraclass Correlation Coefficient，ICC），判断村级层面变量是否会对个体行为产生影响。计算可知，低技术采纳水平组 ρ 值为 0.37，高技术采纳水平组 ρ 值为 0.60，表明两组稻农对配套服务需求总变异中分别有 37% 和 60% 来源于村级层面，属于高度相关[②]，且 P 值约为 0.000，拒绝原假设，因此可以认为村级层面变量对农户配套服务需求产生了显著影响。综上，本节数据具有层级结构性，适合利用多层线性模型进行估计。

---

① ρ 值的计算公式为：$\rho = \tau_{00}/(\tau_{00}+\sigma^2)$。

② 根据 Cohen（1988）的界定，当 $0.01 \leqslant \rho < 0.059$ 时，属于低度相关；当 $0.059 \leqslant \rho < 0.138$ 时，属于中度相关；当 $\rho \geqslant 0.138$ 时，属于高度相关。

表6-6 零模型估计结果

变量层次	低技术采纳水平组			高技术采纳水平组		
	方差变异	标准差	P 值	方差变异	标准差	P 值
村级层面（τ_{00}）	0.9760	0.9879	0.000***	1.9577	1.3992	0.000***
农户层面（σ^2）	1.6566	1.2871		1.2837	1.1330	

注：*、**、***分别代表在10%、5%和1%的水平上显著。

2. 基于完整模型的估计结果

（1）低技术采纳水平稻农需求影响因素分析。低技术采纳水平组的估计结果如表6-7所示。从村级层面来看，经济发展水平对服务需求的影响为正且在1%的水平上显著，表明经济发展水平越高的地区农户服务需求强度越大。由于经济发展水平较高地区的土地和劳动力成本往往偏高，因此水稻生产对服务和补贴的依赖性更强。技术服务可得性对需求的影响为正但并不显著，这可能是因为减量增效技术采纳水平较低的农户不太关注与服务相关的政策或规定。

从农户层面来看，认为减量增效技术较难的农户服务需求在5%的水平上显著，若农户认为自己不太能够掌握相关技术，会倾向于依靠配套服务来帮助自己。生产成本和生产面积均对服务需求有正向影响且均在1%的水平上显著。生产成本和生产面积增加代表农户实践减量增效技术的难度也随之增加，因此更依赖配套服务。同样地，劳动力数量，即劳动力不足造成的生产难度在5%的水平上显著影响服务需求。技术难度认知与服务可得性的交互项系数为正，这表明在服务可得性较高的地区，如果农户认为技术比较难，更倾向于寻求帮助，而在服务可得性较低的地区，更倾向于自己解决。

（2）高技术采纳水平稻农需求影响因素分析。高技术采纳水平组的估计结果如表6-7所示。从村级层面来看，经济发展水平对农户服务需求在10%的水平上显著为正，技术服务可得性对服务需求的影响在5%的水平上显著为正。如果农户采纳了较多的减量增效技术，会更多关注政府的服务政策和服务方式，一旦服务可获得性比较高，服务带来的满足感也会上升。

表6-7 完整模型估计结果

变量	低技术采纳水平组		高技术采纳水平组	
	系数	P 值	系数	P 值
截距	0.8465 （0.6308）	0.194	1.4803** （0.7015）	0.048

续表

变量	低技术采纳水平组		高技术采纳水平组	
	系数	P 值	系数	P 值
村级层面				
经济发展水平	0.0102*** （0.0036）	0.010	0.0098* （0.0053）	0.080
技术服务可得性	0.0851 （0.1078）	0.439	0.3695** （0.1748）	0.048
农户层面				
技术难度认知	1.2050** （0.4996）	0.017	2.3374* （1.3083）	0.075
家庭兼业水平	−0.0034 （0.0027）	0.204	−0.0024 （0.0024）	0.315
生产经验	0.0019 （0.0040）	0.641	−0.0008 （0.0049）	0.875
生产成本	0.0007*** （0.0002）	0.003	0.0001 （0.0002）	0.796
劳动力数量	−0.1524** （0.0750）	0.043	−0.0295 （0.0504）	0.558
生产面积	0.0048*** （0.0008）	0.000	−0.0014*** （0.0004）	0.002
技术难度认知×服务可得性	0.0427 （0.1607）	0.791	0.0551 （0.2801）	0.844
样本数量	353		248	

注：*、**、***分别代表在10%、5%和1%的水平上显著；括号中数字为标准误。

从农户层面来看，技术难度认知仅在10%水平上正向影响服务需求，表明技术难度对高技术采纳水平稻农服务需求的影响较弱。与低技术采纳水平农户相比，生产投入对服务需求的影响较弱，这可能是因为技术采纳水平较高的农户更多地从技术本身出发考虑服务需求而不是从自家生产禀赋出发。生产面积对服务需求的影响在1%的水平上显著为负。在技术采纳水平高的农户中，生产面积越大，自身实践减量增效的能力越强，表现在自有配套设施越完善、获取各类信息渠道越多，因而对生产性服务的需求降低，这也部分解释了为什么生产成本、劳动力数量的影响不显著。而对于技术采纳水平较低的农户而言，由于技术采纳相关配套设施不完善，生产面积越大对外在服务的需求就越大。技术难度认知与服务可得性的交互项系数同样为正，表现在服务可得性较高和认为技术较难的情况下，农户更倾向于通过服务帮助自己实践技术。

第二节　农户绿色生产托管服务需求

随着我国农村劳动力结构发生重大变化，农业生产托管应运而生。2022 年，中央一号文件首次提出要支持各类主体大力发展生产托管服务。作为农业社会化服务中蓬勃发展的一类重要服务模式，生产托管把一家一户从生产经营束缚中解放出来，有效解决了"谁来种地""怎么种地"的难题，促进了农户节本增效（于海龙、张振，2018；孙小燕、刘雍，2019；何宇鹏、武舜臣，2019）。随着我国农业全面进入绿色转型时代，高度集成的农业绿色低碳生产模式与"精英移民"道路留下的"弱质化"务农人口之间的矛盾变得更加突出，凸显了大力发展农业生产托管的紧迫性，也为托管服务发展带来了新机遇：其一，与传统农业生产模式相比，农业绿色技术体系的要素投入成本高与资产专用性强等特征（刘师等，2020），有助于激发农户对托管服务的需求，进一步拓展农业纵向分工；其二，农业绿色生产模式集成了"一揽子"资金、机械与知识密集型技术，提高了生产经营管理难度，为发挥托管组织在农业技术、装备、质量安全管理与销售等方面的优势提供了条件。

作为托管服务的主要对象，我国小农户数量众多、生产分散且需求差异显著（孙顶强等，2019；闵师等，2019）。在这种农情下，整合小农户服务需求、明确小农户需求差异成为推进绿色生产托管服务建设的关键。整合需求的目的是让"碎片化"的小农户需求更好地与"规模化"的服务供给相对接，从而降低小农户对接托管大市场的成本，识别托管服务重点领域；明确差异则能够以异质性需求为出发点，为特定农户提供针对性的服务，从而提升托管服务效率，优化托管服务体系。部分研究围绕小农户托管需求问题展开了有益讨论，但全面掌握小农户的绿色生产托管服务需求意愿与需求差异，还需要深入探讨两个问题：一是区别于传统农业生产模式，绿色低碳农业的生产投入成本高，资产专用性强，在这种背景下对农户生产托管需求会产生怎样的影响？二是生产托管服务的实践模式是丰富多样的，农户对具体托管模式的设计，如托管模式、托管组织形式、托管利润分配方式等有着怎样的偏好？不同资源禀赋农户又表现出怎样的偏好异质性？

鉴于此，本节首先根据农业绿色低碳生产要求与托管服务实践经验，设计包含组织形式、服务模式、服务内容、盈余分配和托管价格等属性在内的绿色生产托管契约方案；其次以山东省农业生产社会化服务规范化建设试点小麦种植户为例，借助选择实验法、混合 Logit 模型、潜类别模型等方法，实证考察小农户对绿色生产托管服务的需求偏好及其群体异质性，从而整合小农户服务需求、明确小农户需求差异，为有效发挥出生产托管在农业绿色发展领域的关键作用提供思路。

一、绿色生产托管服务需求选择实验设计

（一）选择实验法

选择实验法（Choice Experiments，CE）是目前学术界揭示个体政策偏好的重要方法。作为一种前沿价值评估方法，选择实验法不仅能够反映"选择"与"不选择"的差异，还能模拟真实的市场环境，揭示个体对不同政策组合的偏好，为政策设计提供了全新的方法和视角（Wang et al.，2019）。目前选择实验法已经广泛运用于国内外的消费者偏好分析、资源环境评价、食品安全分析等研究领域（王文智、武拉平，2013；吴林海等，2014；尹世久等，2015；喻永红等，2021）。例如，Jaeck 和 Lifran（2013）利用选择实验分析了法国卡玛格地区农民对种植和管理方式的偏好。研究令个体农业决策者在三种潜在种植和管理方式类别中进行选择实验，并且估计了每种相关农业措施的货币价值。研究结果表明，大多数水稻种植者可以被说服采取环保措施，但是依据保护或环境目标不同，种植和管理模式的设计也应该更具有针对性。Greiner（2016）使用选择实验法研究了澳大利亚西北部牧民自愿参与多样性保护计划的意愿。研究结果显示，合同属性、项目要求、管理工作薪酬、合约长度和灵活性都会影响牧民们的选择；但牧民对合同属性的偏好存在明显的异质性，潜分类回归模型显示牧民们的偏好可以大致分为四种。Aravindakshan 等（2021）以孟加拉国沿海地区 300 名农户为对象，利用选择实验方法和随机参数 Logit 模型分析了农民对替代灌溉作物和作物管理方案偏好。研究结果表明，不管农户地理位置和环境条件如何，由于旱季的高投资成本和相关的生产风险，受访者对灌溉和肥料使用的偏好基本上是负面的。尽管如此，在农民认可提供田间排水以限制内涝风险是可行的情况下，对替代灌溉作物种植意愿具有显著积极影响。

国内研究中，常向阳和赵璐瑶（2015）基于选择实验法分析了农户对化肥技术属性特征的选择行为和偏好程度。研究发现，农户对不同属性的偏好都存在差异，其中农户尤其偏好化肥中酸性混合物和农药中添加剂这两项属性特征，而偏好最弱的是农化服务和对保质期这一属性特征。赵晓颖等（2020）利用选择实验法分析了茶农生物农药属性偏好和支付意愿。研究结果表明，茶农偏好缩短安全间隔期、不提前使用和不产生抗药性的农药属性，但在缩短安全间隔期和针对防治上存在偏好异质性，并且异质性主要受到种植面积小、受教育年限长、化学农药危害认知程度高等因素的影响。李坦等（2021）运用选择实验法对小麦户的种植绿肥环境属性的支付偏好进行了分析。研究结果表明，劳动力数量、收入水平、与亲友交流频繁程度、文化程度等禀赋特征对支付意愿有积极影响；担心小麦产量受到环境恶化影响的小农户具有更高支付意愿；在资本禀赋和环境变化感知因素的影响下，农户对豆科绿肥环境属性的支付意愿显著提高，其中对耕地质量与肥力提高属性的支付意愿最高，对耕地质量与肥力略有提高属性的支付意愿最低。

选择实验法是在特征价格理论和随机效用理论的基础上发展出来的。根据 Lancaster（1966），商品的价格是由商品属性决定的，因此一件商品能够为个体带来的效用可以视为所有属性的效用之和。个体 n 在从 k 个备选方案中，选择一个能够为其带来最大效用的方案，该效用可表示为 U，可用下式表达：

$$U_{nA} = V_{nA} + \varepsilon_{nA} \tag{6-5}$$

式（6-5）中，V_{nA} 表示方案本身各种属性所决定的效用，ε_{nA} 表示效用函数中的随机部分。

（二）混合 Logit 模型与潜类别模型

随机效用理论中，不同的个体效用函数随机项假设决定了统计模型的形式。根据 Maddala（1977），当随机项相互独立且服从类型 I 的极值分布（IIA）时：

$$F\left(\varepsilon_{nit}\right) = \exp\left(-e^{-\varepsilon_{nit}}\right) \tag{6-6}$$

式（6-6）称为条件 Logit 模型（Conditional Logit Model，CLM），个体 n 在某个情形下选择第 i 个方案的概率可以表述为：

$$P_{nit} = \frac{\exp(V_{nit})}{\sum_j \exp(V_{njt})}, \quad j = 1 \sim J \tag{6-7}$$

式（6-7）中，$V_{nit} = \beta X_{nit}$，β 为属性估计系数；X_{nit} 表示第 i 个属性，J 为选择集数量。

条件 Logit 模型遵循随机项 IIA 的假设，认为个体的偏好是同质的，然而现实中，个体对不同方案或政策的偏好明显具有异质性。当随机项不满足 IIA 假设时，个体偏好异质性无法用条件 Logit 来衡量，因而需要选用混合 Logit 模型（Mix Logit Model，MLM）。混合 Logit 模型放宽了独立同分布假设，允许属性参数在不同农户之间随机变动，可表达为：

$$\overline{P}_{ni} = \int \frac{\exp(V_{ni})}{\sum_j \exp(V_{nj})} f(\beta \mid \theta) d\beta \tag{6-8}$$

根据式（6-8）可以计算出农户对契约属性的偏好程度，表示为当某一属性变化时，农户为保持效用不变，对绿色生产托管服务支付意愿的变化，可表示为：

$$\overline{P}_{ni} = \frac{1}{M}\sum_{m=1}^{M}\overline{P}_{ni} \tag{6-9}$$

根据式（6-9）可以计算出农户对契约属性偏好程度。WTP 指标表示为当某一属性变化时，农户为保持效用不变，对绿色生产托管服务支付意愿的变化，即边际替代率：

$$WTP_k = \frac{\partial V_{ni}/\partial \gamma_n}{\partial V_{ni}/\partial \beta_k} \tag{6-10}$$

式（6-10）中，γ_n 为支付意愿变量系数，β_k 为托管属性变量系数。

若 $f(\beta|\theta)$ 是离散的，可以将式（6-8）转化为潜在分类模型（Latent Class Model，LCM），以判断不同农户的所属类别。N 个农户可划分为 S 个潜类别，偏好相同或相近的农户会落入同一类别。农户 n 落入第 s 个潜类别，并选择第 i 个服务属性组合的概率为：

$$\overline{P}_{ni} = \sum_{s=1}^{s}\frac{\exp(\beta_s X_{in})}{\sum_j \exp(\beta_s X_{nk})}R_{ns} \tag{6-11}$$

式（6-11）中，β_s 是第 s 个类别的农户参数向量，R_{ns} 是农户 n 落入第 s 个潜类别的概率，可表示为：

$$R_{ns} = \frac{\exp(\mu_s z_n)}{\sum_S \exp(\mu_s z_n)} \tag{6-12}$$

式（6-12）中，μ_s 是第 s 个潜类别中农户的参数向量，z_n 为影响农户 n 落入某一潜类别的一系列特征向量。

（三）属性与水平设计

运用选择实验法首先要给出属性及水平定义，再进行选择实验分析（Hanley et al.，1998）。分工理论认为，降低农户组织成本、提升农业社会化服务效益的关键在于促进分工的持续深化。首先是扩大农户对单一环节服务的需求规模，在诸如农资采购、机械化收种等标准化程度高、外部性强、投入不可分割的环节实现规模经济（刘守英、王瑞民，2019）；其次是引导各环节的纵向分工发展与服务内容创新，在"半工半耕"农户最需要的环节形成专业分工优势（罗必良，2017），以促进此类家庭将更多生产经营环节交给市场。鉴于此，绿色生产托管服务机制既要拓展服务领域，丰富服务内容，又要通过有效的制度设计确保服务效益，因此本节从组织形式、服务模式、服务内容和盈余分配等方面进行契约设计，并依据各类服务项目的实施成本设置托管服务价格。

1. 组织形式

组织形式创新是降低土体托管交易成本的重要方式。当前我国小农户数量庞大、生产分散，服务主体与小农户对接产生了较高的搜寻、沟通与签约成本，加之绿色生产技术门槛抬升，交易成本和交易风险明显增加，由此产生了优化组织形式的需求（陈义媛，2017；韩庆龄，2019）。以农业龙头企业为依托的专业服务公司、在农户自愿合作基础上形成的专业农民合作社两类主体的服务能力强、专业化水平高，已经成为农业社会化服务的骨干力量。但前者由于在服务过程中处在绝对优势地位而存在"盘剥"小农户的可能，后者容易出现大农户对小农户服务资源的挤占，导致契约订立成本与事后监督成本普遍较高。因此，寻找小农户信任的中间组织以降低交易成本与交易风险成为组织形式创新的关键。实践证明，农村集体经济组织能够在土地置换、利益协调和服务监督等方面充分发挥"统筹"和"居间"的作用，降低服务规模化的组织成本，也降低了契约签订后的监督成本。此外，本地服务专业户也是社会化服务的重要补充力量，基于地缘、亲缘关系形成的信任关系亦可起到提高履约率的作用。综上，结合山东省地区托管服务开展的实地调研情况，将组织形式属性设定为"合作社+农户""企业+农户""企业+本地作业队+农户"和"企业+本地作业队+村集体+农户"4个水平，并将"合作社+农户"设置为基准水平。

2. 服务模式

多样化的服务模式有利于匹配差异化的托管服务需求。随着家庭劳动力的加速外流与兼业水平普遍提升，催生出了"菜单式"单环节或多环节托管和"保姆式"全程托管两类土地托管模式。"菜单式"托管方式是指农户根据自身生产需要，自愿选择某一环节或者多个环节的托管服务或项目。在该模式中，农户可选择余地大，易推广，有效提升农户自身"做不到"或者"做不好"的生产环节效率。"保姆式"全程托管是指农户在不改变土地经营权的前提下，将整个农业生产全部环节，包括"耕、种、管、收"等劳动力密集型环节和绿色防控等技术密集型环节托管给服务主体，将农户从土地的束缚中解放了出来，但是需要承担较高的托管价格和托管风险。综上，将托管服务模式属性设定为"菜单式服务"和"保姆式服务"2个水平，并将"菜单式服务"设置为基准水平。

3. 服务内容

托管服务从生产领域向全要素领域延伸有利于深化纵向分工、提高托管收益。当前粮食产业绿色生产主要采用测土配方、秸秆还田、统防统施和绿色防控等技术，以机械服务为主。但单纯的机械服务割断了生产与其他环节的分工一致性，若能实现机械服务向产前农资、农艺环节融合，则有助于全产业链的资源整合，有效发挥出绿色生产优势。一是"农资+机械"服务。托管服务由单纯的产中服务拓展到以优惠价格统一购买优质低毒农药、缓控释肥等生产资料，能够确保投入品质量，保障绿色生产标准化。二是"技术+机械"服务。服务主体立足绿色转型需求，可以从优选良种、土壤肥料、病虫害综合防治、机械化植保等环节为农民量身定制用药施肥组合方案，实现绿色生产技术集成，还可以对农户开展绿色技术培训和指导。三是"金融+机械"服务。小农户贷款难一直都是制约农户生产转型的重要因素，因此在托管服务中融入"土地托管贷"能够实现农民申贷增信，为促进绿色化与规模化生产提供金融保障。综上，将服务内容属性设定为"机械服务""农资+机械服务""技术+机械服务"和"金融+机械服务"4个水平，并将"机械服务"设置为基准水平。

4. 盈余分配

完善风险分担机制，形成稳定的利益分配方案有助于降低契约的监督成本。相比于土地流转，土地托管服务保留了农户的土地承包权、经营权和收益权，也相应提高了农户监督意识与风险意识。根据张五常合约理论，农业契约可以划分为固定租金契约和分成契约两类。相对应地，在土地托管实践中常见的盈余分配模式有两种：一种是保底收益模式，托管组织收取一定的服务费，并向农户承诺保底收益额，该模式风险较小但收益固定；另一种则是农民将土地委托托管组织全权管理，托管组织收取一定的服务费，根据种植盈余情况给农民分红，该模式有利于实现绿色农产品的"利益共享"，但也要承担"风险共担"带来的收益不确定。综上，将盈余分配属性设定为"保底收益"和"盈余分红"2个水平，并将"盈余分红"设置为基准水平。

5. 托管服务价格

以调查地区典型的小麦绿色生产模式计算绿色生产托管服务的成本区间：收割环节，利用机械收割同时进行秸秆还田的作业成本为50~80元/亩，具体服务价格取决于土地连片程度及其收割效率。耕种环节，机械耕种的作业成本约为45元/亩。病虫害防治环节主要通过无人机喷洒农药实现统防统治和绿色防控[①]，飞防作业成本为5~15元/亩，一季飞防次数2~3次，具体价格取决于土地连片程度。施肥环节主要是追肥的人工成本[②]，调查地区劳动日工价为140~200元，熟练劳工撒肥为30~50亩/天，追肥成本为2.8~6.7元/亩。综合来看，绿色生

---

① 绿色生产所需要的生产农资主要是化肥和农药，一般由农户自行购买并提供给服务组织，因此物资成本并不算入服务成本中。

② 机械耕种的同时能够实现机施基肥，因此不单独计算服务成本。

产托管服务的成本为 107.8~176.7 元/亩。综上，考虑到不同地区农资和服务价格的差异以及农户对价格的敏感性，最终将托管服务价格属性设定为"100 元/亩""120 元/亩""140/元亩"和"160 元/亩"4 个水平。选择实验属性设置如表 6-8 所示。

表 6-8　选择实验属性设置

属性	水平	具体含义
组织形式	1	合作社+农户
	2	企业+农户
	3	企业+本地作业队+农户
	4	企业+本地作业队+村集体+农户
服务模式	1	菜单式服务
	2	保姆式服务
服务内容	1	机械服务
	2	农资+机械服务
	3	技术+机械服务
	4	金融+机械服务
盈余分配	1	盈余分红
	2	保底收益
托管服务价格	1	100 元/亩
	2	120 元/亩
	3	140 元/亩
	4	160 元/亩

（四）选择实验任务设计

依据上述属性与水平的设定，5 个属性按照全因子设计得到 256 种属性组合，产生 32640 个选择集。利用 Minitab 软件田口设计程序获得最小任务卡片数量，再运用 JMP 实验设计程序进行方案设计，剔除存在明显劣势解的情况，最终获得 16 个选择实验任务。为避免受访者产生选择疲劳（全世文，2016），参考史恒通等（2019）的处理方法，决定将 16 个选择实验任务随机生成 2 个版本的选择实验问卷，每个版本问卷包含 8 个选择集。受访农户被要求从每个实验任务中选择自己最偏好的服务契约。表 6-9 给出了选择实验中使用的 16 个相互独立的选择实验任务之一的样例。

表6-9　选择实验样例

托管服务属性	选项 A	选项 B	选项 C
组织形式	企业+农户	企业+合作社+村集体+农户	
服务模式	菜单式服务	菜单式服务	
服务内容	技术+机械服务	机械服务	都不选
盈余分配	保底收益	保底收益	
托管服务价格	120 元/亩	140 元/亩	
您的选择	A	B	C

（五）选择实验调查

选择山东省作为样本地区，主要是因为山东省作为土地托管的发源地，2019年农业生产托管面积达到8596万亩次，托管服务的经营主体近6万多家，为开展绿色生产托管服务机制研究提供了经验支持，也为数据收集提供了现实条件。根据第一批山东省农业生产社会化服务规范化建设试点县名单，分别选择西北部德州市庆云县、西南部临沂市临沭县、东北部烟台市招远市和东南部青岛市莱西市4个市（县、区）作为样本地区。调查利用分层抽样法选取样本，每个调查地点抽取2个乡镇，每个乡镇抽取2个村庄，每个村庄随机抽取30户左右小麦种植户。以农民口述、调查员填写的形式填写问卷，共回收问卷471份，其中有效问卷464份[①]。

根据描述性分析（见表6-10），样本农户中，平均年龄约为50岁，主要分布在45~60岁，户主群体呈现老龄化特征。家庭数量集中在2~4个人，平均劳动力约为3人。农户非农收入平均占比58%，已经超过了农业收入，50%的农户为一兼农户，30%的农户为二兼农户。平均生产面积为8.93亩，但是方差较大，小于5亩的农户占到了42.57%。

表6-10　样本农户基本特征描述性分析

禀赋变量	变量含义	平均值	标准差	分类	比重（%）
年龄	户主年龄（岁）	50.37	9.87	年龄≤45	29.95
				45<年龄<60	52.25
				年龄≥60	17.79

---

①　有效样本分布为：德州市庆云县100户、临沂市临沭县99户、青岛市莱西市132户、烟台市招远市133户。

续表

禀赋变量	变量含义	平均值	标准差	分类	比重（%）
劳动力	家庭劳动力数量（个）	3.16	1.40	1≤劳动力≤2	42.89
				2<劳动力≤3	16.93
				3<劳动力≤4	26.64
				劳动力>4	13.54
兼业水平	家庭非农产业收入占总收入比重	0.58	1.85	纯农户（0≤兼业水平≤0.1）	18.92
				一兼农户（0.1<兼业水平<0.5）	50.23
				二兼农户（兼业水平≥0.5）	30.86
生产面积	小麦种植面积（亩）	8.93	10.96	生产面积≤5	42.57
				5<生产面积<10	33.11
				生产面积≥10	24.32

二、绿色生产托管服务偏好及其支付意愿

根据混合 Logit 模型均值估计结果及 WTP 计算值[①]分析农户对托管服务的整体偏好（见表 6-11 和表 6-12）。从组织形式来看，与合作社带动相比，"企业+农户"的组织形式导致农户支付意愿显著下降 24.98 元。无论是契约设计还是服务过程，交易双方决策权力的不对等导致"企业+农户"这种组织模式在实践中经常出现契约内容不完善、条款设置不合理、分配办法不明确等问题（张丽华等，2011），农民争取自身利益要付出很高的信息成本、议价成本和监督成本。当本地作业队介入企业和农户之间时，支付意愿提升了 4.15 元，但与合作社带动相比差别并不显著。"企业+本地作业队+村集体+农户"水平显著为正，村集体的加入能够将农户托管服务的支付意愿显著提升 8.17 元。农户对该组织方式的格外青睐本质上反映出的是对村集体的信任。作为桥梁组织，村集体的介入将单一农户与企业的关系转变成共同利益组织同企业的关系，以"中间人"的姿态平衡农、企双方诉求：一方面对公司起到一定的监督作用，保证托管服务质量；另一方面也提升了农户组织化程度，有效对接了生产性服务主体（王亚飞、唐爽，2013）。在该模式中，企业与作业队各司其职，通过不同的组织优势互补降低托管成本、提升托管效益，因此对小农户的吸引力最大。

---

① 混合 Logit 模型由均值回归和标准差回归结果组成。在混合 Logit 模型标准差回归结果中，"企业+农户"和"企业+本地作业队+农户"的系数均在 1% 的水平上显著，这表明样本群体对这两种组织方式的偏好具有异质性，限于篇幅，混合 Logit 模型方差回归结果并未在书中展开解释。

表 6-11　混合 Logit 模型回归结果

水平	系数	标准误	Z 值
均不选择	-3.6199***	0.4328	-8.3600
托管服务价格	-0.0232***	0.0016	-14.2700
企业+农户	-0.5800***	0.0800	-7.2500
企业+本地作业队+农户	0.0936	0.0852	1.1000
企业+本地作业队+村集体+农户	0.1913**	0.0896	2.1400
保姆式服务	0.1028	0.0681	1.5100
农资+机械服务	0.0493	0.0767	0.6400
技术+机械服务	-0.0590	0.0719	-0.8200
金融+机械服务	-0.6382***	0.0987	-6.4700
保底收益	0.2768***	0.0647	4.2800

注：*、**、***分别表示在10%、5%、1%的水平上显著。

表 6-12　支付意愿测算结果　　　　　　单位：元

水平	WTP	LL	UL
保底收益	11.82	6.54	16.83
企业+本地作业队+村集体+农户	8.17	1.10	15.18
保姆式服务	4.55	-1.10	10.42
企业+本地作业队+农户	4.15	-3.15	11.80
农资+机械服务	1.79	-4.45	8.83
技术+机械服务	-2.66	-8.78	3.76
企业+农户	-24.98	-32.79	-17.92
金融+机械服务	-27.65	-36.42	-18.91

　　从服务模式来看，农户对"保姆式"托管的支付意愿仅比"菜单式"托管高了4.55元，两者之间并没有出现显著差异。鉴于两种服务模式所能满足的托管需求明显不同，因此各类农户对两种托管服务模式究竟有怎样的偏好值得进一步探究。

　　从服务内容来看，农户对"农资+机械服务"的态度是积极的，但是增加农资统购服务仅仅能将支付意愿提升1.79元，作用并不显著。尽管统一购买农资能够保证产品质量，但是农资种类与价格未必符合农户的使用习惯与品牌偏好，并且当前在农资市场的统一采购量没有达到代理级别的话，能够降低的物资价格有限。农户对"技术+机械服务"和"金融+机械服务"的偏好为负,尤其是对"金融+机械服务"的支付意愿会显著下降 27.65 元。农户并不愿意为技术服务额外付费,因为农户普遍认为提供绿色农业技术应属于公益性服务。不愿意为金融服务付费则是由于粮食作物的相对投入较小,农户小额信贷需求总量比较小。

从盈余分配方式来看,相比于盈余分红,农户更青睐于保本收益的分配方式,会使支付意愿显著上升 11.82 元。尽管盈余分红这种利益联结方式可能带来更高收益,但是小农户群体普遍具有风险规避倾向(罗明忠、陈江华,2016;吕杰等,2021),因此更愿意选择低风险的保本收益方式。

三、绿色生产托管服务偏好异质性及其原因

根据潜类别模型及其计算出的支付意愿估计系数归纳农户对生产托管的偏好异质性。根据 Akaike 信息准则和 Bayesian 信息准则(Swait,1994),当组别数为 4 时 CAIC 值为 6115.7050,BIC 值为 6050.7050(见表 6-13),小于其他类别数值,因此将农户分为 4 组最为合适。根据分类结果(见表 6-14),组别 1 占比23.6%,盈余分配方式对该组别农户接受托管意愿的影响最大;组别 2、组别 3和组别 4 分别占比 27.3%、28.2% 和 20.9%,对接受托管意愿影响最大的因素分别是组织形式、不接受服务和服务内容。因此,将组别 1 至组别 4 分别命名为"关注盈余分配组""关注组织形式组""倾向不接受服务组""关注服务内容组"。在分组结果中并没有区分出格外偏好服务模式的组别,因此农户对服务模式偏好的异质性还需要单独讨论。

表 6-13 CAIC 和 BIC 值计算结果

分组数	LLF	CAIC	BIC
2	-3390.52	6944.2430	6921.2430
3	-3097.41	6457.3610	6420.3610
4	-2827.24	6115.7050	6050.7050
5	-3002.97	6367.8200	6316.8200

表 6-14 潜类别模型分组结果

水平	组别 1			组别 2		
均不选择	-7.6386	0.8760	-8.7200	0.7858	1.5563	0.5000
托管服务价格	-0.0171***	0.0035	-4.8800	-0.0343***	0.0086	-3.9900
企业+农户	-0.4339***	0.1463	-2.9700	-0.5992***	0.2285	-2.6200

续表

水平	组别1			组别2		
企业+本地作业队+农户	−1.1884***	0.1795	−6.6200	3.8857***	0.3470	11.2000
企业+本地作业队+ 村集体+农户	−0.8089***	0.2295	−3.5200	3.3745***	0.3508	9.6200
农资+机械服务	−0.5963***	0.1726	−3.4500	0.6720**	0.3005	2.2400
技术+机械服务	−0.8566***	0.1693	−5.0600	−0.5581*	0.2941	−1.9000
金融+机械服务	−2.2971***	0.2777	−8.2700	−0.8361**	0.3350	−2.5000
保姆式服务	0.6380***	0.1435	4.4500	−0.2229	0.2485	−0.9000
保底收益	1.0241***	0.1780	5.7500	−0.8712***	0.1927	−4.5200
组别占比	23.6%			27.3%		
水平	组别3			组别4		
均不选择	11.2706***	1.7649	6.3900	−16.0190***	1.7230	−9.3000
托管服务价格	−0.0112***	0.0039	−2.8900	−0.0980***	0.0099	−9.8900
企业+农户	0.4104	0.3145	1.3100	0.5234	0.3263	1.6000
企业+本地作业队+农户	2.9206***	0.3738	7.8100	−2.5106***	0.3297	−7.6200
企业+本地作业队+ 村集体+农户	1.6803***	0.3636	4.6200	−3.3774***	0.4809	−7.0200
农资+机械服务	0.5541**	0.2188	2.5300	0.8933***	0.2949	3.0300
技术+机械服务	0.7192***	0.2223	3.2300	2.6532***	0.4032	6.5800
金融+机械服务	−2.7457***	0.4850	−5.6600	2.8216***	0.4708	5.9900
保姆式服务	1.3394***	0.2218	6.0400	−2.3608***	0.3505	−6.7400
保底收益	3.2066***	0.3210	9.9900	−1.7973***	0.3424	−5.2500
组别占比	28.2%			20.9%		

注: *、**、***分别表示在10%、5%、1%的水平上显著。

接着考察各项禀赋变量对4个组别农户托管服务偏好的影响（见表6-15）。劳动力数量在前3个组别中均呈现显著的负向影响，生产规模均呈现显著的正向影响，而户主年龄与兼业水平的影响则并不显著。由该结果可知，劳动力少或者生产规模较大的农户更加关注托管的服务形式，包括组织形式、盈利形式等，该群体更关心能够以怎么样的方式获得托管服务。反之，劳动力充足或者生产规模小的农户更加关注托管服务内容，更关心能够在哪些生产环节获得托管服务。

表6-15　分组农户对托管服务的偏好异质性

禀赋变量	关注盈余分配组			关注组织形式组		
户主年龄	-0.0039	0.0178	-0.2200	0.0056	0.0156	0.3600
劳动力	-0.9481***	0.1596	-5.9400	-0.2928***	0.1058	-2.7700
兼业水平	-0.0283	0.1279	-0.2200	-0.4290	0.3317	-1.2900
生产面积	0.0716***	0.0260	2.7500	0.0521**	0.0263	1.9800
常数项	2.6226***	0.9306	2.8200	0.8191	0.8072	1.0100
禀赋变量	倾向不接受服务组			关注服务内容组		
年龄	0.0012	0.0158	0.0800	—	—	—
劳动力	-0.3549***	0.1112	-3.1900	—	—	—
兼业水平	0.0529	0.0739	0.7200	—	—	—
生产面积	0.0615**	0.0257	2.3900	—	—	—
常数项	0.9776	0.8119	1.2000	—	—	—

注：*、**、***分别表示在10%、5%、1%的水平上显著。

绿色生产托管服务偏好及支付意愿分析结果未能明确各类农户对"保姆式"全程托管和"菜单式"单环节、多环节托管的选择偏好。参考吴林海等（2014）等的分析方法，本节利用加入交互项的混合Logit模型以及WTP计算公式来计算不同资源禀赋农户对"保姆式"全程托管方式的支付意愿。相对支付意愿①计算公式如下：

$$WTP_{tr} = -2 \times \frac{\beta_{tr} + \gamma' \times d}{\beta_p} \qquad (6-13)$$

式（6-13）中，β_{tr}为保姆式服务主效应估计系数，$\gamma' \times d$为交互项，β_p为托管服务价格的估计系数，d包含了劳动力数量、年龄、生产面积和兼业水平4项主要资源禀赋变量。在模型中加入各项禀赋变量与"保姆式"服务的交互项，再根据该模型系数以及具体赋值计算WTP值。从结果来看（见表6-16），由于保姆式服务主效应系数为正，托管服务价格的估计系数为负，可知劳动力数量或户主年龄的增加对"保姆式"托管的支付意愿有负向影响，而生产规模的增加或兼业水平的提升对"保姆式"托管的支付意愿有正向影响。

① 此处的相对支付意愿是以"菜单式"单环节、多环节托管为基准的相对变化水平。

表 6-16 加入交互项的混合 Logit 模型均值回归结果

水平	系数	标准误	Z 值
均不选择	-3.6122***	0.4339	-8.3200
托管服务价格	-0.0233***	0.0016	-14.2700
企业+农户	-0.5952***	0.0809	-7.3600
企业+本地作业队+农户	0.1223	0.0859	1.4200
企业+本地作业队+村集体+农户	0.1854**	0.0895	2.0700
农资+机械服务	0.0639	0.0771	0.8300
技术+机械服务	-0.0426	0.0722	-0.5900
金融+机械服务	-0.6362***	0.0989	-6.4300
保姆式服务	0.2243	0.2089	1.0700
保底收益	0.2769***	0.0650	4.2600
年龄×保姆式服务	-0.0140	0.0642	-0.2200
劳动力×保姆式服务	-0.0755**	0.0326	-2.3200
兼业水平×保姆式服务	0.0276	0.0652	0.4200
生产面积×保姆式服务	0.0356	0.0576	0.6200

注：*、**、***分别表示在 10%、5%、1% 的水平上显著。

接着计算禀赋变动对支付意愿的具体影响。首先确定以平均值为基准的情景：农户的户主年龄为 50.37 岁，家庭劳动力数量为 3 个，兼业水平为 58%，生产面积为 8.93 亩。若该农户生产面积从 5 亩以下增加到 5 亩以上 10 亩以下时（其他禀赋保持不管），则对"保姆式"托管服务的支付意愿会增加 40.36%；若该农户的劳动力数量增加到 4 个（其他禀赋保持不管），则对"保姆式"托管服务的支付意愿会下降 75.76%；以此类推（见表 6-17）。总结来看，劳动力数量充足或者年龄大的农户倾向选择"菜单式"托管服务，有效实现家庭劳动力在农业与非农产业的合理流动分工。生产规模比较大或者是兼业水平比较高的家庭则愿意选择"保姆式"全程托管服务，有助于将人力、时间和精力投入从土地的束缚中释放出来。

表 6-17 不同禀赋农户对"保姆式"托管方式的支付意愿变化率

禀赋情况	模型赋值	支付意愿变化率（%）
兼业水平=0.58； 生产面积=8.93 亩； 年龄=50.37 岁	劳动力=2	—
	劳动力=3	-37.88
	劳动力=4	-75.76

续表

禀赋情况	模型赋值	支付意愿变化率（%）
劳动力=3个； 生产面积=8.93亩； 年龄=50.37岁	纯农户	—
	一兼农户	40.24
	二兼农户	80.47
劳动力=3个； 兼业水平=0.58； 年龄=50.37岁	生产面积（生产面积<=5）=1	—
	生产面积（5<生产面积<10）=2	40.36
	生产面积（生产面积≥10）=3	80.73
劳动力=3个； 兼业水平=58%； 生产面积=8.93亩	年龄（年龄≤45）=1	—
	年龄（45<年龄<60）=2	-10.16
	年龄（年龄≥60）=3	-20.32

四、绿色生产托管服务偏好讨论

在农业绿色转型背景下，整合小农户对生产托管服务的需求，明确需求差异是推动农业生产托管在小农户绿色低碳转型这一关键领域发力的重要前提。本节设计了一个包含托管主体、托管模式、托管内容、盈余分配和托管服务价格5个属性在内的绿色生产托管契约方案，并借助选择实验法等实证方法考察了山东省小麦种植户对该绿色生产托管服务契约的偏好差异、支付意愿及其异质性。研究发现，在绿色生产托管服务契约设计中，农户格外偏好含有村集体介入的组织形式，表明激发村集体的服务动力、创新村集体与各类组织的合作形式是破解组织困境的有效方式。因此，优化农业绿色生产托管服务契约设计要突出农村集体经济组织的重要力量，充分发挥其居间服务的优势，大力推广行之有效的"服务主体+农村集体经济组织+作业队+农户"等组织形式。

随着农户群体内部分化速度加快，农户资源禀赋差异明显，导致农户对托管服务偏好也呈现出异质性特征。劳动力少或者生产规模较大的农户更加关注绿色生产托管的服务形式，包括组织形式、盈利形式等。此类农户主要关注是否能通过以低成本、低风险的契约设计参与到土地托管中，从而弥补自身绿色生产能力的不足。反之，劳动力充足或者生产规模小的农户更加关注托管的服务内容。此类农户需要通过托管服务来提升自己"做不好"的生产环节作业效率，如物资采购与金融贷款等。鉴于此，优化托管服务体系既应着重加强农业机械化公共服务能力，满足普通农户绿色生产的基本需求，又要继续拓宽物资、技术、金融等服务领域，赋能有想法、有能力的小农户有效衔接高质量生产方式。

对于服务模式，研究发现劳动力数量充足或者年龄大的农户倾向选择"菜单式"托管服务，以实现家庭劳动力向非农产业流动，而生产规模较大或者是兼业水平较高的家庭则倾向于选择"保姆式"全程托管服务，以节省农业劳动力、时间和精力成本投入。根据以上结果进一步讨论两类家庭的托管需求。首先是以老年人和留守儿童组成的"留守"家庭。作为依靠种粮为生的"纯农户"，由于生产面积较小，老年人在力所能及的情况下愿意自行劳作而不愿额外付出服务费用，因此向这些家庭推行解决关键环节困难的"菜单式"服务比"保姆式"服务更加有效。其次是以中年劳动力为主力的"二兼农户"家庭，收入结构的重心已经脱离了农业，为了节省家庭劳动力及劳作时间投入，保证土地不被抛荒，应主要推广"保姆式"全程托管服务以释放劳动力。可见，优化托管服务应以农民差异化需求为导向，因地制宜、因户制宜，建立起多元化、差异化、地区化的生产托管服务机制。

第三节　化肥农药减量增效技术推广案例

一、案例选择与资料搜集过程

随着管理学和社会学的发展，案例研究已经成为社会科学研究的重要方法。当研究关注的是"怎么样"或"为什么"一类富有解释性的问题，并且研究者能够进入研究对象所在的实际环境，接触实践过程时，适合运用案例研究方法进行分析。案例研究可以在研究对象所处的复杂情境下收集数字、访谈、图像等多种数据类型，基于扎根理论或者构建理论分析框架，有效地将假设检验的量化分析范式和包含细节描述的质性研究范式结合起来，从而能够深入剖析研究对象的行为决策以及具体现象形成的过程、原因和结论等（Yin，1994）。

本节的研究目的是针对减量增效技术推广的要点与难点，探究减量增效技术的推广方式，以及政府和新型经营主体在技术推广中的角色定位、分工协作。回答这些问题需要深入特定的水稻种植与农业技术推广环境中，将减量增效技术推广过程展开剖析，展示特定技术推广方式背后的作用机理，并揭示特定技术推广方式和结果的形成条件，因此适合使用案例研究。

为了能够将研究对象进行"深描"，将研究问题充分剖析从而得出更有普遍意义的结论，因此案例研究方法中的案例要求具有"典型性"，能够充分反映出某一类型对象的特征。为了方便研究，案例还应选自地理位置、语言沟通等都便于调研的地点（Yin，1994）。依据以上原则，本章选择将浙江省杭州市萧山区农药减量增效技术的推广作为嵌入型单案例研究进行"深描"分析。浙江省作为典型人多地少的"资源小省"和"经济大省"，进入 21 世纪以来就确定了"绿色农业"的发展战略，为更深入地探索化肥农药减量增效技术发展路径和发展模式提供了良好的政策环境和实践条件。截至 2017 年，浙江省创建示范县（市、区）11 个，示范镇（乡）31 个，以示范促推广，带动全省绿色防控示范面积 80 万亩，实施农作物病虫害专业化统防统治面积 750 万亩，其中水稻专业化统防统治覆盖率 45% 以上，减量增效技术应用率 35% 以上。①

萧山区作为浙江省减量增效建设示范点，减量增效技术推广范围广、推广经验丰富。2014 年，萧山区被农业部确定为"水稻病虫整建制统防统治与绿色防控融合"试点区，在此基础上进一步探索农药减量增效技术的推广机制。此外，萧山区整合农技推广中心、农科院和植保服务组织的技术研发资源，在本地区病虫害发生规律基础上进行了大量水稻病虫防控技术试验，形成了一套农药减量增效集成技术②，涵盖了本书第四章提出的各项水稻农药减量增效技术，并于 2017 年制定了区级农业地方标准《水稻病虫害绿色防控技术规程》（DB330109/T），明确规定了各项技术的农艺措施、防治原则、防控农药推荐以及害虫化学防治指标等。综上，以萧山区减量增效技术的推广作为案例进行分析，有利于在水稻化肥、农药减量增效技术推广设计方面创新出一些规律性、系统性的成果，为水稻化肥、农药减量增效技术的全面推广提供样板、积累经验。

二、案例研究资料收集过程

研究紧扣水稻化肥农药减量增效技术推广来选择调查对象、设计调查内容，从而提高案例研究信度和效度。本节数据收集方法与过程主要包括：

第一，网络信息收集。调研前期收集关于本案例的相关文献、报道以及政策等信息，初步把握萧山地区减量增效技术的推广政策、推广现状和生产性服务发展状况。

第二，实地调研。2017 年 8 月赴萧山区戴村镇进行实地调研，10 月进入戴

---

① 资料来源：浙江省植物保护检疫局印发的《关于印发 2017 年浙江省农作物病虫害专业化统防统治与绿色防控融合推进工作方案的通知》（浙植〔2017〕14 号）。

② 在萧山区重点研发与推广应用的减药增效技术主要包括：载体植物系统的土著天敌保护和促进模式；生态工程保护天敌治虫技术，包括在稻田机耕路两侧种植诱虫植物香根草、在田埂上种植向日葵、芝麻等显花植物；生物诱集水稻螟虫技术；二化螟区域治理技术；赤眼蜂控制稻纵卷叶螟田间释放技术、微生物农药等非化学防治技术；自走式大型喷雾器、农用无人机等新型植保器械引进及其田间应用技术；生物农药筛选及其应用技术；高效低毒低残留的应急防控化学药剂筛选及其田间应用技术；水稻主要虫害自动化监测技术等。

村镇进行补充调研。调研对象包括稻农（包括农户和家庭农场）、农技推广人员、农资经销商和当地专业服务合作社负责人，主要通过访谈（开放式访谈和非结构性访谈）与问卷调研的方法，详细收集当地技术推广体系、减量增效技术推广现状与推广服务模式、农户减量增效技术采纳现状与问题等方面的一手资料。具体调研情况如表6-18所示。

第三，档案记录。收集萧山区政府植保部门和农技推广部门围绕推进减量增效技术推广发布的相关政策文件、年度报告、工作记录等二手资料作为一手资料的补充。

表6-18 案例调研情况

调研对象	调研地点与时间	调研内容	调研方法
稻农	稻农家中 各户约30分钟	稻农采纳的农药减量增效技术及其效益、农药减量增效技术采纳困难、获得的配套服务及其服务方式等	调查问卷/结构访谈
农业局首席植保专家、植保农技员	农业局植保站办公室约2小时	当地主推的水稻化肥农药减量增效技术、农药减量增效技术推广体系与扶植政策、农药减量增效技术推广现状及主要困难、当地水稻农药减量增效示范区建设情况	结构访谈
农药经销商	经销商店中约1.5小时	当地水稻农药的主销品种、当地稻农农药使用习惯	结构访谈
广通合作社负责人	合作社门店中约2.5小时	广通合作社发展历程与组织建构、合作社在当地农药减量增效技术推广和配套服务中的定位、作用和运作机制等	结构访谈

注：稻农包括萧山区散户10户和家庭农场3户。

三、化肥农药减量增效技术推广经验

（一）发展专业化生产性服务应对复杂性难题

与常规种植方式相比，减量增效技术复杂性普遍较高，主要体现在需要增加劳动力投入、更新物资与设备投入以及增加技术学习难度3个方面。鉴于此，降低技术的复杂性是实现减量增效技术推广的必要条件。

1. 减量增效技术与专业化统防统治融合

减量增效技术与专业化统防统治融合是萧山区实现农药减量增效技术扩散的主要方式。早在2013年浙江省农业厅就提出了整建制推进专业化统防统治的理念，即按照组织化、规范化和专业化原则组建服务方式和服务队伍，将散户吸收到统防统治服务中来，提高地区统防统治的整体水平。萧山区在整建制基础上，

以本地专业植保合作社为依托实现了统防统治与水稻农药减量增效技术的有机融合。

　　杭州广通植保防治服务专业合作社是萧山地区农药减量增效技术与专业化统防统治融合的主要承担者。2007 年，在萧山区农业局和植保站的支持下，杭州广通农业生产资料有限公司联合部分农技推广人员、经销商、植保防治作业人员和种粮大户成立了杭州广通植保防治服务专业合作社（以下简称广通合作社），下设技术推广部、技术组、市场部、销售部和办公室（见图 6-1）。萧山区政府在广通合作社建社之初提供了大量的技术和资金支持并无偿提供农作物重大病虫应急防控用的背负式机动喷雾机 400 台。广通合作社秉承"自主经营、自负盈亏、自我发展"的发展理念，主要为当地稻农提供植保防治作业服务、测土配方施肥作业服务、喷雾器械维修服务、机械设备及配件销售、植物保护防治咨询与技术服务等。截至 2016 年，广通合作社累计为萧山区 9.4 万户农户的 50 余万亩进行了植保服务，累计开展整建制统防统治与减药增效融合示范区建设 16312 亩①。2011 年，广通合作社被评为浙江省首批"省级示范性植保服务组织"；2012 年被评选为"全国百强专业化统防统治服务组织"。

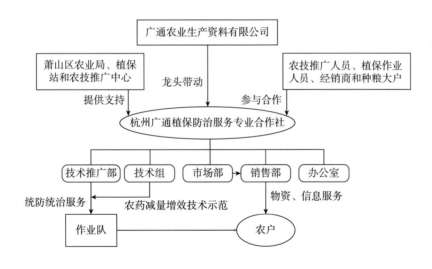

图 6-1　杭州广通植保防治服务专业合作社结构

　　广通合作社主要通过建立村级统防统治作业服务队的方式来实现农药减量增效技术与专业化统防统治的融合，各个村级作业队将技术组筛选的技术创新成果

①　资料来源于广通合作社。

融合到统防统治过程，在规范化植保作业的同时落实减量增效技术。广通合作社成立之初仅组建了 16 支统防统治作业服务队，截至 2017 年已经扩张到覆盖 14 个街道和镇的 97 个服务队，27 个分社。① 合作社统一筛选、培训植保人员，通过制定多项管理制度②、建立植保服务档案（统防统治田间作业时间、防治对象、用药情况等）来全面规范服务队的植保行为，并且统一配置植保器械，发放植保配方。广通合作社及其服务队采取完全市场化的运作方式，合作社向服务队适当收取 10 元/亩的技术服务，作业队再根据每个村子的补贴情况向农户收费，在服务农户的同时也创造了盈利。

广通合作社及服务队享受政府提供的服务补贴。作为浙江省财政支持粮食生产综合改革试点县，2015 年萧山区出台《萧山区财政支持粮食生产综合改革试点工作实施方案》，规定"开展水稻病虫统一防治服务补贴 50 元/亩，对加入联合社的开展水稻病虫统一防治服务的补贴标准提高到 70 元/亩，补贴金额中的 80% 用于抵扣服务对象应付的服务费用"。防治补贴资金按照萧山区农业局—服务主体—作业队—服务农户的顺序发放。2017 年，萧山区还专门创建了农作物重大病虫害统防统治与农药减量增效融合项目，以项目扶持的形式总共投入配套建设资金 108.1 万元，主要用于相关设备的采购、安装与维护，包括香根草、蜜源植物种子、性诱剂、诱捕器等；新型高效植保机械的购买、维护和维修；工作人员的技能培训、农民培训、现场会等。

2. 减量增效技术与专业化统防统治融合优势分析

以组建作业队的方式推进农药减量增效技术与专业化统防统治融合，其优势主要体现在以下两个方面：

（1）降低了实施减量增效技术的复杂性。通过在当地调研得知，稻农面对劳动力和资金的双重约束（萧山区种稻雇工成本高达 150~170 元/工日·人，平均种植成本在 1000 元/亩以上），一旦新技术要求增加劳动力或者过度提高成本会引起农户的反感。减量增效技术与专业化统防统治融合，与稻农自主实践减量增效技术相比，一方面替代了稻农的植保劳作、技术学习和物资投入过程，从而直接减少了农户的植保压力；另一方面也充分发挥合作社专业化、规范化的统一作业优势，以及物资采购上的议价优势。此外，减量增效技术与专业化统防统治融合取代了传统技术推广中"教"与"学"的过程，直接提高了技术的采用率。对资金密集型和知识密集型技术来说，其能够显著减少农户的资金压力和学习成

---

① 资料来源于广通合作社。

② 广通合作社制定的管理制度包括《合作社章程》《统防统治服务管理暂行办法》《农药供应与诚信服务公约》等 11 项，分别规定了合作社、社员、作业服务队、技术人员的具体职责和义务。

本，对于劳动密集型技术来说，则有效减轻了稻农的种植压力，间接提高了稻农技术采纳能力。

我非常愿意参加统防统治，我家里只有2个人种地，让我搞这些技术我也没有能力，如果政府统防统治了，帮我打药，还帮我用这些技术，那我肯定非常愿意。（根据2017年8月对萧山区散户徐某的采访整理）

（2）提高了服务范围和服务能力。与合作社直接承担植保作业相比，村级服务队员主要为本村村民，以村干部或农资经销服务人员为主要责任人。这种组成方式提高了合作社的服务范围和服务能力，能够惠及更多农户，同时也将合作社品牌信誉与本地的社会资本网络优势相结合，提高了稻农对服务队的信任程度，一定程度上缓解了植保服务的高风险。

植保的生产风险很大，农户的标准不一样，自然风险也有，但是我们本村的服务队雇用的都是本村的村民，利用这种亲近的关系减少了很多不必要的纠纷，尤其是村组织还参与了，对双方都进行监督，减少了不必要的麻烦。

我们合作社刚开始推广统防统治的时候，农户的参与度并不是很高，后来随着我们建立了村一级的植保队伍，种粮大户都参加我们合作社了，稻农看到了统防统治的效果，随后慢慢地都愿意参加了。（根据2017年8月对广通合作社蔡社长的采访整理）

可见，萧山区通过以减量增效技术与专业化统防统治融合的方式实现了技术的有效推广，并且有意识地引入社会资本参与其中，充分发挥出了专业服务合作社在技术推广与服务中的专业化和规范化优势。广通合作社作为本地减量增效技术研发的参与者、示范项目的承担者和统防统治服务的实践主体，将统防统治服务与减量增效技术推广在同一个合作社内进行资源整合，有效降低了技术的推广成本，加速了技术在本地区的扩散。

（二）示范效应和社会学习相融合的技术推广渠道

本书第五章对稻农技术采纳行为的分析表明，技术示范区和农户之间的社会网络是减量增效技术推广的有效渠道。技术示范区作为专业群体与普通农户异质化沟通的重要渠道，为农户提供了观察和学习技术的场所，从而促进了资金密集型技术和知识密集型技术的采纳。农户与农户之间的社会网络及其中的社会学习作为另一种传播渠道，能够通过同质群体的交流有效地促进劳动密集型技术和知识密集型技术的采纳。萧山区在减量增效技术推广过程中，通过将本地专业植保合作社和规范化家庭农场纳入示范区的运作中，实现了技术示范效应与社会学习效应的有机结合，从而加速了技术推广。

1. 研究、示范与现场培训结合强化示范作用

建立农药减量增效技术示范区是萧山区减量增效技术推广的重要方式。从

2014 年起，萧山区率先在义桥丁家庄、瓜沥车路湾、戴村南三、靖江四星、新湾宏波建立了面积达 2000 亩的 5 个水稻病虫减药增效核心示范区。截至 2017 年，全区已经建立了 22 个水稻农药减量增效技术核心示范区，示范面积达 9736 亩，同时建有国家级示范区 1 个，省级示范区 6 个，健康稻田示范区 1 个。① 农药减量增效技术示范区不仅是综合性科研试验场地，更是技术培训与观摩学习基地，多次承办全国农作物病虫害减药增效现场会，并为当地农户举办各类技术培训班等。

建立示范区有助于减量增效技术推广的原因在于，减量增效技术，尤其是资金密集型技术和知识密集型技术（主要包括性生物诱集水稻螟虫技术、赤眼蜂控制稻纵卷叶螟田间释放技术以及自走式大型喷雾器等新型植保器械等）分别需要投入较高的资金成本和学习成本，农户会担心技术失败为自己带来较大的效益或产量损失。技术示范区的设立，让稻农能够亲眼观察到安置诱捕器、更换诱芯、释放赤眼蜂等操作过程，以及诱捕器、植保无人机等设备的病虫害防治效果。这个过程显著提高了农药减量增效技术的可试性和可观察性，并且引起农户之间关于技术的讨论，从而打消了稻农对技术有效性和技术风险的疑虑。可见，减量增效技术示范区可以成为关键技术集成、水稻生产与促进水稻绿色生产转型之间的桥梁。

2. 意见领袖参与示范区运营实现多元化扩散

萧山区政府与本地新型经营主体在示范区的运作上分工明确：萧山区农业局与萧山区农业科学技术研究院提供技术支持和配套设备，本地专业植保合作社和规范化家庭农场负责具体实施和田间管理。创新扩散理论强调，在社会地位、经济地位、教育背景和生产特征相似的群体中，同质性的观察和沟通是说服潜在技术采纳者最有效的方式。相比于专业的农技推广人员，本地专业服务合作社及规模化的家庭农场与本地稻农处在相同的生产环境、政策和目标下，但又普遍具有较高的经济、社会地位和创新精神，成为本地的"意见领袖"。它们作为地域范围内的人际关系网中心，本身就与周边农户有着很高的交流频率，是农户生产的信息来源和学习对象。由它们来负责合作社的具体实施和田间管理，一方面，农户可以更随意地、近距离地观察技术效果、询问生产信息，提高技术的可试性和可观察性；另一方面，本地专业服务合作社及家庭农场向农户传达的技术信息通过体系内部的非正式结构对周边农户发挥影响，更容易被认可和参照，从而促使稻农知识获取、态度与行为的形成和改变。

将本地专业植保合作社和规范化家庭农场纳入示范区的运作中能够同时糅合

---

① 资料来源于萧山区植保站。

农技推广的专业性和本地生产者的可信度，充分利用本地组织与农户之间的密切沟通来放大减量增效技术示范区的示范效应和新型经营主体的带动作用，从而更好地实现技术在本地的扩散。

　　周边的散户都是跟我学的，他们遇到技术问题了就来问我，因为我种的面积比较大，跟农技员走得比较近，所以散户也很相信我。（根据2017年8月对萧山区家庭农场主王某的采访整理）

　　基于此，萧山区减量增效技术不再是以政府为中心的单向扩散，而是依赖技术示范区以及社会关系网络进行的非中心化多元化扩散。在短期内无法提升目标群体教育水平和技能水平的情况下，这种示范区的运作方式有效提高了散户对减量增效技术的接受效率。

　　针对萧山区减量增效技术推广这一块，每年我们农技推广中心统一组织大量的试验和试点示范工作，有了专业植保合作社这些新型经营主体后，他们的技术人员也参与到我们的试验和示范中，明显加速了减量增效应用技术的实践和推广。（根据2017年8月对萧山区农技推广中心首席植保专家王技术员的采访整理）

　　（三）分工明确的多维度配套服务

　　减量增效技术的实施较一般种植技术更依赖植保信息、测土信息与物资信息相配合。前文对稻农配套服务需求的分析也表明，植保信息、测土信息和农资信息都是稻农需要的减量增效技术配套服务，尤其是植保信息。鉴于此，如何优化生产信息的发布方式和发布渠道，以及如何为农户提供物资的市场信息和购买渠道也是实现减量增效技术推广的关键环节。萧山区在减量增效技术推广过程中，通过发展"技术+信息+物资"的多维度配套服务来加速技术推广。

　　鉴于植保信息是稻农减量增效技术配套服务中最需要的服务项目，因此这种公益性、普惠性的服务成为政府加强农业减量增效技术推广的重要手段。萧山区植保站在完善落实重大病虫发生防控信息报告制度和首席预报员制度基础上着力加强水稻病虫害的监测、预报和预警，并进一步推进重点病虫监测情报的可视化和数字化建设。植保方案、防治时间等各类植保信息通过政府植保站和广通合作社平台同时发布。广通合作社通过网站、门店黑板报与《水稻绿色防控技术》手册年均向农户发送各类植保信息10000余条。

　　对于物资服务来讲，同质群体内的互相观察与沟通是最有效的说服方式，因此基于地缘、亲缘关系建立且具备较强技术实力的专业合作社成为物资服务供应的最优选择。广通农业生产资料有限公司在广通合作社内部下设市场部和销售部，强化了合作社的物资服务功能。直接为稻农提供了低毒高效的除草剂、杀虫剂、杀菌剂、生物农药、缓释肥等优质物资的市场信息和购买渠道，并且将这些物资运用于统防统治中，提高了物资的普及速度。

因为我们在本地农资方面的影响力很大，因此很多农资厂商也来跟我们合作，比如，浙江天一农化有限公司、北京燕化永乐农药有限公司，甚至还有国外的德国拜耳作物科学公司、美国杜邦公司。有我们在本地选择、试验和推广新型的、安全的农药，农户就不太可能去买违禁农药。（根据2017年8月对广通合作社蔡社长的采访整理）

四、化肥农药减量增效技术推广案例小结

总结萧山区技术推广的经验，水稻化肥农药减量增效技术推广需要立足于减量增效技术属性与农户实践减量增效技术需求，将专业服务合作社等新型经营主体纳入其中，实现政府与新型经营主体分工协作，以及公益性服务与经营性服务融合，在传统技术推广体系基础上构建服务体系（见图6-2）。

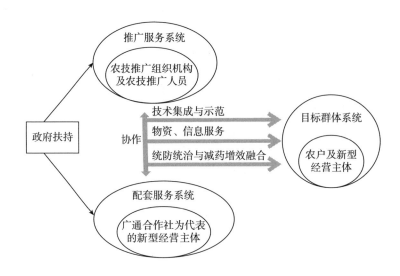

图6-2　萧山区农药减量增效技术推广模式

具体来讲，鉴于减量增效技术具有明显的"准公共性"，政府农技推广部门的牵头和扶持作用必不可少。相关部门应在减量增效技术示范区创建以及提供政策、资金与补贴等方面发挥基础建设作用，为稻农提供植保信息、测土信息、农资信息、技术培训、免费物资等普惠性、公益性配套服务以及统一供种供秧、统防统治、农资统购等经营性服务。专业服务组织等新型经营主体则应负责示范区的具体运作，承担统一供种供秧、统防统治、物资统购等经营性服务的具体实践，并成为政府在技术研发、技术宣传等方面的补充力量。新型经营主体在推动

减量增效技术推广上的优势，一方面体现在借助组织在本地的人力资本与社会网络优势强化了技术推广体系与农户群体的沟通效果，放大了技术的示范和带动效应；另一方面表现在凭借市场化、专业化、规模化服务模式满足稻农个性化的服务需求。

从杭州市萧山区农药减量增效技术推广经验来看，加快水稻化肥、农药减量增效技术的推广可以从降低技术复杂性影响、优化技术传播渠道、发展生产性服务等方面入手。首先，通过统防统治与减量增效技术融合推进减量增效技术的扩散，有利于减小减量增效技术复杂性对稻农采纳的影响。其次，将本地专业植保合作社和规范化家庭农场等新型经营主体纳入示范区的运作中，能够实现技术示范效应和社会网络学习作用的有机结合，放大技术示范和带动效果。最后，发展"技术+信息+物资"的多维度配套服务，优化生产信息的发布方式和发布渠道，为农户提供相关物资的市场信息和购买渠道。

从政府和新型经营主体在减量增效技术推广中的分工与协作来讲，除了要发挥政府基础性的引导与支持作用，还要将新型经营主体纳入其中，实现政府与新型经营主体协作分工、公益性服务与经营性服务融合发展。政府农技推广部门应在减量增效技术研发、技术示范区创建以及提供政策、资金与补贴等方面发挥基础作用，为稻农提供植保信息、测土信息、农资信息、技术培训、免费物资等普惠性、公益性服务以及为农户统一供种供秧、统防统治、农资统购等经营性服务。专业化服务组织等新型经营主体则应负责示范区的具体运作，承担统一供种供秧、统防统治、物资统购等经营性服务的具体实践，并成为政府在技术研发、技术宣传等方面的补充力量，充分发挥新型经营主体在本地的社会网络优势以及规模化、专业化的服务优势。

第七章 化肥农药减量增效技术集成推广政策优化

围绕如何实现化肥农药减量增效技术的集成推广问题，本书前六章已经分别从技术采纳、技术扩散和社会化服务视角构建实证模型并展开了探讨。政策设计将最终影响到技术集成推广的落实效率。为提升减量增效集成推广政策的激励效用，以及为政府开展减量增效技术推广政策方案制定提供参考依据，本章将围绕化肥农药减量增效技术推广政策优化问题开展两个方面的研究：第一，梳理现有政策内容，结合我国农业绿色化转型进程，明确减量增效技术集成推广政策优化方向。第二，立足生产端破解生产禀赋约束和消费端形成绿色市场激励有机融合的基本思路，设计综合生产补贴机制、绿色产品认证、绿色消费、生产性服务等多种工具的减量增效技术集成推广政策方案，并综合运用选择实验法、混合Logit 模型与潜类别模型等，测算农户对各项政策属性的选择偏好、预期反映、接受意愿及其异质性，明确减量增效技术集成推广的政策条件，最终形成可引导、激励农户采纳化肥农药减量增效技术的集成推广政策，为政府构建整体协调、全面发展的绿色技术推广体系提供决策依据，加速创建减量增效技术集成推广长效机制。

第一节 推进化肥农药减量增效行动政策梳理

一、国家层面政策梳理

目前我国政府为了积极推进化肥农药减量增效行动的落实，有效激励生产主体化肥农药减量施用，连续出台了诸多政策方案。2015 年，为大力推进化肥减量提效、农药减量控害，积极探索产出高效、产品安全、资源节约、环境友好的现代农业发展之路，农业部①制订了《到 2020 年化肥使用量零增长行动方案》和《到 2020 年农药使用量零增长行动方案》，提出了基本原则、技术路径、重点任务和保障措施等指导内容。

其中，化肥使用量零增长行动保障措施包括：

第一，加强组织领导。通过农业部牵头组织相关单位相关人员成立领导小组，从而加强化肥减量增效行动的协调指导，推进各项措施落实。

第二，上下联动推进。建立上下联动、多方协作的工作机制。要充分发挥教学科研机构和行业协会的技术信息优势，鼓励开展技术推广、政策宣传、技术培训、服务指导等工作。

第三，完善扶持政策。支持秸秆还田、绿肥种植、增施有机肥和水肥一体化、机械施肥等技术推广。对新型经营主体、适度规模经营提供科学施肥服务和施用有机肥、配方肥、高效缓释肥料予以补助，同时为技术的推进提供金融、保险、税收等政策保障。

第四，强化技术支撑。成立化肥使用量零增长行动专家指导组，从技术的研发到技术的具体实施，提出技术方案，开展指导服务。

第五，加强宣传培训。主要通过广播、电视、报刊、互联网等媒体，向农户宣传相关知识，增强农民科学用肥意识，营造良好社会氛围。

第六，加强法制保障。抓紧制定出台《耕地质量保护条例》和《肥料管理条例》，加快建立健全耕地质量保护和肥料管理的各项规章制度。

农药使用量零增长行动保障措施包括：

第一，强化组织领导。农业部牵头组织相关单位相关人员成立领导小组，加强农药减量增效行动的协调指导，推进各项措施落实。

第二，上下联动推进。建立上下联动、多方协作的工作机制。其中要充分发挥教学科研机构和行业协会的技术信息优势，鼓励开展技术推广、政策宣传、技术培训、服务指导等工作。

第三，强化政策扶持。落实植物保护工程建设项目，建设覆盖重点区域、重点作物的病虫监测网络。将航空植保机械纳入农机购置补贴范围，提高大中型植保机械购置补贴标准。加大重大病虫统防统治、低毒生物农药使用、防治组织植保机械和操作人员保险费用的补贴力度，启动实施绿色防控示范项目。

第四，发挥专家作用。成立农药使用量零增长行动专家指导组，提出具体的技术方案，开展技术指导服务，把各项关键技术落实到位。结合实施新型职业农民培训工程、农村实用人才带头人素质提升计划，重点培养种粮大户、病虫防治

---

① 2018 年国务院机构改革，撤农业部，新组建农业农村部。

专业化服务组织技术骨干，提高科学用药对水平。

第五，加强法制保障。制修订《农药管理条例》和《农作物病虫害防治条例》，推进依法植保。强化农药市场监管，打击制售假劣农药行为，维护农民利益。

第六，强化宣传引导。充分利用广播、电视、报刊、互联网等媒体，大力宣传绿色防控技术和科学用药知识，增强农民安全用药意识，营造良好社会氛围。

根据农业部统计，2017 年，农药使用量已连续三年负增长，化肥使用量已实现零增长，提前三年实现了 2020 年化肥、农药使用量零增长的目标①。2021年，农业农村部表示，推出举措和各类顶层设计推动农业生产方式全面绿色转型，力争到 2025 年化肥农药利用率再提高 3 个百分点。结合《〈到 2020 年化肥使用量零增长行动方案〉推进落实方案》《2020 年农业农村绿色发展工作要点》以及农业农村部新闻②③，目前我国政策推进化肥农药减量增效的具体措施包括：第一，充分发挥示范县引领作用，每年在 300 个县开展化肥减量增效示范，在600 个县建设统防统治与绿色防控融合示范基地；第二，组织技术培训，通过组织种植大户、植保专业服务组织的技术骨干和农民带头人等培训，带动小农户生产转型；第三，加强科技支持，加强技术研究创新，优化施肥和用药模式；第四，发挥新型经营主体的作用，指导家庭农场、合作社、龙头企业等新型经营主体带头减肥减药；第五，开展社会化服务，鼓励新型经营主体开展代耕代种代收、肥料统配统施、病虫统防统治等服务，同时加强政府购买服务，对有机肥进行补助等措施，推动化肥农药减量增效。

二、省份层面政策梳理

山东省政策陆续出台了多项相关政策以激励和推进山东省化肥农药减量增效行动。山东省结合调研和专家论证，制定了《山东省 2016—2020 年化肥减量使用行动方案》《山东省农药转型升级三年行动计划》《山东省农业农村厅关于扎实推进有机肥替代化肥行动的通知》等，通过设立各项目标任务和具体措施，有效推动小麦、玉米、蔬菜、苹果等重点产业的减量增效。结合 2020 年度山东省

---

① 汪亚. 农业部：促进化肥农药减量增效取得明显成效［N/OL］. 新华网，［2017-12-22］. http：//www. xinhuanet. com/politics/2017-12/22/c_ 129772091. htm.

② 乔金亮. 化肥农药用量零增长目标实现［N/OL］. 中国经济网，［2021-01-18］. https：//politics. gmw. cn/2021-01/18/content_ 34550456. htm.

③ 董峻，胡璐. 农业部：化肥农药减量增效将重点抓好三方面［N/OL］. 新华社，［2018-03-06］. https：//app. www. gov. cn/govdata/gov/201803/06/421160/article. html.

农业厅相关新闻①，梳理具体的保障措施如下：

化肥使用量零增长行动保障措施包括：

第一，加强组织领导。通过统筹规划，重点部署，在试点地区成立领导小组和技术指导小组。

第二，争取省财政项目。具体包括专项资金的支持，采取财政扶持、信贷支持等政策措施，培育新主体、新业态、新产业，引导社会资本参与有机肥产业发展。

第三，加强宣传培训与示范。由山东省省农业厅牵头，积极组织化肥农药减量增效技术培训，培训对象主要涉及农村质管员、新型经营主体负责人、科技带头户等。组织群众开展现场观摩、技术培训等活动。积极应用广播、电视、物联网、自媒体等信息化手段，提高技术到位率。大力示范推广果菜有机肥替代化肥技术建立不同规模、不同作物的有机肥替代化肥技术示范区，构建成县域全覆盖的有机肥替代化肥示范网络，方便各类经营主体就近观摩、邻里传教。

第四，资金补贴。积极争取财政专项经费，推动出台商品相关产品生产减税、使用补贴等政策，对减肥新产品（有机肥、缓控释肥、生物肥、配方肥等）、新技术（水肥一体化、深耕深松、秸秆还田等）给予补贴。

第五，搭建信息化技术服务平台。利用现代信息技术建立平台，完善施肥专家查询终端、自媒体（手机短信、微信）等技术服务系统，形成立体式、全方位技术服务平台。

第六，优化技术服务。创新服务机制，加快培育专业化堆肥、施肥服务组织，开展有机肥集中堆沤、统一施用、统一技术指导服务。通过社会化服务带动，产业化服务拉动，金融服务促动，扎实有效推进有机肥替代化肥工作。

农药使用量零增长行动保障措施包括：

第一，加强组织领导。通过统筹规划，重点部署，在试点地区成立领导小组和技术指导小组。

第二，加强宣传培训。由山东省农业厅牵头，积极组织农药减量增效技术培训，多渠道、多层次开展绿色防控技术培训，培训对象主要涉及农村质管员、新型经营主体负责人、科技带头户等。

第三，推进示范项目。组织实施病虫害绿色防控技术集成与示范、耕地质量提升计划农药残留治理等项目与示范区的建设，带动绿色防控技术推广。

第四，扶持社会化服务。积极组织开展专业化统防统治，因地制宜推广高效

---

① 山东：扎实推进化肥减量增效试点［EB/OL］．［2016-08-01］．https：//news.cnhnb.com/rdzx/detail/117069/．

大中型施药机械和植保无人机等现代植保机械，提高服务组织装备水平，以小麦、玉米等粮食作物为重点，鼓励开展整建制、全承包统防统治服务作业。

三、已有政策总结与优化方向

综合已有的农业投入品减量增效行动推广政策，目前我国政府的激励政策主要可以归纳为以下三个方面：第一，营造农业投入品减量增效的浓厚社会氛围。构建政府引导、企业主体、涉农部门参与，上下联动、多方支持的技术推广格局，一方面从上至下开展投入品减量增效技术的宣传和示范，形成良好的社会氛围；另一方面多主体、多方式开展技术培训和指导，提高技术实践能力。第二，为农业投入品减量增效提供保障措施。通过以保险、补贴为主要手段的金融支持政策，降低农户技术采纳门槛，为农户实践减量增效技术提供直接的资金支持和鼓励，降低技术采纳风险。第三，创新农业投入品减量增效社会化服务机制。大力推进相关社会化服务体系建设，尤其是发挥出新型经营主体的服务作用，并且结合推行政府购买服务，支持农民、企业和新型经营主体开展化肥农药减量等社会化服务等方式实现激励机制的创新。

目前，完善化肥农药减量增效技术集成推广机制需要实现两大突破：技术上需要加速"一揽子"减量增效技术集成推广，发挥多项技术之间的协同效应以实现综合效益最大化；主体上需要解决规模庞大、超量严重的小农户群体减量难题。为此，要设计有效衔接小农户与减量增效技术的政策机制，实现农业投入品减量化的突破性进展，第一，应沿着提升小农户技术采纳能力的思路，对既有生产端减量增效政策进行调整（张露、罗必良，2020）。第二，市场类政策对生产主体的激励方式更加灵活，手段柔和，提供了自我减量的可能性。随着我国消费结构升级（李岩等，2020），发挥绿色消费对生产激励作用的条件逐渐成熟（何可、宋洪远，2021），因此优化小农户的引导政策设计还需沿着市场化思路对消费端政策进行调整，以激励农户形成可持续的自我减量行为（王海芹、高世楫，2016）。

第二节　农户技术集成推广政策偏好

2021年3月，习近平总书记提出要把碳达峰、碳中和纳入生态文明建设整体布局，实现2030年前碳达峰、2060年前碳中和的目标。在我国"双碳"目标的"硬约束"下，农业要实现持续减碳还面临两个方面的挑战：一方面，农业经营分散，碳排放核算困难，被排斥在碳交易市场之外，使农业经营主体缺乏来自市场的减排激励；另一方面，农业投入品减量增效技术高度集成化与"精英移民"道路留下的"弱质化"务农人口矛盾突出（叶兴庆，2017）。上述两方面挑战，使化肥农药减量增效技术推广具有明显的环境外部性。解决环境外部性主要有庇古税和市场交易机制两种思路：前者基于市场失灵和外部性理论，通过补贴、税收等手段解决个人成本与社会成本的不一致；而后者基于产权理论，主张在清晰界定产权的前提下通过交易来消除外部性。在农业绿色生产领域，当前主流政策如绿色生产补贴、投入品定额管理等大都属于前者，但由于农业面源污染来源分散，难以准确衡量污染损失，此类政策具有很大局限性。党的十八大以来，我国绿色发展政策工具类型日趋多样化，逐步建立了排污权交易与碳排放交易体系（王海芹、高世楫，2016）。虽然国家已经明确了农业绿色低碳技术发展"政府引导、市场驱动"的基本原则，但当前主流政策如绿色生产补贴、投入品定额管理等大都是政府主导，基于市场交易和激励公众参与的政策工具严重不足。可见，在难以利用碳交易市场形成直接激励的前提下，如何构建起以市场化为导向的引导政策，是实现小农户绿色低碳转型亟须解决的问题。

国内关于农业投入品减量增效类绿色低碳农业技术推广政策的研究主要集中在生产端政策需求和补贴政策效果评估两个方面（陈儒等，2018；王天穷、顾海英，2019）。例如，徐涛等（2018）研究发现，农户对不同膜下滴灌技术政策属性的偏好从强到弱依次为耕地整理、技术指导、工时补贴和设备补贴形式，而对参与补贴政策存在一定的抵触情绪。张标等（2018）和陈海江等（2019）均指出，现有补贴政策具有明显的"规模倾向"，小农户被排除在政策工具的门槛之外，导致对现有绿色低碳技术补贴政策的响应普遍不足。总结来看，当前研究主要存在以下不足：从研究内容上看，集中于讨论生产端政策需求，对如何开展具体政策设计探讨得不够深入，同时针对消费端政策的讨论多以定性研究为主，在农业绿色转型领域如何起效尚缺少充分的实证依据；从研究方法上看，大多采用二元或有序离散选择模型分析农户政策偏好，只能针对单一政策内容且脱离了政策的实施环境。

综上，针对小农户群体的化肥减量增效集成推广难题，本节立足生产端破解生产禀赋约束和消费端形成绿色市场激励有机融合的基本思路，设计综合生产补贴机制、绿色产品认证、绿色消费、生产性服务等多种工具的减量增效技术集成推广政策方案，并利用山东省小麦主产区 292 户农户调查数据和选择实验法、混合 Logit 模型与潜类别模型等，测算农户对各项政策属性的选择偏好、预期反映、接受意愿及其异质性，最终形成引导、激励农户集成采纳减量增效技术的建议，优化农业投入品减量化的政策逻辑与政策设计。

本节创新点主要体现在以下两个方面：第一，近年来，随着经济快速发展，消费需求持续增长、消费拉动经济作用明显增强。为了进一步贯彻绿色发展理念，国家积极引导全社会实践绿色消费，通过鼓励绿色消费反作用于生产方式与生产结构，推动农业生产方式转变，从而促进农业综合生产能力提高和推进农业增长方式转变，因此本节创新性地将鼓励绿色消费政策与绿色农产品认证作为消费端政策属性进行分析，并将其与传统生产端生产补贴和生产性服务政策进行结合。第二，传统的技术推广策略多针对的是单项生产技术，而实现减量增效技术的集成推广与单项技术相比，提升了各项生产要素的投入要求，对推广政策的支持方式与支持内容需求也不尽相同，因此本节从集成推广需求出发设计政策属性与水平，从而归纳一般技术扶持政策与集成推广扶持政策的差异。

一、集成推广政策选择实验设计

（一）属性与水平设计

本节结合发达国家农业绿色低碳技术引导政策经验，以增强绿色低碳技术市场激励为出发点，围绕生产端节本与需求侧增效设计农业绿色低碳转型引导政策方案。生产端节本，就是强调市场机制在要素配置中的决定性作用，以生产补贴降低绿色低碳技术及配套设施成本，以生产性服务降低绿色低碳技术采纳门槛。消费端增效，就是利用现阶段民众对优质农产品的需求，发挥绿色消费对绿色转型的激励作用，形成可持续的低碳生产行为。具体选择实验属性和水平设定如表7-1所示。

表7-1 选择实验属性设置

属性	水平 1	水平 2	水平 3	水平 4
生产补贴	高效环保肥料补贴	水肥一体化等低碳项目的专项补贴	耕地地力保护补贴	综合补贴
生产性服务	农膜秸秆统一回收处理	全程托管服务	—	—
绿色产品认证	无绿色产品认证	绿色产品认证	绿色产品认证+生产标准化	绿色产品认证+区域公用品牌
政府绿色采购	无政府绿色采购	政府绿色采购	—	—
绿色低碳技术支付成本变化率	基本不变	增加10%	增加30%	增加50%

1. 生产补贴

政府瞄准生产主体设计有条件支付机制，构建科学合理的技术补偿政策，不仅是解决投入品减量化市场"失灵"的有效路径（黄晓慧等，2020），也是帮助小农户克服资源禀赋不足，提高技术采纳能力的有效方式。20世纪80年代以来，美国和欧盟专门设置了公共生产补贴政策支持开展生态农业的农户（韩洪云、夏胜，2016）。目前，我国已探索实施的化肥"零增长"行动补助主要是由政府提供的有机肥、配方肥、缓释肥等物资补贴，以及水肥一体化等个别技术的专项补贴等①。相比单项技术，减肥增效集成技术包含了资金密集型、劳动密集型、知识密集型子技术，提高了农户在机械、物资、知识和劳动力的总投入，也分别提升了物资、基建、生产等环节的补偿需求。为明确农户对不同补贴环节和补贴方式的需求差异，将集成技术生产补贴机制进一步分解为物化补贴、设施建设、单项技术补贴和综合补贴四项补贴模式，分别将生产补贴水平设置为"高效环保肥料补贴""水肥一体化等低碳项目的专项补贴""耕地地力保护补贴"和"综合补贴"4个水平，并将"高效环保肥料补贴"设置为基准水平。

2. 生产性服务

生产性服务是由政府委托专业化服务队或合作社等市场主体，为农户提供统防统治、机耕、机插、机收等准公共或非公共性领域的作业服务，是将小农户引入投入品减量化转型轨道中的重要方式，有助于实现生产、农艺和管理的集约化与专业化。2021年，农业农村部提出要重点满足小农在粮食等重要农产品生产中的关键领域和薄弱环节的专业化服务需求。政府购买生产性服务可以同时破解农户自身的劳动力、经历和能力等约束，从而解决了集成采纳过程中精力、能力不足导致的"做不到"或"做不好"问题。绿色低碳生产技术的外部性决定了相关生产性服务的公益性质，政府提供农膜秸秆统一回收处理等服务解决了农户在部分关键环节的生产难题。随着土地托管日渐兴起，集中连片托管模式在替农户实现生产作业的同时将实践减量增效技术任务委托给专业托管组织，全程贯彻专业化、综合化的减量增效生产模式，成为减量增效技术集成推广的有效尝试。在减肥增效技术集成推广目标下，政府需要进一步优化"服务菜单"以满足农户的需求，因此将生产性服务变量的属性水平设为"农膜秸秆统一回收处理"和"全程托管服务"2个水平，并将"农膜秸秆统一回收处理"设置为基准水平。

---

① 如《山东省农业农村厅关于扎实推进有机肥替代化肥行动的通知》（鲁农土肥字〔2020〕4号）、《关于加快发展节水农业和水肥一体化的意见》（鲁办发〔2016〕41号）等。

3. 绿色产品认证

绿色产品市场普遍存在信息不对称的问题，绿色农产品认证为买方提供了行之有效的信号甄别机制，有助于提升消费者对绿色产品的信任程度和额外支付意愿（周洁红等，2015），同时也制约了卖方的机会主义行为，激活了农户绿色发展的内生动力和减量化的自我执行机制（邓少军、樊红平，2013）。由于我国绿色产品认证管理机制尚不完善，消费者对认证信任程度较低（陈默等，2019），因此在绿色农产品认证的基础上，可以将绿色产品认证分别与产前和产后环节相结合以进一步提升信息的可追溯性。与产前环节结合是令绿色农产品认证与标准化生产结合，实现投入品管控、农兽药残留、品牌打造、分等关键环节标准化生产。与产后环节结合是令绿色农产品认证与区域公共品牌结合，如符合标准的产品允许使用"齐鲁灵秀地品牌农产品"等。区域公用品牌结合"互联网+"销售渠道推进了生产环节与农产品加工流通环节的交叉融合，增加了农产品附加值，提高了产品档次，打开了销售市场，从而提高了种植收益。因此将推动绿色产品认证属性水平设为"无绿色产品认证""实行绿色产品认证""绿色产品认证+生产标准化"和"绿色产品认证+区域公用品牌建设"4个水平，并将"无绿色产品认证"设置为基准水平。

4. 政府绿色采购

当前我国已进入到消费拉动经济作用明显增强的阶段，消费者需求结构升级（李岩等，2019），发挥绿色消费对生产激励作用的条件逐渐成熟（何可、宋洪远，2021）。因此，2016年发展改革委、中宣部、科技部等十部门联合出台了《关于促进绿色消费的指导意见》，以绿色消费倒逼经济发展方式加速转变。政府鼓励绿色农产品消费将有效扩大绿色农产品的销售量和总效益，从而引导农业生产方式与生产结构向绿色化、减量化转型。对于粮食类作物，制定实行政府绿色采购制度，将绿色农产品列入政府绿色采购目录，能够利用政府采购强大的购买能力和示范作用提种粮效益，引导粮食生产模式转变，激发农户减量生产的内生动力。因此将政府绿色采购属性水平设为"无政府绿色采购"和"政府绿色采购"2个水平，并将"无政府绿色采购"设置为基准水平。

5. 减肥增效技术集成采纳意愿变化率

为了充分考察引导机制对绿色技术采纳行为的影响，控制农户资源禀赋等因素所导致的"技术选择偏向"（郑旭媛等，2018），本节并没有以某一种绿色低碳生产技术采纳为对象，而是选择了"一揽子"绿色低碳生产技术包，因而无法通过某项技术的具体实施成本测算农户的接受意愿，而是利用技术包采纳支付成本变化率来衡量不同属性效果，设置"基本不变""增加10%""增加30%"和"增加50%"4个水平。

（二）选择实验任务设计

依据减肥增效技术集成推广政策属性与水平的设定，5 个属性按照全因子设计，可以得到 256 种属性组合，共产生 $C_{256}^2 = 32640$ 个选择集。首先利用 Minitab 软件田口设计程序获得最小任务卡片数量，其次运用 JMP 实验设计程序进行方案设计，剔除存在明显劣势解的情况，最终获得 16 个选择实验任务。为减少选择实验任务数量避免受访者产生选择疲劳（全世文，2016），决定将 16 个选择实验任务随机生成 2 个版本的选择实验问卷，每个版本问卷包含 8 个选择集，每个选择实验任务均包括两个选择方案与一个"不选项"（前述 2 个选择方案都不选）。受访农户被要求从每个实验任务中选择自己最偏好的政策组合。表 7-2 给出了选择实验中使用的 16 个相互独立的选择实验任务之一的样例。

表 7-2 选择实验样例

政策属性	选项 A	选项 B	选项 C
生产补贴	水肥一体化等低碳项目的专项补贴	综合补贴	
绿色产品认证	绿色产品认证+区域公用品牌	无绿色产品认证	
政府绿色采购 生产性服务	政府绿色采购 农膜秸秆统一回收处理	政府绿色采购 农膜秸秆统一回收处理	都不选
减肥增效技术集成 采纳意愿变化率	增加 10%	增加 30%	
您的选择	A	B	C

（三）选择实验调查

研究数据来源于笔者 2020~2021 年在山东省开展的小麦种植户化肥减量增效技术采纳情况调查。样本地区包括济宁市邹城市和汶上县、德州市齐河县和宁津县、菏泽市曹县和单县、青岛市平度市[①]，调查利用分层抽样法选取样本，每个调查地点抽取 2 个乡镇，每个乡镇抽取 2 个村庄，每个村庄抽取 10~15 户没有采纳任何绿色低碳技术的农户，共涉及 9 个县（市）35 个乡镇。调查统一以农民口述、调查员填写的形式填写问卷，共回收问卷 327 份，其中有效问卷 292 份[②]。

---

① 济宁市邹城市和汶上县、德州市齐河县和宁津县、菏泽市曹县和单县以及青岛市平度市既是山东省粮食产粮大县，也是粮食绿色高质高效创建县，承担了多项国家级和省级小麦绿色高质高效创建项目，作为样本地区能够为粮食绿色生产转型提供有益实践。

② 有效样本分布为邹城市 42 户、汶上县 40 户、齐河县 45 户、宁津县 38 户、曹县 48 户、单县 41 户、平度市 38 户。

结合相关研究成果，选取个体和生产禀赋变量来衡量农户政策偏好异质性。如表7-3所示，根据描述性分析结果，农户平均学历仅为初中水平，平均年龄在51.63岁，呈现出老龄化与文化水平较低的特点。平均家庭劳动力数量为4.25人，非农收入达到35%，小麦平均种植面积为8.50亩。

表7-3 变量说明与描述性分析

变量	变量说明与赋值	平均值	标准差
户主学历	1=小学学历；2=初中学历；3=高中学历；4=高中以上学历	2.02	0.82
户主年龄	家庭决策者年龄（岁）	51.63	10.65
劳动力数量	家庭劳动力数量（人）	4.25	1.31
兼业程度	家庭非农收入占总收入的比重（%）	0.35	0.36
生产面积	小麦种植面积（亩）	8.50	15.54

二、集成推广政策偏好

混合Logit模型（1）的似然对数检验值为−2510.45，且在5%水平上显著，表明混合Logit模型对数据拟合结果要优于固定效应的条件Logit模型。均值回归结果[①]如表7-4所示。

表7-4 混合Logit模型回归结果

变量	模型（1）		模型（2）		模型（3）	
	系数	标准误	系数	标准误	系数	标准误
什么都不选	0.0080	0.4211	5.1467***	1.7776	0.0183	0.4211
绿色低碳技术支付成本变化率	−0.3921**	0.1783	0.2887	0.2464	−0.3862**	0.1783
水肥一体化等低碳项目的专项补贴	0.2164***	0.0726	0.2471	0.3185	0.2161***	0.0725
耕地地力保护补贴	−0.1779**	0.0735	−0.3393	0.3753	−0.1780**	0.0735
综合补贴	0.2077**	0.0945	2.6883***	0.4871	0.3155	0.4277
全程托管服务	0.2970***	0.0643	2.7368***	0.8989	0.0887	0.0839

---

① 混合Logit模型由均值回归和标准差回归结果组成。在混合Logit模型标准差回归结果中，集成推广综合补贴和绿色农产品采购的系数均在5%的水平上显著，这表明样本群体对两类政策的偏好具有异质性，限于篇幅，混合Logit模型方差回归结果并没有放入书中。

续表

变量	模型（1）		模型（2）		模型（3）	
	系数	标准误	系数	标准误	系数	标准误
绿色产品认证	0.0889	0.0837	−0.0636	0.3371	0.1681**	0.0737
绿色产品认证+生产化标准	−0.0301	0.0932	−0.5606	0.3904	−0.0300	0.0930
绿色产品认证+区域公用品牌	0.1667**	0.0739	2.4909***	0.5362	0.1205*	0.0651
政府绿色采购	0.1196*	0.0649	1.2511*	0.7483	−0.1383	0.3508
水肥一体化等低碳项目的专项补贴×全程托管服务	—	—	−0.1688	0.2246	—	—
耕地地力保护补贴×全程托管服务	—	—	0.0025	0.2807	—	—
综合补贴×全程托管服务	—	—	−2.2326***	0.3858	—	—
绿色产品认证×政府绿色采购	—	—	0.2352	0.2069	—	—
绿色产品认证+生产化标准×政府绿色采购	—	—	0.3999*	0.2290	—	—
绿色产品认证+区域公用品牌×政府绿色采购	—	—	−1.5249***	0.2987	—	—
生产面积×综合补贴	—	—	—	—	0.0006	0.0005
生产面积×全程托管服务	—	—	—	—	−0.0007	0.0005
兼业水平×综合补贴	—	—	—	—	0.1242	0.1992
兼业水平×全程托管服务	—	—	—	—	0.1240	0.1681
户主年龄×综合补贴	—	—	—	—	−0.0010	0.0060
户主年龄×全程托管服务	—	—	—	—	0.0074	0.0051
劳动力数量×综合补贴	—	—	—	—	−0.0584	0.0465
劳动力数量×全程托管服务	—	—	—	—	−0.0009	0.0376
户主学历×综合补贴	—	—	—	—	0.0653	0.0683
户主学历×全程托管服务	—	—	—	—	0.0156	0.0574

注：*、**、***分别表示在10%、5%、1%的水平上显著。

1. 生产补贴

水肥一体化等低碳项目的专项补贴与综合补贴系数均为正且分别在1%和5%的水平上显著，表明专项技术补贴或集成技术补贴比单纯物资补贴更能有效提升农户采纳意愿。专项补贴比集成补贴的系数更大且显著性更高，是因为"一揽子"绿色低碳技术对农户资源禀赋的要求更高，农户更倾向于获取专项技术的补贴以弥补自身特定资源的不足，从而满足部分技术采纳要求。耕地地力保护补贴的系数为负且在5%的水平上显著，表明农户更偏好生产环节的直接补贴而不是基础设施建设的补贴。

2. 生产性服务

全程托管服务的系数为正且在1%的水平上显著，可见相比于关键环节的生产性服务，农户更青睐包含生产作业与技术采纳在内的托管服务模式，以便彻底解放家庭劳动力。由于绿色低碳技术转换成本较高，使得大部分老龄化、兼业化农户面对生态农业转型时往往"心有余而力不足"，土地托管尤其是"保姆式"全过程托管，实现了家庭联产承包与土地使用权不变前提下规模化、专业化经营，从根本上解决了资源禀赋对农户生态转型的制约，因而能够最大程度上提升农户的采纳意愿。

3. 绿色产品认证

绿色产品认证系数为正但是并不显著。农户并没有表现出绿色农产品认证的明显偏好，这一方面是因为小农户销售的小麦以不经过二次加工的原粮为主，附加值低，绿色认证很少，导致其对认证及其效用的认知有限。另一方面是由于现阶段认证管理不够规范，时常出现认证成本高但认证溢价能力不足的问题（王常伟、顾海英，2012）。绿色产品认证+区域公用品牌的系数为正且在5%的水平上显著，这表明实现产品认证与品牌建设的融合，借助区域公共品牌的溢价能力提升认证的经济效益，才能有效提升农户采纳意愿。绿色产品认证+生产标准化的系数为负且不显著，进一步验证了认证如果缺乏与下游消费环节的有效融合，会导致农户对认证效益缺乏信心。

4. 政府绿色采购

政府绿色采购能够在10%的水平上提高农户减肥增效技术集成采纳意愿。其作用效果比较有限，一方面是因为小农户大多选择直接将未经处理的粮食一次性出售给粮食经纪人（童馨乐等，2019），转变粮食销售方式可能带来额外的运输和储存成本；另一方面是由于现阶段尚未有地区出台绿色粮食采购政策，政策的示范作用难以发挥，即使开始实施，政府绿色采购的范围和规模毕竟有限，导致小农户对于绿色采购的效果存在疑虑。

为考察不同激励手段之间是否存在交互效应，分别在生产端的2种生产驱动属性与消费端的2种价值激励属性之间构建交互项并放入混合Logit模型（2）。如表7-4所示，根据回归结果，综合补贴与全程托管服务、绿色产品认证+区域公用品牌与政府绿色采购的交互项系数均为负且在1%的水平上显著，呈现出显著的替代效用。该结果表明，生产端驱动中，农户或是选择接受综合补贴自行生产，或者选择购买全程托管服务替代生产，在自身劳动或者购买服务中选择其一实现绿色低碳生产。消费端激励中，农户或是参与绿色低碳产品认证+区域公用品牌，按照产品认证与品牌的要求进行生产，或是参与政府绿色采购，依据采购标准进行生产，只希望满足一种销售渠道的生产标准即可。

三、集成推广政策接受意愿

农户对减肥增效技术集成推广政策各属性的偏好强度依次为：生产性服务、生产补贴、绿色产品认证和政府绿色采购（见表7-5）。具体来看，生产端政策的意愿提升效用显著，其中全程托管服务最有效，提升幅度达到75.73%，其次是水肥一体化等低碳项目的专项补贴和综合补贴，分别使得技术集成采纳意愿提升55.18%和52.96%。消费端政策也具有一定的提升作用。绿色产品认证+区域公用品牌、政府绿色采购和绿色产品认证分别使得集成采纳意愿增加42.50%、30.50%和22.66%。

表7-5 农户集成推广政策接受意愿测算结果

政策属性	WTP	LL	UL
全程托管服务	0.7573	0.2995	3.1116
水肥一体化等低碳项目的专项补贴	0.5518	0.1024	2.7762
综合补贴	0.5296	0.0386	2.3664
绿色产品认证+区域公用品牌	0.4250	0.0251	2.4081
政府绿色采购	0.3050	-0.0513	1.8859
绿色产品认证	0.2266	-0.3071	1.4785
绿色产品认证+生产化标准	-0.0767	-0.8817	0.7223

四、集成推广政策偏好异质性

利用潜类别模型揭示农户引导机制偏好异质性。如表7-6所示，当农户分组数为3时CAIC值和BIC值最小。

表7-6 CAIC和BIC值计算结果

分组数	LLF	CAIC	BIC
3	-2462.297	39	5186.042

分组数	LLF	CAIC	BIC
4	−2451.631	54	5265.266
5	−2414.552	69	5291.664

根据 EM 算法，潜类别模型将农户划分为 3 个组别（见表 7-7）。第一个组别为绿色认证偏好组，占比 3.8%，开展绿色产品认证（包括绿色产品认证、绿色产品认证+区域公用品牌）对该组农户技术支付意愿的提升作用最大。第二个组别为生产引导偏好组，占比 80.6%，可见绝大部分农户都偏好生产引导。与其他两组农户相比，该组农户对生产补贴（专项补贴和综合补贴）的偏好最为突出，同时全程托管服务也有助于提升该组农户的绿色低碳生产技术支付意愿。第三个组别为绿色采购偏好组，占比 15.6%，只有绿色采购政策才能有效提升该组农户的技术支付意愿。

表 7-7 潜类别模型分组结果

变量	绿色认证偏好组		生产引导偏好组		绿色采购偏好组	
	系数	标准误	系数	标准误	系数	标准误
都不选	−3.2550	7.9706	0.0352	0.4522	−18.4259 ***	5.4813
绿色低碳技术支付成本变化率	−1.9335	1.4859	−0.9087 ***	0.2113	10.0041 ***	2.2697
水肥一体化等低碳项目的专项补贴	−0.7525	1.1946	0.3362 ***	0.0849	−3.6799 ***	0.8161
耕地地力保护补贴	0.5891	0.6047	−0.1124	0.0849	−3.5452 ***	1.0615
综合补贴	−2.4870	5.8900	0.4696 ***	0.1078	−6.5673 ***	1.5578
全程托管服务	−1.4493 **	0.6751	0.4181 ***	0.0759	−3.4222 ***	0.6526
绿色产品认证	0.5134	0.5995	0.0588	0.1001	−1.4171 ***	0.4880
绿色产品认证+生产化标准	0.3055	0.9814	0.1756 **	0.0870	−0.9523 *	0.5622

注：*、**、*** 分别表示在 10%、5%、1% 的水平上显著。

如表 7-8 所示，根据异质性分析，以绿色采购偏好组为基准，农户资源禀赋差异是造成偏好异质性的重要原因。绿色认证偏好组的农户中，户主年龄与兼业水平的系数为负并且分别在 1% 和 5% 的水平上显著，表明年纪轻、兼业水平低的农户，更加注重绿色生产的经济效益，也更能够认清品牌的价值。其余变量在各个组别中差异不明显。

表7-8　分组农户对不同属性的偏好异质性

变量	绿色认证偏好组		生产引导偏好组	
	系数	标准误	系数	标准误
户主年龄	−0.3048***	0.0921	−0.0249	0.0211
户主学历	−0.8323	0.5883	0.0831	0.2298
劳动力数量	−0.6821	0.6506	−0.0449	0.1351
兼业水平	−47.7525**	19.9508	0.1633	0.7478
生产面积	0.0500*	0.0289	0.0120	0.0221
常数项	18.9698***	6.0181	2.9067**	1.3641

注：*、**、***分别表示在10%、5%、1%的水平上显著。

鉴于潜类别模型无法区分出不同禀赋农户对生产补贴与社会化服务偏好异质性的原因，因此将含该两种引导手段与禀赋变量的交互项放入混合 Logit 模型（3）分析不同资源禀赋农户对生产引导政策的响应程度。相对支付意愿计算公式如下：

$$WTP_{tr} = -2 \times \frac{\beta_{tr} + \gamma' \times d}{\beta_p} \tag{7-1}$$

式（6-1）中，β_{tr} 为生产补贴与托管服务主效应估计系数，β_p 为技术支付成本变化率的估计系数，$\gamma' \times d$ 为交互项，其中 γ' 为交互项估计系数，d 为各项资源禀赋变量取值。根据模型估计结果中主效应、交互效应系数以及禀赋变量累计频率在 25%、50%、75% 和 100% 时的数值计算 WTP 值及其变化率。

如图7-1和图7-2所示，从结果来看，不同资源禀赋农户对生产补贴响应的差异明显。随着户主年龄的增加，综合补贴的激励效应降低，全程托管服务的激励效应提高，证明在劳动力不足时生产托管的引导作用更加明显。这一结论也从兼业水平变量中得到了验证，随着兼业水平的提升，托管服务对劳动力投入的替代效用增强，激励效应也迅速提高。随着劳动力数量的增加，自身生产能力也在加强，因此生产端的激励效应都下降了。随着户主学历的提升，生产端的激励效应上升了，其中综合补贴的效用更明显，因为高学历群体更懂得如何获取以及如何利用政府补贴开展绿色低碳生产。生产面积的增加使补贴的激励效应提升，这是因为当前现有补贴政策具有明显的"规模倾向"，但是托管激励效应会下降，一旦农户跨过规模经营门槛，就不再愿意付出额外的托管成本。

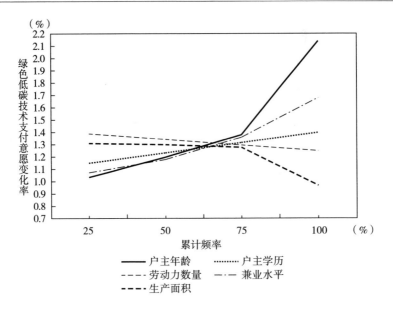

图 7-1　不同禀赋农户对综合补贴的响应程度

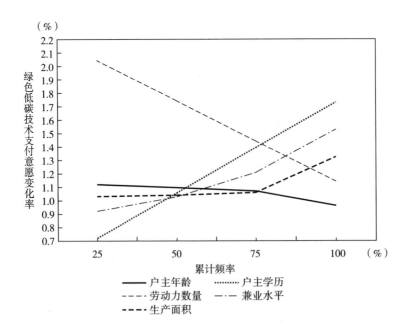

图 7-2　不同禀赋农户对全程托管服务的响应程度

五、集成推广政策偏好讨论

绿色低碳转型引导政策演变会引发一系列的生产要素配置改变，并衍生出截然不同的生产意愿。综合小农户对绿色低碳转型引导政策属性的偏好与接受意愿，生产端政策对农户的吸引力主要表现在优化生产要素配置，引入现代生产要素，破解技术采纳禀赋约束且释放家庭劳动力。尤其是农户对托管服务的格外青睐，一方面验证了小农户资源禀赋不足制约技术采纳的判断，另一方面也表明在市场激励不足的背景下单纯的资金补贴难以取得最佳的要素配置效率（左喆瑜、付志虎，2021）。尤其在农业劳动力转移程度较高的地区，通过高效机械和专业化管理手段为小农户提供从种到管、从技术服务到农资供应等全程"保姆式"服务，在提高绿色低碳技术实践与管理水平的同时，也彻底解放了家庭劳动力流动约束，从而提升了生产要素的市场化配置水平，提高了全要素生产率。市场化服务水平越高，越能够得到小农户的青睐。

消费端"卖得好"的确能够倒逼农户"种得好"。消费端政策有效性表现为通过市场激励和深化纵向分工形成自我执行的低碳生产机制。产品认证结合品牌建设，这种生产环节与下游销售环节融合的模式，以品牌捆绑和利益共享改变了以往粮食产业分割现象，形成了"从田间到餐桌"的完整产业链条，克服了认证成本较高和认证信任不足的问题，增加了产品附加值与总收益，从而激活了农户低碳化行为意愿。但是相比而言，当前生产端支持政策对转型意愿的激励作用要比消费端政策更为明显，这是因为政府绿色采购等鼓励绿色消费政策尚在兴起阶段，政策实施范围和实施规模有限，现阶段更多起到指导性作用。

第八章　研究结论与政策建议

第一节　研究结论

一、农户技术集成采纳的特征偏好

（1）农户技术集成采纳水平整体较低，选择性采纳特征明显。基于稻农调研数据的研究表明：第一，农户减量增效技术决策呈现出选择性采纳特征，表现为技术采纳强度较低；化肥减量增效技术平均采纳强度为 1.74 项，农药减量增效技术平均采纳强度为 0.62 项，也表现为技术采纳结构差异明显，总体上更加青睐资金密集型技术。第二，基于 Order Probit 模型的技术采纳强度影响因素分析结果表明，家庭经济禀赋决定了农户在劳动力密集型技术与资本密集型技术间的取舍，社会资本禀赋则有助于提升总体采纳强度。此外，相比农药减量增效技术，劳动力数量、家庭收入等家庭经济禀赋对化肥减量增效技术采纳强度的影响更显著。第三，基于 Multivariate Probit 模型的技术采纳结构影响因素分析结果显示，资源禀赋显著影响了农户的采纳结构，文化程度高的农户更倾向于采纳有机肥、缓释肥或高效精准施药技术；劳动力数量少的农户更倾向于采纳缓释肥、测土配方或高效精准施药技术；家庭收入高的农户偏好采纳缓释肥；种植规模小的农户偏好采纳有机肥；加入合作社或者参加技术培训的农户更容易采纳测土配方、缓释肥、高效精准施药技术或种植显花/诱虫植物技术。

（2）农户单项技术采纳决策机制呈现出"高意愿、低行为"特征是技术采纳决策链条不畅的关键阻碍。基于"意愿—行为—持续行为"理论框架，以及稻农调查数据，以绿色防控技术为对象构建农户减量增效技术采纳与持续采纳决策模型的研究表明：第一，根据方差分析，意愿异质性是造成技术采纳决策呈现

"高意愿、低行为"的重要原因，绩效期望组和非正式主观规范组农户的意愿行为决策转化效率偏低、持续性不足，而正式主观规范组农户的意愿与行为之间则具有较高的一致性。绩效期望组和非主观规范组转化遇阻，表明当前需要进一步优化社会关系网络这一技术扩散渠道。第二，多层线性模型结果表明，绩效期望组农户采纳行为滞后的关键在于家庭资源禀赋约束，因而生产性服务尤其是以植保服务和物资补贴为代表的硬件服务对其采纳行为转化与行为持续性具有显著的促进作用；非正式主观规范组农户多属于自给自足的生存型农户，其采纳行为尚未形成的关键在于同时缺乏改善社会福利的态度与转型能力，故仅有生产性服务也难以转化成采纳行为。第三，绩效对各类生产性服务对技术持续采纳行为的影响具有一定的调节效用，尤其是对绩效期望组农户的促进作用最为明显。

（3）资源禀赋与信息渠道差异塑造了农户对不同集成技术组合的采纳偏好。基于小麦种植户调研数据的分析可知：第一，根据列联分析，有机肥与缓释肥、秸秆还田与缓释肥之间都呈现显著的互补关系，而有机肥与秸秆还田之间的互补关系并不显著。同时，农户对 3 类减肥增效技术的采纳呈现出依赖性和同时性的特点。第二，Multination Logit 模型分析表明，人力、经济和自然禀赋条件以及生产性服务供给造就了农户对不同集成技术组合的采纳偏好。文化水平较高或者劳动力禀赋较充足的农户更多采纳 2 项及以上技术组合；规模生产户或者成为新型经营主体的农户更倾向采纳有机肥或者缓释肥及其技术组合；较高的非农收入以及社会提供的生产性服务促使农户偏好缓释肥一类资金密集型技术；采纳 2 种及以上技术组合相比单项技术对农户的文化水平、新型经营主体身份以及获取生产性服务的要求更高；采纳全部 3 项化肥减量增效技术对农户个体及家庭禀赋投入要求更高，并且倾向于规模化、专业化的生产模式。

二、促进技术集成采纳的关键要素

（1）社会嵌入是影响农户化肥减量增效技术集成采纳的重要因素。利用稻农调研数据与内生转换模型的分析表明：第一，随着农户生产力分化加剧，规模户与小农户的社会嵌入出现了明显差异，规模户的社会网络规模更大、异质性更强，认知、文化、政治嵌入程度更高。相较于小农户，规模户更好地嵌入了农业绿色生产转型的轨道中。第二，社会嵌入是影响农户化肥减量增效技术集成采纳的重要因素，结构嵌入、文化嵌入和政治嵌入均对农户的化肥减量增效技术集成采纳产生了显著的直接影响，更大的社会网络规模、更高的绿色生产认同度和绿色生产技术知晓度都显著促进了农户化肥减量增效技术集成采纳。第三，规模户与小农户社会嵌入的差异对其化肥减量增效技术集成采纳产生了不同的影响。社会网络规模、绿色生产氛围、绿色生产认同度、绿色生产技术知晓度认知对规模户化肥减量增效技术集成采纳行为产生的影响大于小农户，而社会网络异质性、绿色技术补贴都具有一定的"门槛效应"，仅对规模户集成采纳有显著影响。

（2）小农户群体投入品减量转型的水平差异显著。利用稻农调研数据和有限混合模型的分析表明：第一，综合绿色生产技术采纳与化肥利用效率2项指标，小农户绿色生产转型的群体分化十分明显，可以划分为"领先组"（占比38.85%）、"生存型小农"（占比16.17%）和"生产型小农"（占比44.98%）三类。其中，领先组农户表现出较强的创新精神，是能够起到示范引领作用的"关键大众"。第二，利用分位数回归模型对小农户群体分化影响因素的分析表明，社会网络功能差异是导致农户绿色生产转型群体分化的重要因素，扩大社会网络规模促进了"领先者"的技术采纳，却造成了"落后者"的技术锁定，而社会网络异质性的影响则不显著。此外，劳动力数量和兼业水平等禀赋因素也对"领先者"和"落后者"群体产生了不同的影响。

三、化肥农药减量增效技术扩散的时空特征

基于青岛市平度市小麦种植户样本，选择有机肥作为典型劳动密集型技术，秸秆还田和缓释肥作为典型资金/知识密集型技术对其扩散演化过程进行分析，主要得出以下结论：

（1）技术扩散时间特征。第一，从扩散速度来看，有机肥在样本地区扩散时间最早，其次是秸秆还田，最后是缓释肥。目前3项典型代表技术采纳率由高至低分别为秸秆还田技术、有机肥技术和缓释肥技术。2000年以来，2项资金/知识密集型技术采纳率的平均增长率，即其技术扩散速度要显著高于劳动密集型技术，尤其是缓释肥技术的扩散过程最为迅速。第二，从扩散广度来看，3项典型代表技术的扩散面积均呈现逐步上升的趋势。其中，无论是利用采纳户数还是采纳面积来衡量，秸秆还田技术作为典型的资金/知识密集型技术的扩散广度，即技术覆盖范围最大。第三，从扩散阶段来看，根据Mansfield的"S"形动态扩散曲线拟合结果，劳动力密集型技术和资金/知识密集型技术采纳率的变化趋势均呈现出"S"形曲线特征，符合农业技术扩散的基本规律。其中，秸秆还田技术已经于2016年进入了中期扩散阶段，经过了加速增长和减速增长阶段的分界点，技术扩散的速度已经放慢，而有机肥和缓释肥技术在2020~2021年开始进入到该分界点。可见从扩散阶段来看，无论是劳动力密集型技术还是资金/知识密集型技术都已经由快速增长阶段进入了稳定扩散阶段。

（2）技术扩散空间特征。第一，以农户持续采纳技术年份构建空间滞后计量模型分析可知，从劳动力密集型技术（有机肥技术）扩散的空间特征来看，邻居的采纳决策对个体技术采纳具有显著的溢出效应，导致了农户的学习效应与

从众行为，因此呈现就近扩散路径态势，但是受限于劳动力禀赋条件不足对采纳行为的约束，并没有呈现出显著的聚集效应。加入合作社和技术培训对有机肥采纳行为产生显著带动效应，表明劳动力密集型技术还会沿着便捷接受服务带动的农户位置进行扩散。第二，从资金/知识密集型技术（秸秆还田技术）的空间特征来看，邻居的采纳决策也会对个体技术采纳具有显著的溢出效应，导致了农户的学习效应与从众行为，因此呈现就近扩散路径态势，并且在地理空间上呈现出明显的集聚特征，使得一定范围内的农户的技术采纳行为具有一致性和一贯性。技术示范区的设立对秸秆还田技术的扩散产生了显著的示范效应，因此资金/知识密集型技术还会由政府指定的技术示范园区或技术示范田作为中心，向周边区域扩散，呈现出"由点至面"的扩散路径。第三，2 类技术采纳行为的溢出效应会受到采纳时间的调节，只有邻居采纳达到一定时间后才会对个体产生显著影响，这表明农户需要一定的时间来观察邻居的技术效果及其稳定性，待邻居传递出了技术效果稳定的信号之后，才会产生跟随行为。

四、构建农业绿色社会化服务体系的具体内容

（1）为完善农业绿色社会化服务体系建设，利用 Kano 模型和选择实验法识别农户在实践减量增效技术等绿色转型过程中对社会化服务项目以及对社会化托管的需求及影响因素。第一，结合技术复杂性分析，利用专家咨询和农户深度访谈法，识别出水稻化肥农药减量增效技术推广所需要的配套服务具体包括：统一供种供秧服务、农业技术培训与技术指导服务、植保信息服务、测土信息服务、农资信息服务、农资统购服务、免费物资服务和统防统治服务共 8 项服务。第二，基于稻农调研数据和 Kano 模型，可知稻农对植保信息服务、统一供种供秧服务和统防统治服务等各项社会化服务的需求程度。第三，由多层线性模型可知，对技术采纳水平较低的农户而言，村级层面的经济发展水平、农户层面的生产成本、生产面积等显著影响农户的服务需求。对技术采纳水平较高的农户而言，村级层面的服务可得性以及农户层面的技术难度认知、生产面积显著影响农户的服务需求。

（2）根据农业绿色低碳生产要求与托管服务实践经验，设计了包含组织形式、服务模式、服务内容、盈余分配和托管价格等属性在内的绿色生产托管契约方案，并利用山东省农业生产社会化服务规范化建设试点小麦种植户数据考察了小农户对绿色生产托管服务的需求偏好及其群体异质性，研究结果表明：第一，在绿色生产托管服务契约设计中，农户整体偏好含有村集体介入的组织形式。在服务内容中，农户的托管服务需求主要集中在机械和农资领域。在盈余分配中，农户显著倾向于风险较低的保底收益模式。第二，农户对绿色生产托管服务偏好

存在异质性，可被划分为关注盈余分配（23.60%）、关注组织形式（27.30%）、关注服务内容（20.90%）以及倾向于不接受服务（28.20%）4类。第三，禀赋差异是农户对服务需求异质性的主要来源，对于绿色生产托管服务模式，劳动力数量充足或者年龄较大的农户倾向选择"菜单式"托管服务，而生产规模较大或者是兼业水平较高的农户则倾向于选择"保姆式"全程托管服务。

五、完善技术推广政策的有效思路

为优化减量增效技术集成推广政策，首先基于生产端破解生产禀赋约束和消费端形成绿色市场激励有机融合的基本思路，设计了综合生产补贴机制、绿色产品认证、绿色消费、生产性服务等多种工具的减量增效技术集成推广政策方案。其次利用山东省小麦主产区农户调查数据和选择实验法、混合 Logit 模型与潜类别模型等，测算农户对各项政策属性的选择偏好、预期反映、接受意愿及其异质性，得出以下结论：第一，整体来看，小麦种植户对引导方案的偏好依次为全程托管服务、综合补贴、绿色产品认证+区域公用品牌以及政府绿色采购。综合补贴与全程托管服务，绿色产品认证+区域公用品牌与政府绿色采购之间存在显著的替代效用。生产端政策对农户的吸引力主要表现在优化农户禀赋资源配置，破解技术采纳禀赋约束且释放家庭劳动力。市场端政策的有效性则表现在通过市场激励和深化纵向分工形成自我执行的减量约束机制。第二，农户对各类引导手段的偏好存在明显异质性，被划分为绿色认证偏好、绿色采购偏好和生产引导偏好3个组别。随着农业生产方式与经营体系变革，农户家庭资源禀赋差异成为绿色低碳引导手段效果差异的重要原因。具体来看，年轻或兼业水平低的农户偏好绿色认证激励而不是绿色采购激励，综合补贴激励对于职业农民和种植大户更加有效，而生产托管对于年纪大、生产能力弱或兼业水平高的"半工半耕"农户更加有效。

第二节　政策建议

本书从"持续推进我国农业投入品减量增效"这一现实需求出发，以"实现农业投入品减量增效技术的集成推广"为目标开展了一系列实证研究。综合各章节研究结论，提出以下政策建议：

一、放大技术集成推广协同效应

为提升化肥农药减量增效技术推广效率，放大减量增效技术协同效应，应结合减量增效技术之间表现出的关联效应实现技术的集成推广。第一，提高减量增效技术推广体系的灵活性和地区农技推广组织的自主性，在摸索不同替代技术的适用范围基础上，结合当地生产习惯，因地制宜推广特定的减量增效技术。第二，尝试提供组合补贴、组合指导等政策，将具有互补关系的技术"打包"推广，并构建起技术集成推广的配套服务体系与补贴机制，完善技术集成推广方案。例如，在推广测土配方技术的同时向农户提供优质有机肥与缓释肥的供应途径，在推广性诱剂诱捕技术的同时向农户提供显花/诱虫植物种子，力争降低互补技术的采纳门槛。

二、制定差异化技术推广政策

资源禀赋条件是影响和制约我国农户化肥农药减量增效技术采纳行为的重要因素，因此完善技术推广政策需要结合个体、家庭禀赋与生产禀赋特征，制定具有针对性、差异化的推广机制，因地制宜、因人施策地实施差异化集成推广政策。第一，以不同劳动力数量、种植面积、兼业水平等条件下的农户技术需求为出发点，灵活调整减量增效集成推广政策，同时开展农业绿色生产社会化服务来弥补农户禀赋不足，破解生产禀赋对减量增效技术采纳的约束。第二，针对小农户群体呈现出的绿色转型异质性，针对已经迈入绿色转型轨道的"领先者"群体，要着重拓展农户社会资本积累渠道，扩大社会网络规模，加强技术信息交流，以提高技术采纳效益；针对技术采纳水平尚低的"落后者"群体，则需要加大政策扶持力度，尤其要妥善利用综合补贴、试点示范、工程项目等政策工具来降低绿色低碳技术采纳门槛。

三、优化农业绿色生产服务机制

第一，创新土地托管等社会化服务模式在绿色生产中的应用，提升土地托管的覆盖范围，探索多种服务模式，积极分享优秀地区土地托管经验，为小农户提供从种到管、从技术服务到农资供应等全程"保姆式"服务，以专业化、现代化服务手段吸引小农户参与到绿色生产社会化服务中。第二，结合农户绿色生产转型需求优化绿色生产社会化服务内容与服务方式。例如，着力解决当前技术培训和物资服务无法保持规模户采纳意愿的问题，丰富技术培训内容、加大物资服务力度。再如，有针对性地解决植保服务作用于小农户效果差的问题，从优化植保机械、提高作业精度入手，提升植保服务与小农户植保需求的匹配度，从而提升绿色生产服务效果。第三，重视绿色生产服务对不同农户作用效果的差异。对于认可技术效果的农户，应多开展生产环节帮扶等硬件服务；对于跟随政府引导的农户，应从信息、培训以及生产环节两个方面加大服务力度，增加服务内容，提升服务强度，从而形成差异化、多样化的配套服务体系。第四，加大政府对绿色生产社会化服务的支持力度，尤其要在新的化肥农药减量增效技术扩散初期，着重加强生产性服务的服务质量和服务范围，为瓶颈技术的有效扩散提供突破口。必须发挥农业公共服务或公益性服务体系的作用，加强农业技术推广人员和服务设施配备，不断完善与技术推广相关的绿色生产社会化服务体系建设。

四、发挥社会学习与技术示范作用

第一，搭建生产主体之间的技术交流平台。对于已经很好地嵌入到农业绿色生产转型轨道中的规模户来讲，未来的绿色生产推广渠道可以更加多样，通过搭建新型农业经营主体之间的交流平台、强化技术培训，总结实践经验，不断提升其技术实施能力。对于小农户来讲，不仅需要搭建农户之间交流学习平台，宣传优秀的生产经验，加强农户之间的互帮互助和信息交流，更需要搭建小农户与新型经营主体、政府相关部门、科研院所之间的互动与交流平台，强化一对一帮扶、田间培训等农技推广与指导活动，为农户提供多样化的、专业化的技术信息以提升农户对化肥农药减量和绿色生产的认知，促进农户主观规范型意愿与绩效期望型意愿形成。第二，提升合作社等新型经营主体的技术服务与带动能力，推广合作社带动农户的有效经验，降低一家一户采纳减量增效技术的难度，同时进一步发挥减肥减药技术示范园区的辐射带动作用，政府牵头引入示范区产学研、农科教协同机制，使之成为对农户开展技术培训和技术服务的良好平台。第三，针对目前小农户群体中的绿色转型分层现状，应发挥出"关键大众"的绿色生产转型的领先优势，使之成为农户群体内部的"土专家"，为其他小农户转型起到提供"本土化""经验化"的生产技术帮扶与带动作用。

五、构建生产支持与消费激励并重的技术集成推广政策

第一，优化生产端政策补贴形式。着力开展绿色生产托管建设，探索以化肥农药减量增效技术为主要内容的绿色生产托管模式，制定减量增效技术托管规范，引导分散农户统一接受农业服务组织提供的技术托管服务。同时细化减量增效重点技术专项补贴项目，将资金补贴调整为集资金、技术、服务等于一体的综合补贴形式。第二，优化销售端政策设计，强化销售端政策的引导作用。重点在于将绿色农产品认证与品牌建设有效融合，由政府搭建区域公共品牌，整合品牌资源，强调减量增效技术生产优势与产品优势，鼓励粮食经营企业创新营销方式，构建新型"互联网+"农产品电子营销与物流配送渠道，积极完善绿色生产与品牌销售的产中产后一体化营销模式，增加绿色农产品附加值，提高绿色农产品档次，进一步打开绿色农产品销售市场。

参考文献

［1］ Abdulai A, Huffman W E. The Diffusion of New Agricultural Technologies: The Case of Crossbred-cow Technology in Tanzania ［J］. American Journal of Agricultural Economics, 2005, 87 （3）: 645-659.

［2］ Abramovitz M. Catching up, Forging ahead, and Falling Behind ［J］. Journal of Economic History, 1986, 46 （2）: 385-406.

［3］ Acemoglu D. Directed Technical Change ［J］. Review of Economic Studies, 2002, 69 （4）: 781-810.

［4］ Ajzen I. From Intentions to Actions: A Theory of Planned Behavior ［M］. Berlin: Springer, 1985.

［5］ Albrecht H, Bergmann H. Landwirtschaftliche Beratung ［M］. Eschborn: Deutsche Gesellschaft für Technische Zusammenarbeit （GTZ）, 1987.

［6］ Anderson L W, Krathwohl D R, Airasian P W, et al. A Taxonomy for Learning, Teaching, and Assessing: Arevision of Bloom's Taxonomy of Educational Objectives ［M］. New York: Longman, 2001.

［7］ Andersson U, Forsgren M, Holm U. Subsidiary Embeddedness and Competence Development in MNCs: A Multi-level Analysis ［J］. Organization Studies, 2001, 22 （6）: 1013-1034.

［8］ Anselin L. Spatial Econometrics: Methods and Models ［M］. Dordrecht: Kluwer Academic Publishers, 1988.

［9］ Apurbo S, Lu Q, Anamika K P, et al. Modeling Drivers for Successful Adoption of Green Business: An Interpretive Structural Modeling Approach ［J］. Environmental Science and Pollution Research, 2021, 28: 1077-1096.

［10］ Aravindakshan S, Krupnik T J, Amjath-Babu T, et al. Quantifying Farmers' Preferences for Cropping Systems Intensification: A Choice Experiment Approach Applied in Coastal Bangladesh's Risk Prone Farming Systems ［J］. Agricultural Systems, 2021, 189, 103069.

[11] Atanu S Alan L H, Schwart R. Adoption of Emerging Technologies Under Output Uncertainty [J]. American Journal of Agricultural Economics, 1994, 76 (4): 836-846.

[12] Athey S, Stern S. An Empirical Framework for Testing Theories about Complementarily in Organizational Design [R]. NBER Working Paper No. 6600, 1998.

[13] Baerenklau K A. Toward an Understanding of Technology Adoption: Risk, Learning, and Neighborhood Effects [J]. Land Economics, 2005, 81 (1): 1-19.

[14] Bandiera O, Rasul I. Social Networks and Technology Adoption in Northern Mozambique [J]. Economic Journal, 2006, 116 (514): 869-902.

[15] Barnett G A. Mathematical Models of the Diffusion Process [M]. New York: Peter Lang Publishing, 2011.

[16] Barrett C B, Benton T G, Cooper K A, et al. Bundling Innovations to Transform Agri-food Systems [J]. Nature Sustainability, 2020, 3 (12): 974-976.

[17] Bartolini F, Vergamini D. Understanding the Spatial Agglomeration of Participation in Agri-Environmental Schemes: The Case of the Tuscany Region [J]. Sustainability, 2019, 11 (10), 2753.

[18] Battese G. E. A Note on the Estimation of Cobb-douglas Production Functions When Some Explanatory Variables have Zero Values [J]. Journal of Agricultural Economics, 2010, 48 (1-3): 250-252.

[19] Bel K, Fok D, Paap R. Parameter Estimation in Multivariate Logit Models with many Binary Choices [J]. Econometric Reviews, 2018, 37 (5): 534-550.

[20] Beownstone D, Train K. Forecasting New Product Penetration with Flexible Substitution Patterns [J]. Journal of Econometrics, 1998, 89 (1-2): 109-129.

[21] Berger C. Kano's Methods for Understanding Customer-defined Quality [J]. Center for Quality Management Journal, 1993, 2 (4): 3-36.

[22] Beusch E, Van Soest A. A Dynamic Multinomial Model of Self-employment in the Netherlands [J]. Applied Econometrics, 2020, 59: 5-32.

[23] Bhattacherjee A. Understanding Information Systems Continuance: An Expectation-confirmation Model [J]. MIS Quarterly, 2001, 25 (3): 351-370.

[24] Binswanger H. P. A Microeconomic Approach to Induced Innovation [J]. The Economic Journal, 1974, 336 (84): 940-958.

[25] Bjørkhaug H, Blekesaune A. Development of Organic Farming in Norway: A Statistical Analysis of Neighbourhood Effects [J]. Geeoforum, 2013, 45 (1):

201-210.

[26] Boncinelli F, Bartolini F, Brunori G, et al. Spatial Analysis of the Partici-pation in Agri-environment Measures for Organic Farming [J] . Renewable Agriculture and Food Systems, 2015, 31 (4): 375-386.

[27] Borges J A R, Lansink A O, Ribeiro C M, et al. Understanding Farmers' Intention to Adopt Improved Natural Grassland Using the Theory of Planned Behavior [J] . Livestock Science, 2014, 169: 163-174.

[28] Bortolini F, Vergarntini D. Understanding the Spatial Agglomeration of Par-ticipation in Agri-Environmental Schemes: The Case of the Tuscany Region [J] . Stustainatility, 2019, 11 (10): 2753.

[29] Borts G H. The Equalization of Returns and Regional Economic Growth [J] . American Economic Review, 1960 (4): 723-735.

[30] Canales E, Bergtold J S, Williams J R. Conservation Practice Complemen-tarity and Timing of On-farm Adoption [J] . Agricultural Economics, International Association of Agricultural Economists, 2020, 51 (5): 777-792.

[31] Cardenas J C, Carpenter J. An Inter-cultural Examination of Cooperation in the Commons [R] . Working paper, Department of Economics, Middlebury College, 2004.

[32] Casetti E, Semple R K. Concerning the Testing of Spatial Diffusion Hypoth-eses [J] . Geographical Analysis, 1969 (1): 9-154.

[33] Chambers R, Conway G. Sustainable Rural Livelihoods: Practical Concepts for the 21st Century [M] . Brighton: Institute of Developmen Studies, 1992.

[34] Cohen J. Statistical Power Analysis for the Behavioral Sciences [M] . New York: Academic Press, 1988.

[35] Coleman J S. Social Capital in the Creation of Human Capital [J] . The A-merican Journal of Sociology, 1988, 94 (s): 95-120.

[36] Conley T G, Udry C. R. Learning about a New Technology: Pineapple in Ghana [J] . American Economic Review, 2010, 100 (1): 35-69.

[37] Dardak R A, Adham K A. Transferring Agricultural Technology from Gov-ernment Research Institution to Private Firms in Malaysia [J] . Procedia-Social and Behavioral Sciences, 2014, 115: 346-360.

[38] Darwent D F. Growth poles and Growth Canters in Regional Planning: A Review [J] . Environment and Planning, 1969 (1): 5-32.

[39] Dorfman J H. Modeling Multiple Adoption Decisions in a Joint Framework

[J] . American Journal of Agricultural Economics, 1996, 78 (3): 547-557.

[40] Doris L, Garth H, Lacomble D J, et al. Sustainable Technology Adoption: A Spatial Analysis of the Irish Dairy Sector [J] . European Review of Agricultural Economics, 2017, 44 (5): 810-835.

[41] El-Habil A M. An Application on Multinomial Logistic Regression Model [J] . Pakistan Journal of Statistics and Operation Research, 2012, 8 (2): 271-291.

[42] Emmanuel D, Owusu-Sekyere E, Owusu V, et al. Impact of Agricultural Extension Service on Adoption of Chemical Fertilizer: Implications for Rice Productivity and Development in Ghana [J] . Njas-Wageningen Journal of Life Sciences, 2016, 79: 41-49.

[43] Fagerberg J. A Technology Gap Approach to Why Growth Rates Differ [J] . Research Policy, 1987, 16 (2): 87-99.

[44] Feder G, Just R E, Zilberman D. Adoption of Agricultural Innovations in Developing Countries: A Survey [J] . Economic Development and Cultural Change, 1985, 33 (2): 255-298.

[45] Fernandes A. Knowledge, Technology Adoption and Financial Innovation [R] . CEMFI Working Paper, 2004.

[46] Fernandes K J, Raja V, White A, et al. Adoption of Virtual Reality within Construction Processes: A Factor Analysis Approach [J] . Technovation, 2004, 26 (1): 111-120.

[47] Fishbein M, Ajzen I. Belief, Attitude, Intention, and Behavior: An Introduction to Theory and Research. Reading [M] . MA: Addison-Wesley, 1975.

[48] Genius M, Koundouri P, Nauges C, et al. Information Transmission in Irrigation Technology Adoption and Diffusion: Social Learning, Extension Services, and Spatial Effects [J] . American Journal of Agricultural Economics, 2014, 96 (1): 328-344.

[49] Granovetter M. Economic Action and Social Structure: The Problem of Embeddedness [J] . American Journal of Sociology, 1985, 91 (3): 481-510.

[50] Greiner R. Factors Influencing Farmers' Participation in Contractual Biodiversity Conservation: A Choice Experiment with Northern Australian Pastoralists [J] . Australian Journal of Agricultural and Resource Economics, 2016, 60 (1): 1-21.

[51] Hagerstrand T. Innovation as a Spatial Process [M] . Chicago: University of Press, 1967.

[52] Hagerstrand T. Innovation Diffusion as a Spatial Process [M] . Chicago and

London: University of Chicago Press, 1967.

[53] Hanley N, Wright R, Adamowicz V. Using Choice Experiments to Value the Environment [J]. Environmental and Resource Economics, 1998, 11 (3): 413-428.

[54] Hansen M T. The Search-transfer Problem: The Role of Weak Ties in Sharing Knowledge Across Organization Subunits [J]. Administrative Science Quarterly, 1994, 44 (1): 82-85.

[55] Hassinger E W, Mcnamara R. Family Health Practices among Open-country People in a South Missouri County [R]. Research Bulletin Missouri, Agricultural Experiment Station, 1959.

[56] Hayami Y, Ruttan V W. Agricultural Development: An International Perspective [M]. Baltimore: Johns Hokins University Press, 1985.

[57] Hayami Y, Ruttan V W. Factor Prices and Technical Change in Agricultural Development: The United States and Japan, 1880-1960 [J]. The Journal of Political Economy, 1970, 78 (5): 1115-1141.

[58] Hofmann D A. An Overview of the Logic and Rational of Hierarchical Linear Models [J]. Journal of Management, 1997 (6): 723-744.

[59] Holloway G, Shankar B, Rahmanb S. Bayesian Spatial Probit Estimation: A Primer and an Application to HYV Rice Adoption [J]. Agricultural Economics, 2002, 27 (3): 384-402.

[60] Hua C, Woodward R T, You L. An Ex-post Evaluation of Agricultural Extension Programs for Reducing Fertilizer Input in Shaanxi, China [J]. Sustainability, 2017, 9 (12): 566.

[61] Hunecke C, Engler A, Jara-Rojas R, et al. Understanding the Role of Social Capital in Adoption Decisions: An Application to Irrigation Technology [J]. Agricultural Systems, 2017, 153: 221-231.

[62] Jaeck M, Lifran R. On-farm Management of Rice Cultivars: How Economic Determinants Drive Diversity [J]. International Journal of Entrepreneurship & Small Business, 2013, 19 (3): 325-344.

[63] Kabir M H, Rainis R. Adoption and Intensity of Integrated Pest Management (IPM) Vegetable Farming in Bangladesh: An Approach to Sustainable Agricultural Development [J]. Environment, Development and Sustainability, 2015, 17 (6): 1413-1429.

[64] Kaldor N. "Economic Growth and Verdoorn Law" A comment on

Mr. Rowthorn's Article [J]. Economic Journal, 1975 (85): 891-896.

[65] Kano N, Seraku N, Takahashi F, et al. Attractive Quality and Must-be Quality [J]. The Journal of Japanese Society for Quality Control, 1984, 4 (2): 147-156.

[66] Kasahara H, Shimotsu K. Nonparametric Identification of Finite Mixture Models of Dynamic Discrete Choices [J]. Econometrica, 2009, 77 (1): 135-175.

[67] Khan M, Damalas C A. Farmers' Knowledge about Common Pests and Pesticide Safety in Conventional Cotton Production in Pakistan [J]. Crop Protection, 2015, 77: 45-51.

[68] Kibwika P, Wals A E J, Nassuna-Musoke M G. Competence Challenges of Demand-Led Agricultural Research and Extension in Uganda [J]. Journal of Agricultural Education and Extension, 2009 (15): 5-19.

[69] Krishnan P, Patnam M. Neighbors and Extension Agents in Ethiopia: Who Matters More for Technology Adoption? [J]. American Journal of Agricultural Economics, 2014, 96 (1): 308-327.

[70] Lancaster K. A New Approach to Consumer Theory [J]. Journal of Political Economy, 1966, 74 (2): 132-157.

[71] Layton D F, Brown G. Heterogeneous Preferences Regarding Global Climate Change [J]. Review of Economics and Statistics, 2000, 82 (4): 616-624.

[72] Lewis D J, Barham B L, Robinson B. Are There Spatial Spillovers in the Adoption of Clean Technology? The Case of Organic Dairy Farming [J]. Land Economics, 2011, 87 (2): 250-267.

[73] Li Q, Yang W J, Li K. Role of Social Learning in the Diffusion of Environmentally-Friendly Agricultural Technology in China [J]. Sustainability, 2018, 10 (5), 1527.

[74] Lindley D V, Smith A F. Bayes Estimates for the Linear Model [J]. Journal of the Royal Statistical Society. Series B (Methodological), 1972, 34 (1): 1-41.

[75] Lu H, Zhang P W, Hu H, et al. Effect of the Grain-growing Purpose and farm Size on the Ability of Stable Land Property Rights to Encourage Farmers to Apply Organic Fertilizers [J]. Journal of Environmental Management, 2019, 251, 109621.

[76] Läpple D, Kelley H. Spatial Dependence in the Adoption of Organic Drystock Farming in Ireland [J]. European Review of Agricultural Economics, 2015, 42 (2): 315-337.

[77] Läpple D, Rensburg T V. Adoption of Organic Farming: Are there Differ-

ences between Early and Late Adoption? [J] . Ecological Economics, 2017, 70 (7):
1406-1414.

[78] Ma L, Chu X L, Huang X J, et al. Simulation Research on Diffusion of
Agricultural Science and Technology for Peasant [J] . International Conference on In-
formation Science and Cloud Computing Companion, 2013: 97-102.

[79] Maddala G S. Econometrics [M] . New York: McGraw-Hill, 1977.

[80] Mann C K. Packages of Practices: A Step at a Time with Clusters
[J] . Middle East Technical Institute: Studies in Development, 1978, 21: 73-82.

[81] Martinát S, Navrátil J, Dvořák P, et al. Where Ad Plants Wildly Grow:
The Spatio-temporal Diffusion of Agricultural Biogas Production in the Czech Republic
[J] . Renewable Energy, 2016, 95: 85-97.

[82] Mase A S, Gramig B M, Prokopy L S. Climate Change Beliefs, Risk Per-
ceptions, and Adaptation Behavior Among Midwestern U. S. Crop Farmers [J] . Cli-
mate Risk Management, 2017, 15: 8-17.

[83] McFadden D. Conditional Logit Analysis of Qualitative Choice Behavior
[A] //Zarembka P. Frontiers in Econometrics [M] . New York: Academic Press,
1974.

[84] Mcguire W J. The Nature of Attitudes and Attitude Change [A] //Lindzey
G, Aronson E. The Handbook of Social Psychology [M] . MA: Addison-Wesley,
1969.

[85] Mckelvey R D, Zavoina W. A Statistical Model for the Analysis of Ordinal
Level Dependent Variables [J] . Journal of Mathematical Sociology, 1975, 4 (1):
103-120.

[86] Mills J, Gaskell P, Ingram J, et al. Engaging Farmers in Environmental
Management Through a Better Understanding of Behaviour [J] . Agriculture and Hu-
man Values, 2017, 34 (2): 283-299.

[87] Mohammad D K, Simon W, Erin S, et al. Factors Influencing Partial and
Complete Adoption of Organic Farming Practices in Saskatchewan, Canada [J] . Ca-
nadian Journal of Agricultural Economics, 2010, 1 (58): 37-56.

[88] Morrill R L. The Shape of Diffusion in Space and Time [J] . Economic Ge-
ography, 1970 (46): 68-259.

[89] Nguyen T T H, Ford A. Learning from the Neighbors: Economic and Envi-
ronmental Impacts from Intensive Shrimp Farming in the Mekong Delta of Vietnam

[J] . Sustainability, 2010, 2 (12): 2144-2162.

[90] Nonaka I. Dynamic Theory of Organizational Knowledge Creation [J] . Organization Science, 1994, 1 (15): 14-37.

[91] Olabisi L, Wang R, Ligmann-Zielinska A. Why don' t more Farmers Go Organic? Using a Stakeholder-informed Exploratory Agent-based Model to Represent the Dynamics of Farming Practices in the Philippines [J] . Land, 2015, 4 (4): 979-1002.

[92] Pan D. The Impact of Agricultural Extension on Farmer Nutrient Management Behavior in Chinese Rice Production: A Household-level Analysis [J] . Sustainability, 2014, 6 (12): 6644-6665.

[93] Pedersen P O. Innovation Diffusion within and Between National Urban Systems [J] . Geographical Analysis, 1970 (2): 54-203.

[94] Popkin S L. The Rational Peasant: The Political Economy of Rural Society in Vietnam [M] . Berkley: University of Califomia Press, 1979.

[95] Ramirez A. The Influence of Social Networks on Agricultural Technology Adoption [J] . Procedia-Social and Behavioral Sciences, 2013, 79 (79): 101-116.

[96] Rauniyar G P, Goode F M. Technology Adoption on Small Farms [J] . World Development, 1992, 20 (2): 275-282.

[97] Richardson H W. The Economics of Urban Size [M] . Lexington: Lexington Books, 1973.

[98] Rogers E M. Diffusion of innovations (5th ed.) [M] . New York: Free Press, 2003.

[99] Schmidtner E, Lippert C, Engler B, et al. Spatial Distribution of Organic Farming in Germany: Does Neighbourhood matter? [J] . European Review of Agricultural Economics, 2012, 39, 661-683.

[100] Sheriff G. Efficient Waste? Why Farmers Over-apply Nutrients and the Implications for Policy Design [J] . Review of Agricultural Economics, 2005, 27 (4): 542-557.

[101] Siebert, H. Regional and Urban Economics [M] . Pennsylvania: International Textbook Company, 1969.

[102] Sied H. Disadoption, Substitutability, and Complementarity of Agricultural Technologies: A Random Effects Multivariate Probit Analysis [R] . Environment for Development Discussion Paper Series, 2015: 15-26.

[103] Smith A. The Wealth of Nations [M] . New York: Random House

US, 1776.

[104] Swait J. A Structural Equation Model of Latent Segmentation and Product Choice for Cross-sectional Preference Choice Data [J] . Journal of Retailing and Consumer Services, 1994, 1 (2): 77-89.

[105] Tarfa P Y, Ayuba H K, Onyeneke R U, et al. Climate Change Perception and Adaptation in Nigeria's Guinea Savanna: Empirical Evidence from Farmers in Nasarawa State, Nigeria [J] . Applied Ecology and Environmental Research, 2019, 17 (3): 7085-7111.

[106] Tavneet S. Selection and Comparative Advantage in Technology Adoption [J] . Econometrica, 2011, 79 (1): 159-209.

[107] Teshome A, de Graaff J, Kassie M. Household-level Determinants of Soil and Water Conservation Adoption Phases: Evidence from North - Western Ethiopian Highlands [J] . Environmental Management, 2016, 57 (3): 620-636.

[108] Tezera G A, Li H, Ge H, et al. Study on Farmers Land Consolidation Adaptation Intention: A Structural Equation Modeling Approach, the Case of Sichuan Province, China [J] . China Agricultural Economic Review, 2018, 10 (4): 666-682.

[109] Tsinigo E, Behrman J R. Technological Priorities in Rice Production among Smallholder Farmers in Ghana [J] . Njas Wageningen Journal of Life Sciences, 2017, 83: 47-56.

[110] Valente T W. Network Models of the Diffusion of Innovations [M] . NJ: Hampton Press, Inc. , 1995.

[111] Von Neumann J, Morgenstern O. Theory of Games and Economic [M] . Princeton: Princeton University Press, 1944.

[112] Wang G, Lu Q, Capareda S C. Social Network and Extension Service in Farmers' Agricultural Technology Adoption Efficiency [J] . Plos One, 2020, 15 (7): 1-14. .

[113] Wang N N, Luo L G, Pan Y R, et al. Use of Discrete Choice Experiments to Facilitate Design of Effective Environmentally Friendly Agricultural Policies [J] . Environment, Development and Sustainability, 2019, 21 (4): 1543-1559.

[114] Wollni M, Andersson C. Spatial Patterns of Organic Agriculture Adoption: Evidence from Honduras [J] . Ecological Economics, 2014, 97 (385): 120-128.

[115] Yang W, Sharp B. Spatial Dependence and Determinants of Dairy Farmers' Adoption of Best Management Practices for Water Protection in New Zealand

［J］. Environmental Management, 2017, 59 (4): 594-603.

［116］ Yang X, Fang S, Lant C L, et al. Overfertilization in the Economically Developed and Ecologically Critical Lake Tai Region, China ［J］. Human Ecology, 2012, 40 (6): 957-964.

［117］ Yin R K. Application of Case Study Research ［M］. Thousand Oaks: Sage Publications, Inc. , 1994.

［118］ Yoder L, Ward A S, Dalrymple K, et al. An Analysis of Conservation Practice Adoption Studies in Agricultural Human-natural Systems ［J］. Journal of Environmental Management, 2019, 236 (15): 490-498.

［119］ Zeweld W, Van Huylenbroeck G, Tesfay G, et al. Smallholder Farmers' Behavioural Intentions towards Sustainable Agricultural Practices ［J］. Journal of Environmental Management, 2017, 187: 71-81.

［120］ Zhang A J, Matous P, Tan D K. Forget Opinion Leaders: The Role of Social Network Brokers in the Adoption of Innovative Farming Practices in North-western Cambodia ［J］. International Journal of Agricultural Sustainability, 2020 (2): 1-19.

［121］ Zhang C, Hu R, Shi G, et al. Overuse or Underuse? An Observation of Pesticide use in China ［J］. Science of the Total Environment, 2015, 538: 1-6.

［122］ Zhang J Y, Yu Y H. Technology Diffusion, Government Policy and Agricultural Sustainable Development ［J］. International Conference on Management Science and Engineering, 2007 (3): 2214-2219.

［123］ Zhang X B, Fan S G, Cai X M. The Path of Technology Diffusion: Which Neighbors to Learn from ［J］. Contemporary Economic Policy, 2002, 20 (4): 470-478.

［124］ Zheng C H, Huang H L. Analysis of Technology Diffusion in Agricultural Industry Cluster based on System Dynamics and Simulation Model ［J］. Journal of Discrete Mathematical Sciences and Cryptography, 2018, 6 (21): 1211-1214.

［125］ Zukin S, Dimaggio P. Structures of Capital: The Social Organization of the Economy ［M］. Cambridge MA: Cambridge University Press, 1990.

［126］ 蔡键, 唐忠. 要素流动、农户资源禀赋与农业技术采纳: 文献回顾与理论解释 ［J］. 江西财经大学学报, 2013 (4): 68-77.

［127］ 蔡书凯. 经济结构、耕地特征与病虫害绿色防控技术采纳的实证研究: 基于安徽省 740 个水稻种植户的调查数据 ［J］. 中国农业大学学报, 2013 (4), 208-215.

［128］操敏敏，齐振宏，刘可，等．农户兼业对其施用生物农药的影响：基于农业社会化服务的调节作用［J］．中国农业大学学报，2020，25（1）：191-205.

［129］常向阳，赵璐瑶．江苏省小麦种植农户化肥与农药选择行为分析：基于选择实验法的实证［J］．江苏农业科学，2015，43（11）：551-554，555.

［130］畅华仪，张俊飚，何可．技术感知对农户生物农药采用行为的影响研究［J］．长江流域资源与环境，2019，28（1）：202-211.

［131］陈春生．中国农户的演化逻辑与分类［J］．农业经济问题，2007（11）：79-84.

［132］陈海江，司伟，刘泽琦，等．政府主导型生态补偿的多中心治理：基于农户社会网络的视角［J］．资源科学，2020，42（5）：812-824.

［133］陈海江，司伟，王新刚．粮豆轮作补贴：标准测算及差异化补偿：基于不同积温带下农户受偿意愿的视角［J］．农业技术经济，2019（6）：17-28.

［134］陈航英．小农户与现代农业发展有机衔接：基于组织化的小农户与具有社会基础的现代农业［J］．南京农业大学学报（社会科学版），2019，19（2）：10-19.

［135］陈默，王一琴，尹世久．我国食品安全认证政策改革路径研究：消费者偏好的视角［M］．北京：经济管理出版社，2019.

［136］陈品．稻作方式的扩散及影响因素研究——基于江苏省的实证研究［D］．扬州：扬州大学，2013.

［137］陈祺琪，张俊飚，蒋磊，等．基于农业环保型技术的农户生计资产评估及差异性分析：以湖北武汉、随州农业废弃物循环利用技术为例［J］．资源科学，2016，38（5）：888-899.

［138］陈儒，姜志德，赵凯．低碳视角下农业生态补偿的激励有效性［J］．西北农林科技大学学报（社会科学版），2018，18（5）：146-154.

［139］陈义媛．土地托管的实践与组织困境：对农业社会化服务体系构建的思考［J］．南京农业大学学报（社会科学版），2017，17（6）：120-130.

［140］陈中督．农作措施对双季稻田固碳减排效应与农户低碳技术采纳行为研究［D］．北京：中国农业大学，2017.

［141］程鹏飞，于志伟，李婕，等．农户认知、外部环境与绿色生产行为研究：基于新疆的调查数据［J］．干旱区资源与环境，2021，35（1）：29-35.

［142］仇焕广，栾昊，李瑾，等．风险规避对农户化肥过量施用行为的影响［J］．中国农村经济，2014（3）：85-96.

［143］储成兵．农户病虫害综合防治技术的采纳决策和采纳密度研究：基于

Double-Hurdle 模型的实证分析 [J]. 农业技术经济, 2015 (9): 117-127.

[144] 褚彩虹, 冯淑怡, 张蔚文. 农户采用环境友好型农业技术行为的实证分析: 以有机肥与测土配方施肥技术为例 [J]. 中国农村经济, 2012 (3): 68-77.

[145] 代首寒, 许佳彬, 王洋. 环境规制情景下农户感知利益对绿色施肥行为的影响 [J]. 农业现代化研究, 2021, 42 (5): 880-888.

[146] 代云云, 徐翔, 向晶. 经营规模对农产品质量安全影响研究: 基于省级动态面板数据的实证分析 [J]. 求索, 2015 (1): 58-62.

[147] 邓少军, 樊红平. 农产品质量安全信息不对称与农产品认证 [J]. 中国农业资源与区划, 2013, 34 (1): 87-90.

[148] 董君. 农业产业特征和农村社会特征视角下的农业技术扩散约束机制: 对曼斯菲尔德技术扩散理论的思考 [J]. 科技进步与对策, 2012, 29 (10): 65-70.

[149] 董莹, 穆月英. 农户环境友好型技术采纳的路径选择与增效机制实证 [J]. 中国农村观察, 2019 (2): 34-48.

[150] 杜姣. 技术消解自治: 基于技术下乡背景下村级治理困境的考察 [J]. 南京农业大学学报 (社会科学版), 2020, 20 (3): 62-68.

[151] 杜维娜, 陈瑶, 李思潇, 等. 老龄化、社会资本与农户化肥减量施用行为 [J]. 中国农业资源与区划, 2021, 42 (3): 131-140.

[152] [俄] A. 恰亚诺夫. 农民经济组织 [M]. 萧正洪译. 北京: 中央编译出版社, 1996.

[153] [法] 加布里尔·塔尔德. 模仿律 [M]. 何道宽译. 北京: 中国人民大学出版社, 2008.

[154] 费孝通. 乡土中国 [M]. 北京: 北京出版社, 2004.

[155] 冯晓龙, 刘明月, 霍学喜. 气候变化适应性行为及空间溢出效应对农户收入的影响: 来自 4 省苹果种植户的经验证据 [J]. 农林经济管理学报, 2016, 15 (5): 570-578.

[156] 付明辉, 祁春节. 要素禀赋、技术进步偏向与农业全要素生产率增长: 基于 28 个国家的比较分析 [J]. 中国农村经济, 2016 (12): 76-90.

[157] 傅新红, 宋汶庭. 农户生物农药购买意愿及购买行为的影响因素分析: 以四川省为例 [J]. 农业技术经济, 2010 (6): 120-128.

[158] 盖豪, 颜廷武, 何可, 等. 社会嵌入视角下农户保护性耕作技术采用行为研究: 基于冀、皖、鄂 3 省 668 份农户调查数据 [J]. 长江流域资源与环境, 2019, 28 (9): 2141-2153.

［159］高晶晶，彭超，史清华．中国化肥高用量与小农户的施肥行为研究：基于 1995~2016 年全国农村固定观察点数据的发现［J］．管理世界，2019，35（10）：120-132.

［160］高杨，牛子恒．风险厌恶、信息获取能力与农户绿色防控技术采纳行为分析［J］．中国农村经济，2019（8）：109-127.

［161］高杨，张笑，陆姣，等．家庭农场绿色防控技术采纳行为研究［J］．资源科学，2017，39（5）：934-944.

［162］高杨，赵端阳，于丽丽．家庭农场绿色防控技术政策偏好与补偿意愿［J］．资源科学，2019，41（10）：1837-1848.

［163］高瑛，王娜，李向菲，等．农户生态友好型农田土壤管理技术采纳决策分析：以山东省为例［J］．农业经济问题，2017，38（1）：38-47.

［164］耿宇宁，郑少锋，王建华．政府推广与供应链组织对农户生物防治技术采纳行为的影响［J］．西北农林科技大学学报（社会科学版），2017，17（1）：116-122.

［165］郭海红．改革开放四十年的农业科技体制改革［J］．农业经济问题，2019（1）：86-98.

［166］郭利京，王颖．农户生物农药施用为何"说一套，做一套"？［J］．华中农业大学学报（社会科学版），2018（4）：71-80.

［167］郭利京，赵瑾．认知冲突视角下农户生物农药施用意愿研究：基于江苏 639 户稻农的实证［J］．南京农业大学学报（社会科学版），2017，17（2）：123-133.

［168］郭清卉，李昊，李世平，等．基于行为与意愿悖离视角的农户亲环境行为研究：以有机肥施用为例［J］．长江流域资源与环境，2021，30（1）：212-224.

［169］郭庆海．小农户：属性、类型、经营状态及其与现代农业衔接［J］．农业经济问题，2018（6）：25-37.

［170］韩洪云，夏胜．农业非点源污染治理政策变革：美国经验及其启示［J］．农业经济问题，2016，37（6）：93-103.

［171］韩青，刘起林，孟婷．农业生产托管薄弱环节补贴能否提高农户全程托管意愿？——以农业病虫害防治补贴为例［J］．华中农业大学学报（社会科学版），2021（2）：71-79.

［172］韩庆龄．小农户经营与农业社会化服务的衔接困境：以山东省 M 县土地托管为例［J］．南京农业大学学报（社会科学版），2019，19（2）：20-27.

［173］何可，宋洪远．资源环境约束下的中国粮食安全：内涵、挑战与政策

取向［J］．南京农业大学学报（社会科学版），2021，21（3）：45-57.

［174］何丽娟，童锐，王永强．社会网络异质性对果农有机肥替代化肥技术模式采用行为的影响［J］．长江流域资源与环境，2021，30（1）：225-233.

［175］何宇鹏，武舜臣．连接就是赋能：小农户与现代农业衔接的实践与思考［J］．中国农村经济，2019（6）：28-37.

［176］侯麟科，仇焕广，白军飞，等．农户风险偏好对农业生产要素投入的影响：以农户玉米品种选择为例［J］．农业技术经济，2014（5）：21-29.

［177］胡海华．社会网络强弱关系对农业技术扩散的影响：从个体到系统的视角［J］．华中农业大学学报（社会科学版），2016（5）：47-54.

［178］胡瑞法，黄季焜，袁飞．技术扩散的内在动因：水稻优良品种的扩散模型及其影响因素分析［J］．农业技术经济，1994（4）：37-41.

［179］华春林，陆迁，姜雅莉，等．农业教育培训项目对减少农业面源污染的影响效果研究：基于倾向评分匹配方法［J］．农业技术经济，2013（4）：83-92.

［180］黄炜虹，齐振宏，邬兰娅，等．农户环境意识对环境友好行为的影响：社区环境的调节效应研究［J］．中国农业大学学报，2016，21（11）：155-164.

［181］黄晓慧，陆迁，王礼力．资本禀赋、生态认知与农户水土保持技术采用行为研究：基于生态补偿政策的调节效应［J］．农业技术经济，2020（1）：33-44.

［182］黄炎忠，罗小锋，李容容，等．农户认知、外部环境与绿色农业生产意愿：基于湖北省632个农户调研数据［J］．长江流域资源与环境，2018，27（3）：680-687.

［183］黄炎忠，罗小锋，刘迪．农户有机肥替代化肥技术采纳的影响因素——对高意愿低行为的现象解释［J］．长江流域资源与环境，2019，28（3）：632-641.

［184］黄炎忠，罗小锋，唐林，等．市场信任对农户生物农药施用行为的影响：基于制度环境的调节效应分析［J］．长江流域资源与环境，2020，29（11）：2488-2497.

［185］黄宗智．长江三角洲小农家庭与乡村发展［M］．北京：中华书局，2000.

［186］黄祖辉，钟颖琦，王晓莉．不同政策对农户农药施用行为的影响［J］．中国人口·资源与环境，2016，26（8）：148-155.

［187］纪月清，熊畠，白刘华．土地细碎化与农村劳动力转移研究［J］．

中国人口·资源与环境，2016，26（8）：105-115.

[188] 姜磊．空间回归模型选择的反思［J］．统计与信息论坛，2016，31（10）：10-16.

[189] 姜维军，颜廷武．能力和机会双轮驱动下农户秸秆还田意愿与行为一致性研究：以湖北省为例［J］．华中农业大学学报（社会科学版），2020（1）：47-55.

[190] 姜维军，颜廷武，江鑫，等．社会网络、生态认知对农户秸秆还田意愿的影响［J］．中国农业大学学报，2019，24（8）：203-216.

[191] 金书秦，张惠，唐佳丽．化肥使用量零增长实施进展及"十四五"减量目标和路径［J］．南京工业大学学报（社会科学版），2020，19（3）：66-74.

[192] 孔祥智，方松海，庞晓鹏，等．西部地区农户禀赋对农业技术采纳的影响分析［J］．经济研究，2004（12）：85-95，122.

[193] 李博伟，徐翔．农业生产集聚、技术支撑主体嵌入对农户采纳新技术行为的空间影响：以淡水养殖为例［J］．南京农业大学学报（社会科学版），2018，18（1）：124-136.

[194] 李博伟，徐翔．社会网络、信息流动与农民采用新技术：格兰诺维特"弱关系假设"的再检验［J］．农业技术经济，2017（12）：98-109.

[195] 李航飞．关系经济地理学视角下台湾兰花技术扩散社会网络特征分析［J］．经济论坛，2020（11）：101-105.

[196] 李昊，李世平，南灵．农户农业环境保护为何高意愿低行为？——公平性感知视角新解［J］．华中农业大学学报（社会科学版），2018（2）：18-27.

[197] 李纪华，王东，杨沫，等．农民水稻施肥行为研究与政策涵义［J］．长江流域资源与环境，2015，24（3）：524-530.

[198] 李立朋，丁秀玲，李桦．农户绿色施肥行为的关联效应及影响因素研究：以陕北绿色农业建设先行区为例［J］．中国农业资源与区划，2022，43（9）：71-78.

[199] 李明贤，刘美伶．社会化服务组织、现代技术采纳和小农户与现代农业衔接［J］．农业经济，2020（10）：12-14.

[200] 李明月，陈凯．农户绿色农业生产意愿与行为的实证分析［J］．华中农业大学学报（社会科学版），2020（4）：10-19.

[201] 李普峰，李同昇，满明俊，等．农业技术扩散的时间过程及空间特征分析：以陕西省苹果种植技术为例［J］．经济地理，2010，30（4）：647-651.

[202] 李琪．水稻化肥农药减量增效技术推广路径分析：基于农户采纳行为

视角［D］. 杭州：浙江大学，2018.

　　［203］李琪，李凯. 减量增效技术的选择性采纳与集成推广策略［J］. 中国农业资源与区划，2022，43（7）：27-37.

　　［204］李俏，张波. 农业社会化服务需求的影响因素分析：基于陕西省74个村214户农户的抽样调查［J］. 农村经济，2011（6）：83-87.

　　［205］李荣耀，庄丽娟，贺梅英. 农户对农业社会化服务的需求优先序研究：基于15省微观调查数据的分析［J］. 西北农林科技大学学报（社会科学版），2015，15（1）：86-94.

　　［206］李坦，王欣，宋燕平. 资本禀赋、环境变化感知与农户种植绿肥的环境属性支付意愿：基于小农户小麦豆科绿肥间作的选择实验例证［J］. 华中农业大学学报（社会科学版），2021（2）：60-70.

　　［207］李同昇，罗雅丽. 农业科技园区的技术扩散［J］. 地理研究，2016，35（3）：419-430.

　　［208］李卫，薛彩霞，姚顺波，等. 农户保护性耕作技术采用行为及其影响因素：基于黄土高原476户农户的分析［J］. 中国农村经济，2017（1）：44-57.

　　［209］李显戈，姜长云. 农户对农业生产性服务的可得性及影响因素分析：基于1121个农户的调查［J］. 农业经济与管理，2015（4）：21-29.

　　［210］李宪宝，高强. 行为逻辑、分化结果与发展前景：对1978年以来我国农户分化行为的考察［J］. 农业经济问题，2013，34（2）：56-65.

　　［211］李想，穆月英. 农户可持续生产技术采用的关联效应及影响因素：基于辽宁设施蔬菜种植户的实证分析［J］. 南京农业大学学报（社会科学版），2013，13（4）：62-68.

　　［212］李岩，赖玥，马改芝. 绿色发展视角下生产与消费行为转化的机制研究［J］. 南京工业大学学报（社会科学版），2020，19（3）：85-93.

　　［213］李兆亮，罗小锋，丘雯文. 经营规模、地权稳定与农户有机肥施用行为：基于调节效应和中介效应模型的研究［J］. 长江流域资源与环境，2019，28（8）：1918-1928.

　　［214］李忠鞠，张超，胡瑞法，等. 化肥农药经销店对农户的技术服务及其效果研究［J］. 中国软科学，2021（11）：36-44.

　　［215］李忠旭，庄健. 互联网使用、非农就业与农机社会化服务：基于CLDS数据的经验分析［J］. 农林经济管理学报，2021，20（2）：166-175.

　　［216］李子琳，韩逸，郭熙江，等. 基于SEM的农户测土配方施肥技术采纳意愿及其影响因素研究［J］. 长江流域资源与环境，2019，28（9）：2119-2129.

［217］梁玉成．社会资本和社会网无用吗？［J］．社会学研究，2010，25（5）：50-82，243-244.

［218］林源，马骥．农户粮食生产中化肥施用的经济水平测算：以华北平原小麦种植户为例［J］．农业技术经济，2013（1）：25-31.

［219］刘洪彬，李顺婷，吴岩．基于SEM-SD模型的农户土地托管行为决策机制研究［J］．中国土地科学，2020，34（12）：78-86.

［220］刘乐，张娇，张崇尚，等．经营规模的扩大有助于农户采取环境友好型生产行为吗：以秸秆还田为例［J］．农业技术经济，2017（5）：17-26.

［221］刘蕾．基于Kano模型的农村公共服务需求分类与供给优先序研究［J］．财贸研究，2015，26（6）：39-46.

［222］刘守英，王瑞民．农业工业化与服务规模化：理论与经验［J］．国际经济评论，2019（6）：9-23.

［223］刘帅，沈兴兴，朱守银．农业产业化经营组织制度演进下的农户绿色生产行为研究［J］．农村经济，2020（11）：37-44.

［224］刘洋，熊学萍，刘海清，等．农户减药增效技术采纳意愿及其影响因素研究：基于湖南省长沙市348个农户的调查数据［J］．中国农业大学学报，2015，20（4）：263-271.

［225］楼栋，孔祥智．新型农业经营主体的多维发展形式和现实观照［J］．改革，2013（2）：65-77.

［226］罗必良．论服务规模经营：从纵向分工到横向分工及连片专业化［J］．中国农村经济，2017（11）：2-16.

［227］罗必良．小农经营、功能转换与策略选择——兼论小农户与现代农业融合发展的"第三条道路"［J］．农业经济问题，2020（1）：28-47.

［228］罗丹，李文明，陈洁．粮食生产经营的适度规模：产出与效益二维视角［J］．管理世界，2017（1）：78-88.

［229］罗明忠，陈江华．农民合作社的生成逻辑——基于风险规避与技术扩散视角［J］．西北农林科技大学学报（社会科学版），2016，16（6）：43-49.

［230］罗小娟，冯淑怡，石晓平，等．太湖流域农户环境友好型技术采纳行为及其环境和经济效应评价：以测土配方施肥技术为例［J］．自然资源学报，2013，28（11）：1891-1902.

［231］吕杰，刘浩，薛莹，等．风险规避、社会网络与农户化肥过量施用行为：来自东北三省玉米种植农户的调研数据［J］．农业技术经济，2021（7）：4-17.

［232］吕杰，薛莹，韩晓燕．风险规避、关系网络与农业生产托管服务选择

偏向：基于有限理性假设的分析 ［J］. 农村经济，2020（3）：118-126.

　　［233］马千惠，郑少锋，陆迁. 社会网络、互联网使用与农户绿色生产技术采纳行为研究：基于 708 个蔬菜种植户的调查数据 ［J］. 干旱区资源与环境，2022，36（3）：16-21，58.

　　［234］马兴栋，邵砾群，霍学喜. 差序格局是否导致农户生产的 "技术锁定"？——基于技术网络嵌入视角 ［J］. 华中农业大学学报（社会科学版），2018（6）：20-28，151.

　　［235］满明俊，周民良，李同昇. 农户采用不同属性技术行为的差异分析：基于陕西、甘肃、宁夏的调查 ［J］. 中国农村经济，2010（2）：68-78.

　　［236］毛飞，孔祥智. 农户安全农药选配行为影响因素分析：基于陕西 5 个苹果主产县的调查 ［J］. 农业技术经济，2011（5）：4-12.

　　［237］毛慧，周力，应瑞瑶. 风险偏好与农户技术采纳行为分析：基于契约农业视角再考察 ［J］. 中国农村经济，2018（4）：74-89.

　　［238］毛学峰，孔祥智. 重塑中国粮食安全观 ［J］. 南京农业大学学报（社会科学版），2019，19（1）：142-150.

　　［239］［美］埃弗雷特·M. 罗杰斯. 创新的扩散 ［M］. 辛欣译. 北京：中央编译出版社，2002.

　　［240］米建伟，黄季焜，陈瑞剑，等. 风险规避与中国棉农的农药施用行为 ［J］. 中国农村经济，2012（7）：60-71，83.

　　［241］苗水清，果文帅，张银定. 农产品绿色增产增效技术模式研究与示范：基于中国农业科学院的实践探索 ［J］. 农业经济问题，2017，38（1）：31-38.

　　［242］闵继胜，胡浩. 中国农业生产温室气体排放量的测算 ［J］. 中国人口·资源与环境，2012，22（7）：21-27.

　　［243］闵师，丁雅文，王晓兵，等. 小农生产中的农业社会化服务需求：来自百乡万户调查数据 ［J］. 农林经济管理学报，2019，18（6）：795-802.

　　［244］聂伟，王小璐. 人力资本、家庭禀赋与农民的城镇定居意愿：基于CGSS2010 数据库资料分析 ［J］. 南京农业大学学报（社会科学版），2014（5）：53-61.

　　［245］潘丹. 基于农户偏好的牲畜粪便污染治理政策选择：以生猪养殖为例 ［J］. 中国农村观察，2016（2）：68-83.

　　［246］潘丹. 中国化肥施用强度变动的因素分解分析 ［J］. 华南农业大学学报（社会科学版），2014（2）：24-31.

　　［247］潘秋岑，张立新，张超，等. 学术期刊网站功能服务需求的 Kano 模

型评价 [J]. 中国科技期刊研究, 2016, 27 (6): 617-623.

[248] 朋文欢, 黄祖辉. 农民专业合作社有助于提高农户收入吗?——基于内生转换模型和合作社服务功能的考察 [J]. 西北农林科技大学学报 (社会科学版), 2017, 17 (4): 57-66.

[249] 彭魏倬加. 农村劳动力老龄化对农户技术选择与技术效率的影响 [J]. 经济地理, 2021, 41 (7): 155-163.

[250] 秦明, 范焱红, 王志刚. 社会资本对农户测土配方施肥技术采纳行为的影响——来自吉林省 703 份农户调查的经验证据 [J]. 湖南农业大学学报 (社会科学版), 2016, 17 (6): 14-20.

[251] 全世文. 选择实验方法研究进展 [J]. 经济学动态, 2016 (1): 127-141.

[252] 阮文彪. 小农户和现代农业发展有机衔接: 经验证据、突出矛盾与路径选择 [J]. 中国农村观察, 2019 (1): 15-32.

[253] 申红芳, 陈超, 廖西元, 等. 中国水稻生产环节外包价格的决定机制: 基于全国 6 省 20 县的空间计量分析 [J]. 中国农村观察, 2015 (6): 34-46.

[254] 沈兴兴, 段晋苑, 朱守银. 农业绿色生产社会化服务模式探析 [J]. 中国农业资源与区划, 2020, 41 (1): 15-20.

[255] 石文香, 陈盛伟. 中国化肥面源污染排放驱动因素分解与 EKC 检验 [J]. 干旱区资源与环境, 2019, 33 (5): 1-7.

[256] 石志恒, 张可馨. 农户绿色防控技术采纳行为研究: 基于"信息—动机—行为技巧"干预模型 [J]. 干旱区资源与环境, 2022, 36 (3): 28-35.

[257] 石智雷, 杨云彦. 家庭禀赋、家庭决策与农村迁移劳动力回流 [J]. 社会学研究, 2012, 27 (3): 157-181.

[258] 史常亮, 朱俊峰, 栾江. 农户化肥施用技术效率及其影响因素分析: 基于 4 省水稻种植户的调查数据 [J]. 农林经济管理学报, 2015 (3): 234-242.

[259] 史恒通, 睢党臣, 吴海霞, 等. 公众对黑河流域生态系统服务消费偏好及支付意愿研究: 基于选择实验法的实证分析 [J]. 地理科学, 2019, 39 (2): 342-350.

[260] 史恒通, 赵敏娟, 霍学喜. 农户施肥投入结构及其影响因素分析——基于 7 个苹果主产省的农户调查数据 [J]. 华中农业大学学报 (社会科学版), 2013 (2): 1-7.

[261] 孙顶强, Misgina Asmelash, 卢宇桐, 等. 作业质量监督、风险偏好与农户生产外包服务需求的环节异质性 [J]. 农业技术经济, 2019 (4): 4-15.

［262］孙明扬．基层农技服务供给模式的变迁与小农的技术获取困境［J］．农业经济问题，2021（3）：50-42.

［263］孙小燕，刘雍．土地托管能否带动农户绿色生产？［J］．中国农村经济，2019（10）：60-80.

［264］孙秀林．村庄民主、村干部角色及其行为模式［J］．社会，2009，29（1）：66-88.

［265］谈存峰，张莉，田万慧．农田循环生产技术农户采纳意愿影响因素分析——西北内陆河灌区样本农户数据［J］．干旱区资源与环境，2017（8）：33-37.

［266］檀竹平，洪炜杰，罗必良．农业劳动力转移与种植结构"趋粮化"［J］．改革，2019（7）：111-118.

［267］汤志伟，韩啸，吴思迪．政府网站公众使用意向的分析框架：基于持续使用的视角［J］．中国行政管理，2016（4）：27-33.

［268］唐博文，罗小锋，秦军．农户采用不同属性技术的影响因素分析：基于9省（区）2110户农户的调查［J］．中国农村经济，2010（6）：49-57.

［269］田先红，陈玲．"阶层地权"：农村地权配置的一个分析框架［J］．管理世界，2013（9）：69-88.

［270］田云，张俊飚，何可，等．农户农业低碳生产行为及其影响因素分析：以化肥施用和农药使用为例［J］．中国农村观察，2015（4）：61-70.

［271］佟大建，黄武，应瑞瑶．基层公共农技推广对农户技术采纳的影响：以水稻科技示范为例［J］．中国农村观察，2018（4）：59-73.

［272］童洪志，刘伟．农户秸秆还田技术采纳行为影响因素实证研究：基于311户农户的调查数据［J］．农村经济，2017（4）：108-114.

［273］童锐，何丽娟，王永强．补贴政策、效果认知与农户绿色防控技术采用行为：基于陕西省苹果主产区的调查［J］．科技管理研究，2020，40（19）：124-129.

［274］童馨乐，胡迪，杨向阳．粮食最低收购价政策效应评估：以小麦为例［J］．农业经济问题，2019（9）：85-95.

［275］王常伟，顾海英．逆向选择、信号发送与我国绿色食品认证机制的效果分析［J］．软科学，2012，26（10）：54-58.

［276］王格玲，陆迁．社会网络影响农户技术采用倒U型关系的检验：以甘肃省民勤县节水灌溉技术采用为例［J］．农业技术经济，2015（10）：92-106.

［277］王桂霞，杨义风．农户有机肥替代化肥技术采纳行为决定：市场驱动还是政府激励？——基于农户分化视角［J］．农村经济，2021（4）：102-110.

［278］王海芹，高世楫．我国绿色发展萌芽、起步与政策演进：若干阶段性特征观察［J］．改革，2016（3）：5-26.

［279］王建华，刘苗，李俏．农产品安全风险治理中政府行为选择及其路径优化：以农产品生产过程中的农药施用为例［J］．中国农村经济，2015（11）：54-62，76.

［280］王建华，吴林海．不同区域农业投入要素转化效率的宏观比较与微观分析［J］．四川农业大学学报，2013，31（3）：350-357.

［281］王建明．资源节约意识对资源节约行为的影响：中国文化背景下一个交互效应和调节效应模型［J］．管理世界，2013（8）：77-90，100.

［282］王萍萍，韩一军，张益．中国农业化肥施用技术效率演变特征及影响因素［J］．资源科学，2020，42（9）：1764-1776.

［283］王淇韬，郭翔宇．感知利益，社会网络与农户耕地质量保护行为：基于河南省滑县410个粮食种植户调查数据［J］．中国土地科学，2020，34（7）：43-51

［284］王天穷，顾海英．基于减排目标的氮肥减施项目补偿标准探讨：以2015年上海地区水稻、小麦种植户为例［J］．农业技术经济，2019（3）：4-15.

［285］王文智，武拉平．城镇居民对猪肉的质量安全属性的支付意愿研究：基于选择实验（Choice Experiments）的分析［J］．农业技术经济，2013（11）：24-31.

［286］王武科，李同升，刘笑明，等．农业科技园技术扩散的实证研究：以杨凌示范区为例［J］．经济地理，2008，28（4）：661-666.

［287］王璇，张俊飚，何可．生计资本能影响农户有机肥施用行为吗？［J］．生态与农村环境学报，2020，36（9）：1141-1148.

［288］王亚飞，唐爽．我国农业产业化进程中龙头企业与农户的博弈分析与改进：兼论不同组织模式的制度特性［J］．农业经济问题，2013，34（11）：50-57.

［289］王瑜，应瑞瑶，张耀钢．江苏省种植业农户的农技服务需求优先序研究［J］．中国科技论坛，2007（11）：123-126.

［290］王则宇，李谷成，周晓时．农业劳动力结构、粮食生产与化肥利用效率提升：基于随机前沿生产函数与Tobit模型的实证研究［J］．中国农业大学学报，2018，23（2）：158-168.

［291］王祖力，肖海峰．化肥施用对粮食产量增长的作用分析［J］．农业经济问题，2008（8）：65-68.

［292］文长存，吴敬学．农户"两型农业"技术采用行为的影响因素分析：基于辽宁省玉米水稻种植户的调查数据［J］．中国农业大学学报，2016，21（9）：179-187.

［293］吴丽丽，李谷成，周晓时．要素禀赋变化与中国农业增长路径选择［J］．中国人口·资源与环境，2015，25（8）：144-152.

［294］吴林海，王淑娴，Wuyang Hu．消费者对可追溯食品属性的偏好和支付意愿：猪肉的案例［J］．中国农村经济，2014（8）：58-75.

［295］吴雪莲，张俊飚，何可，等．农户水稻秸秆还田技术采纳意愿及其驱动路径分析［J］．资源科学，2016，38（11）：2117-2126.

［296］吴重庆，张慧鹏．小农与乡村振兴：现代农业产业分工体系中小农户的结构性困境与出路［J］．南京农业大学学报（社会科学版），2019，19（1）：13-24.

［297］西奥多·W. 舒尔茨．改造传统农业［M］．北京：商务印书馆，2021.

［298］肖建英，张长立，陈龙乾，等．农户参与土地托管意愿的调查与实证［J］．统计与决策，2018，34（23）：113-116.

［299］熊航，肖利平．创新扩散中的同伴效应：基于农业新品种采纳的案例分析［J］．华中农业大学学报（社会科学版），2021（3）：93-106.

［300］徐婵娟，陈儒，姜志德．外部冲击、风险偏好与农户低碳农业技术采用研究［J］．科技管理研究，2018，38（14）：248-257.

［301］徐涛，赵敏娟，李二辉，等．规模化经营与农户"两型技术"持续采纳：以民勤县滴灌技术为例［J］．干旱区资源与环境，2018，32（2）：37-43.

［302］徐涛，赵敏娟，乔丹，等．外部性视角下的节水灌溉技术补偿标准核算：基于选择实验法［J］．自然资源学报，2018，33（7）：1116-1128.

［303］徐卫涛，张俊飚，李树明，等．我国循环农业中的化肥施用与粮食生产脱钩研究［J］．农业现代化研究，2010，31（2）：200-203.

［304］闫阿倩，罗小锋，黄炎忠，等．基于老龄化背景下的绿色生产技术推广研究：以生物农药与测土配方肥为例［J］．中国农业资源与区划，2021，42（3）：110-118.

［305］杨万江，李琪．我国农户水稻生产技术效率分析：基于11省761户调查数据［J］．农业技术经济，2016（1）：71-81.

［306］杨兴杰，齐振宏，杨彩艳，等．市场与政府一定能促进农户采纳生态农业技术吗——以农户采纳稻虾共作技术为例［J］．长江流域资源与环境，2021，30（4）：1016-1026.

［307］杨增旭，韩洪云．化肥施用技术效率及影响因素：基于小麦和玉米的实证分析［J］．中国农业大学学报，2011，16（1）：140-147.

［308］杨震宁，李东红，范黎波．身陷"盘丝洞"：社会网络关系嵌入过度影响了创业过程吗？［J］．管理世界，2013（12）：101-116.

［309］杨志海．老龄化、社会网络与农户绿色生产技术采纳行为：来自长江流域六省农户数据的验证［J］．中国农村观察，2018（4）：44-58.

［310］叶兴庆．以改革创新促进乡村振兴［N］．经济日报，2017-12-28.

［311］尹世久，李锐，吴林海，等．中国食品安全发展报告（2018）［M］．北京：北京大学出版社，2018.

［312］尹世久，徐迎军，徐玲玲，等．食品安全认证如何影响消费者偏好？——基于山东省821个样本的选择实验［J］．中国农村经济，2015（11）：40-53.

［313］印子．职业村干部群体与基层治理程式化：来自上海远郊农村的田野经验［J］．南京农业大学学报（社会科学版），2017，17（2）：42-49.

［314］应瑞瑶，徐斌．农户采纳农业社会化服务的示范效应分析：以病虫害统防统治为例［J］．中国农村经济，2014（8）：30-41.

［315］应瑞瑶，徐斌．农作物病虫害专业化防治服务对农药施用强度的影响［J］．中国人口·资源与环境，2017，27（8）：90-97.

［316］应瑞瑶，朱勇．农业技术培训方式对农户农业化学投入品使用行为的影响——源自实验经济学的证据［J］．中国农村观察，2015（1）：50-58.

［317］于法稳．中国农业绿色转型发展的生态补偿政策研究［J］．生态经济，2017，33（3）：14-18，23.

［318］于海龙，张振．土地托管的形成机制、适用条件与风险规避：山东例证［J］．改革，2018（4）：2110-2119.

［319］余威震，罗小锋，李容容．孰轻孰重：市场经济下能力培育与环境建设？——基于农户绿色技术采纳行为的实证［J］．华中农业大学学报（社会科学版），2019（3）：71-78.

［320］余威震，罗小锋，李容容，等．绿色认知视角下农户绿色技术采纳意愿与行为悖离研究［J］．资源科学，2017，39（8）：1573-1583.

［321］余威震，罗小锋，唐林，等．农户绿色生产技术采纳行为决策：政策激励还是价值认同？［J］．生态与农村环境学报，2020，36（3）：318-324.

［322］俞振宁，谭永忠，茅铭芝，等．重金属污染耕地治理式休耕补偿政策：农户选择实验及影响因素分析［J］．中国农村经济，2018（2）：109-125.

［323］喻永红，张志坚，刘耀森．农业生态保护政策目标的农民偏好及其生

态保护参与行为：基于重庆十区县的农户选择实验分析［J］．中国农村观察，2021（1）：85-105.

［324］詹姆斯·C. 斯科特．农民的道义经济学［M］．南京：译林出版社，2013.

［325］张标，傅泽田，王洁琼，等．农户农业技术推广政策满意度研究：基于全国 1022 个农户调查数据［J］．中国农业大学学报，2018，23（4）：157-169.

［326］张复宏，宋晓丽，霍明．果农对过量施肥的认知与测土配方施肥技术采纳行为的影响因素分析：基于山东省 9 个县（区、市）苹果种植户的调查［J］．中国农村观察，2017（3）：117-130.

［327］张红宇．农业生产性服务业的历史机遇［J］．农业经济问题，2019（6）：4-9.

［328］张康洁，于法稳，尹昌斌．产业组织模式对稻农绿色生产行为的影响机制分析［J］．农村经济，2021（12）：72-80.

［329］张雷，雷雳，郭伯良．多层线性模型应用［M］．北京：教育科学出版社，2003.

［330］张蕾，陈超，展进涛．农户农业技术信息的获取渠道与需求状况分析：基于 13 个粮食主产省份 411 个县的抽样调查［J］．农业经济问题，2009，31（11）：78-84.

［331］张丽华，林善浪，霍佳震．农业产业化经营关键因素分析：以广东温氏公司技术管理与内部价格结算为例［J］．管理世界，2011（3）：83-91.

［332］张利庠，彭辉，靳兴初．不同阶段化肥施用量对我国粮食产量的影响分析——基于 1952-2006 年 30 个省份的面板数据［J］．农业技术经济，2008（4）：85-94.

［333］张露．小农分化、行为差异与农业减量化［J］．农业经济问题，2020（6）：131-142.

［334］张露，郭晴，张俊飚，等．农户对气候灾害响应型生产性公共服务的需求及其影响因素分析：基于湖北省十县（区、市）百组千户的调查［J］．中国农村观察，2017（3）：102-116.

［335］张露，罗必良．农业减量化：农户经营的规模逻辑及其证据［J］．中国农村经济，2020（2）：81-99.

［336］张童朝，颜廷武，何可，等．资本禀赋对农户绿色生产投资意愿的影响：以秸秆还田为例［J］．中国人口·资源与环境，2017，27（8）：78-89.

［337］张益，孙小龙，韩一军．社会网络、节水意识对小麦生产节水技术采

用的影响：基于冀鲁豫的农户调查数据［J］．农业技术经济，2019（11）：127-136.

［338］张玉昆，曹光忠．城镇化背景下非农就业对农村居民社会网络规模的影响［J］．城市发展研究，2017，24（12）：61-68.

［339］张振，高鸣，苗海民．农户测土配方施肥技术采纳差异性及其机理［J］．西北农林科技大学（社会科学版），2020，20（2）：120-128.

［340］张宗毅．基于农户行为的农药使用效率、效果和环境风险影响因素研究［D］．南京：南京农业大学博士学位论文，2011.

［341］章政，祝丽丽，张涛．农户兼业化的演变及其对土地流转影响实证分析［J］．经济地理，2020，40（3）：168-176，184.

［342］赵秋倩，沈金龙，夏显力．农业劳动力老龄化、社会网络嵌入对农户农技推广服务获取的影响研究［J］．华中农业大学学报（社会科学版），2020（4）：79-88.

［343］赵晓峰，赵祥云．农地规模经营与农村社会阶层结构重塑：兼论新型农业经营主体培育的社会学命题［J］．中国农村观察，2016（6）：55-66，85.

［344］赵晓颖，郑军，张明月．茶农生物农药属性偏好及支付意愿研究：基于选择实验的实证分析［J］．技术经济，2020，39（4）：103-111.

［345］郑适，陈茜苗，王志刚．土地规模、合作社加入与植保无人机技术认知及采纳：以吉林省为例［J］．农业技术经济，2018（6）：92-105.

［346］郑旭媛，王芳，应瑞瑶．农户禀赋约束、技术属性与农业技术选择偏向：基于不完全要素市场条件下的农户技术采用分析框架［J］．中国农村经济，2018（3）：105-122.

［347］郑旭媛，张晓燕，林庆林，等．施肥外包服务对兼业农户化肥投入减量化的影响［J/OL］．农业技术经济，［2022-01-27］．https：//kns. cnki. net/kcms/detail/detail. aspx？dbcobe＝CAPJ&dbname＝CAPJLAST&filename＝NYJS20220124000&uniplatform＝NZKPT&v＝8jXCF3Hujg_j_b2N4bKdb80pabG_iy4NGf9jFBz7F1bOsBoH15JtxV1bMCQ0pEuK.

［348］郅建功，颜廷武，杨国磊．家庭禀赋视域下农户秸秆还田意愿与行为悖离研究：兼论生态认知的调节效应［J］．农业现代化研究，2020，41（6）：999-1010.

［349］周建华，杨海余，贺正楚．资源节约型与环境友好型技术的农户采纳限定因素分析［J］．中国农村观察，2012（2）：37-43.

［350］周洁红，幸家刚，虞轶俊．农产品生产主体质量安全多重认证行为研究［J］．浙江大学学报（人文社会科学版），2015，45（2）：55-67.

［351］周娟．基于生产力分化的农村社会阶层重塑及其影响：农业社会化服务的视角［J］．中国农村观察，2017a（5）：61-73.

［352］周娟．土地流转背景下农业社会化服务体系的重构与小农的困境［J］．南京农业大学（社会科学版），2017b，17（6）：141-151.

［353］周曙东，张宗毅．农户农药施药效率测算、影响因素及其与农药生产率关系研究：对农药损失控制生产函数的改进［J］．农业技术经济，2013（3）：4-14.

［354］朱淀，孔霞，顾建平．农户过量施用农药的非理性均衡：来自中国苏南地区农户的证据［J］．中国农村经济，2014（8）：17-29.

［355］朱利群，王珏，王春杰，等．有机肥和化肥配施技术农户采纳意愿影响因素分析：基于苏、浙、皖三省农户调查［J］．长江流域资源与环境，2018，27（3）：671-679.

［356］朱满德，李辛一，徐雪高．化肥施用强度对中国粮食单产的影响分析：基于省级面板数据的分位数回归［J］．农业现代化研究，2017（4）：649-657.

［357］朱月季．社会网络视角下的农业创新采纳与扩散［J］．中国农村经济，2016（9）：58-71.

［358］祝华军，田志宏．低碳农业技术的尴尬：以水稻生产为例［J］．中国农业大学学报（社会科学版），2012（4）：153-160.

［359］庄丽娟，贺梅英．我国荔枝主产区农户技术服务需求意愿及影响因素分析［J］．农业经济问题，2010（11）：61-66.

［360］邹宗森，张永亮，王秀玲．汇率变动、贸易结构与贸易福利［M］．北京：中国社会科学出版社，2019.

［361］左喆瑜，付志虎．绿色农业补贴政策的环境效应和经济效应——基于世行贷款农业面源污染治理项目的断点回归设计［J］．中国农村经济，2021（2）：106-121.

附　录

附录1　稻农化肥农药施用情况调查问卷
（2017年、2018年）

调查地点：＿＿＿市＿＿＿县＿＿＿镇（乡）＿＿＿村＿＿＿号（户）

调查时间：＿＿＿＿＿＿＿＿＿＿　　调查员：＿＿＿＿＿＿＿＿＿＿

农户您好：

这是一份针对您家种水稻过程中减量增效技术采纳情况的问卷。所有问题的答案均没有对错之分，请您按照实际情况作答。本问卷仅用来进行学术分析，绝不会外传。非常感谢您的配合！

一、家庭基本情况

1. 您的基本情况：

姓名	电话	年龄	种稻年数	文化程度	在村里的职务

2. 家庭劳动力情况：家庭户籍人口＿＿＿＿＿＿（人）；劳动力＿＿＿＿＿＿（人）；种稻人数＿＿＿＿＿＿（人）；外出打工＿＿＿＿＿＿（人）。

3. 您家年均总收入为＿＿＿＿＿＿（万元）。其中，农业收入占家庭总收入比重为＿＿＿＿＿＿（%）。

4. 您家耕地总经营面积为＿＿＿＿＿＿（亩）。其中，土地流转转入＿＿＿＿＿＿（亩）；土地流转租金＿＿＿＿＿＿（元/亩）；流转年份＿＿＿＿＿＿（年）。

5. 您经常保持联系的村民约_____（人），其中与您经营规模或收入差不多的人占_____%。

二、水稻种植情况

1. 您家的水稻种植情况：

	亩产（斤/亩）	种植面积（亩）	销售数量（斤）	销售价格（元/斤）	是否为杂交稻
早稻					
晚稻					

2. 水稻种植成本总成本（一季）_____（元/亩）。其中，种子用量_____（斤/亩）；种子价格_____（元/斤）；用工量_____（工/亩）；雇工价格_____（元/人）；雇工成本_____（元）。

3. 机械使用费用：

		耕地机械	插秧机械	收割机械	施肥施药机械
自家机械	使用费用（元/亩）				
机械服务	用机费用（元/亩）				

4. 您向谁购买的机械服务？_____。是否有想买却没买到机械服务的时候？_____。①是；②否。

5. 您每年平均获得的种稻补贴总共_____（元/亩）。

6. 您家是不是家庭农场？_____。①是；②否。您家是否加入了粮食合作社/农业企业？①是（回答6.1~6.3）；②否。

6.1 合同形式为：_____。①销售类合同；②生产类合同；③反租倒包；④土地、资金农机等入股。

6.2 合作社/企业都有哪方面服务？（多选）_____。①提供良种、农药、化肥等农资；②机耕、机收服务；③植保服务；④技术培训和服务。

6.3 合作社/企业有哪些生产规范要求？（多选）_____。①用企业指定的农药化肥；②统一化肥用量和施肥时间；③统一农药用量和打药时间；④建立生产档案。

7. 如果有一项新技术或品种，您往往是：_____。①最先采纳；②别人采纳后有效果再采纳；③最晚采纳；④不愿采纳。

三、化肥使用习惯

1. 化肥使用情况：

		（千克；元/千克）	基肥	分蘖肥	穗肥	粒肥
化肥	氮肥	用量；价格				
	复合肥	用量；价格				
	碳酸氢铵	用量；价格				
	氯化钾	用量；价格				
	钙镁磷肥	用量；价格				
有机肥	商品有机肥	用量；价格				
	禽畜粪便	用量；价格				

2. 您是否使用了缓释肥？_____。①是（回答2.1~2.2）；②否。

2.1 您购买缓释肥的原因是？_____。

2.2 缓释肥与普通肥相比，成本和效果怎么样？_____。①成本低；②成本高；③效果好；④效果差。

3. 您一般通过什么渠道购买化肥？_____。①厂家直销；②个人农资店；③连锁农资店；④供销社；⑤合作社；⑥流动商贩；⑦其他_____。

4. 您购买化肥时候都会考虑哪些因素？（多选）_____。①价格；②品牌；③肥料效果；④政府推荐；⑤厂家推荐；⑥肥料外观。其中，最重要的一项是：_____。

5. 您主要依据什么确定水稻化肥施用量？（多选）_____。①往年施用量；②土壤肥力；③化肥价格；④按照经销商说的；⑤邻居施用量；⑥农技推广部门的推荐；⑦农业方面的书籍；⑧农家肥（有机肥）施用量；⑨其他因素。其中，最重要的一项是：_____。

四、农药使用习惯

1. 您家水稻农药使用情况：

农药类型	农药名称	一季打多少次（次）	一季农药成本（元/亩）
杀虫剂			
除草剂			
生物农药			

2. 您平时一般通过什么渠道购买农药？_____。①厂家直销；②个人农资店；③连锁农资店；④供销社；⑤合作社；⑥流动商贩；⑦其他_____。

3. 您购买农药主要依据什么？（多选）_____。①价格；②品牌；③农药效果；④政府推荐；⑤厂家推荐；⑥邻居推荐。其中，最重要的一项是：_____。

4. 您喷洒农药使用量的决策依据是什么？（多选）_____。①自己经验；②按照经销商说的；③按照农技人员的消息；④病虫害数量；⑤邻居施用量。其中，最重要的一项是：_____。

5. 您购买了哪种农药喷雾器？_____。①背负式手动喷雾器；②升机动喷雾器；③烟雾机；④高压式农药喷雾机。

6. 您觉得近 5 年每亩化肥施用量有没有变化？_____。①增加了；②减少了；③没有变化。您觉得近 5 年每亩农药施用量有没有变化？_____。①增加了；②减少了；③没有变化；变化的原因是什么？_____。

7. 您是否购买过专业打药服务？_____。①是（回答 7.1~7.2）；②否。7.1 服务来源_____；7.2 服务费用_____（元/亩）。

五、减量增效技术的采纳

1. 您对过量施用化肥、农药的负面效应的认识是：_____。①没有污染；②轻微污染；③中度污染；④严重污染。

2. 您认为目前稻田的土壤、水源污染是否严重？_____。①没有污染；②轻微污染；③中度污染；④严重污染。

3. 您对当前农业实现绿色转型是否认同？_____。①非常不认同；②比较不认同；③一般；④认同；⑤非常认同。

4. 您平均参加施肥施药技术培训_____（次/年）；减量增效技术培训_____（次/年）。培训是谁举办的？（多选）_____。①农技推广部门；②粮食专业合作社；③水稻专业技术协会；④乡镇政府/村集体；⑤经销商或者厂家。培训形式是：①集中授课；②田间指导；③现场学习会。

5. 您比较喜欢哪一种技术学习方式？（限选 3 项并排序：_____）①发放技术手册或者书籍；②技术培训班；③上门指导；④去示范基地学习；⑤通过电视、广播；⑥网络；⑦其他_____。

6. 您主要从哪些地方获取农药、化肥使用技术？（多选）_____。①农技推广部门/农技员；②邻居、朋友；③电视广播；④网络；⑤其他。其中，最重要的一项是：_____。

7. 政府向您提供过哪些化肥农药减量增效技术服务？（可多选）_____。①发放"明白纸"宣传材料等；②提供绿色生产技术补贴；③农技部门提供政策支持；④其他_____。

8. 您从哪里听说过减量增效技术？（多选）_____。①农技推广部门/农技员；②周边的减量增效示范区；③合作社/企业；④电视广播；⑤网络；⑥乡镇政府；⑦其他_____。

9. 请填写您对下列减量增效技术的认知、采纳与意愿情况：

技术		认知情况 ①不太了解 ②有一定了解 ③比较了解	采纳情况 ①正在采用 ②原来用过 ③没有用过	采纳意愿 ①不想采纳 ②想要采纳
水稻化肥农药减量增效技术				
优质高产品种				
病虫害生物/物理防治	种植显花/诱虫植物			
	性诱剂			
	繁殖天敌昆虫			
高效精准施药技术（高秆喷雾等机械）				
化肥高效施用技术	缓释肥			
	测土配方			
	有机肥			
	秸秆还田			
	一次基施			
	侧深施肥			
	水肥一体化			
共生、轮作（稻田养鸭、养鱼）				

10. 若您采纳了某项减量增效技术，请填写技术采纳后相比技术使用之前的各项变化情况：

技术		成本变化	农药、化肥 用量变化	用工数量变化	产量变化
水稻化肥农药减量增效生产技术					
优质品种					
病虫害生物/物理防治	种植显花/诱虫植物				
	性诱剂				
	繁殖天敌昆虫				

续表

技术		成本变化	农药、化肥用量变化	用工数量变化	产量变化
高效精准施药技术（高杆喷雾等机械）					
化肥高效施用技术	缓释肥				
	测土配方				
	有机肥				
	秸秆还田				
	一次基施				
	侧深施肥				
	水肥一体化				
共生、轮作（稻田养鸭、养鱼）					

11. 请您根据自己的想法对减量增效技术做出评价（请对每一项项目分别打钩）：

技术特征	很同意	比较同意	一般	不太同意	很不同意
减量增效需要更多劳动力					
减量增效技术很难掌握					
减量增效的成本投入很高					
减量增效技术可以增加收入					
减量增效技术的生产风险更高					

12. 最近的农药、化肥减量增效技术示范区距离您家有_____（里）。

13. 本地区政府是否提供下列服务？（多选）_____。①技术培训与指导；②植保防治信息；③测土配方信息；④农资供应信息；⑤农资统一采购（优质品种、肥药）；⑥供种供秧；⑦统防统治服务；⑧发放免费物资（香根草种苗等）。

14. 如果政府要求实践减量增效技术，您对下列公共服务的态度是怎样的？_____。①很喜欢；②理所当然；③无所谓；④勉强接受；⑤很不喜欢。

	若政府提供该项服务	若政府不提供该项服务
技术培训与指导		
植保防治信息		
测土配方信息		
农资供应信息		

续表

	若政府提供该项服务	若政府不提供该项服务
农资统一采购（优质品种、肥药）		
供种供秧		
统防统治		
免费物资（香根草种苗等）		

附录2　稻农化肥农药减量增效技术采纳情况调查问卷（2019年）

调查地：_____省_____县（市、区）_____镇（乡）_____村

调查员：_____调查日期：_____/_____问卷编号：_____

农户您好：

这是一份针对您家种水稻过程中减量增效技术采纳情况的问卷。所有问题的答案均没有对错之分，请您按照实际情况作答。本问卷仅用来进行学术分析，绝不会外传。非常感谢您的配合！

一、基本情况

1. 您的基本情况：

姓名	性别	年龄	务农年数	文化程度	是否担任过村干部

2. 您家务农劳动力_____（人）；其中全职务农劳动力_____（人）。

3. 上年您家庭年收入_____（元）。上年您家农业收入_____（元）。

4. 您家水稻经营耕地总面积为_____（亩），共_____（块）地；土地流转转入_____（亩），转出_____（亩）。

5. 上年每亩地毛收入约为_____（元），成本约为_____（元），其中雇工_____（元）；机械使用成本_____（元）；种子/种苗_____（元）；肥料_____（元）；农药_____（元）；农膜_____（元）；燃油水电_____（元）；

土地流转_____（元）。

6. 您家种植的水稻去年亩均产量_____（斤），用于出售的比例_____%，亩均收入_____（元）。

7. 您是否加入了农民专业合作社：_____。①是；②否。是否被认定为专业大户：①是；②否。是否被申报了家庭农场：_____。①是；②否。是否购买了农业保险：①是；②否。

二、社会化服务采纳情况

1. 以下经营环节中，哪些环节采纳了社会化服务（无须自家劳动力或者机械承担的环节）？

产前服务：_____。①土地整理、耕地；②育苗；③播种；④化肥农药统一采购。

产中服务：_____。①施肥；②病虫害防治；③除草；④植株管理；⑤灌溉排水；⑥收割。

产后服务：_____。①产品质量检测；②收购、代销；③品牌推广；④产品认证。

金融服务_____；其他服务_____。

2. 以下绿色生产服务中，您使用过哪些？（可多选）_____。①秸秆还田；②统防统治；③病虫害绿色防控；④测土配方；⑤废弃物以及有害废弃物的回收；⑥其他_____。

3. 如使用过，您选择社会化服务的原因是：（可多选）_____。①成本更低；②节省劳动力；③自家缺少必要机械；④缺乏资金；⑤产量更有保障；⑥产品更安全；⑦政府有补贴；⑧其他_____。

4. 如使用过，您使用的服务是由何种组织提供的？（可多选）_____。①供销社；②合作社；③龙头企业；④村集体；⑤专业大户；⑥个体村民；⑦其他_____。

5. 您是否参与了土地托管？_____。①是，托管面积_____亩；②否。您是否了解托管？_____。①是；②否。

6. 如您参与了土地托管，托管方式为：_____。①半托管；②全托管；③关键环节托管。如参与了托管，托管主体为：_____。①供销社；②合作社；③龙头企业；④村集体；⑤专业大户；⑥个体村民；⑦其他_____。谁来进行生产监督？（可多选）_____。①本人；②村集体；③无。

7. 如果是半托管或者关键环节托管，哪个环节进行了托管？（可多选）_____。①土地整理、耕地；②育苗；③播种；④化肥农药统一采购；⑤施肥；

⑥病虫害防治；⑦除草；⑧植株管理；⑨灌溉排水；⑩收割；⑪其他_____。

8. 离您家最近的生产服务组织在哪里？_____。①本村；②邻村；③本乡镇；④外乡镇；⑤都没有；⑥不了解。

9. 离您家最近的农业技术示范区/示范田在哪里？_____。①本村；②邻村；③本乡镇；④本乡镇以外；⑤都没有；⑥不了解。距离您家_____（里）。

10. 您是否参加过政府组织的化肥农药技术培训？①有，共参加过_____次；②否。

三、化肥、农药施用情况

1. 水稻单季化肥用量与成本：单季施用复合肥：_____（斤/亩）；氮肥：_____（斤/亩）；钾肥和磷肥：_____（斤/亩）；有机肥：_____（斤/亩）；单季化肥成本：_____（元/亩）；有机肥成本：_____（元/亩）。

2. 近3年您家使用的化肥品种大约有_____种，购买过的品牌大约有_____个，这3年里新尝试的化肥品种/品牌大约_____个。

3. 如果购买过新品种或新品牌化肥，您了解这些新品种/新品牌化肥的主要渠道是：（请按照重要性选择最重要3项并排序）_____。①电视广播等广告；②亲戚朋友介绍；③供销商的宣传；④农业技术人员推荐；⑤网络、微信、公众号、抖音等网络媒体；⑥其他。

4. 您在施用化肥时主要依据（请按照重要性选择最重要3项并排序）_____。①自己以前的经验；②包装说明；③有经验亲友/老乡的建议或做法；④化肥经销商的建议；⑤政府农技培训；⑥合作社或合作企业培训或建议；⑦电视/广播等指导；⑧网络、手机App、微信或者抖音等媒体；⑨其他。

5. 以下化肥技术采纳情况：

技术	采用意愿 ①愿意采用；②不愿意采用	采用情况（填写序号）①正在采用中；②原来用过，现在不用了；③没有采用过	采用时间（填写年份）如果有采纳过，请填写采纳起始年份
有机肥			
测土配方			
缓释肥			
秸秆还田			
侧深施肥			

6. 若您使用过有机肥，有机肥的来源主要是（可多选）_____。①购买

商品有机肥；②从附近养殖户处直接购买；③由附近养殖户等无偿提供；④自制农家肥等；⑤其他。

7. 根据您的了解，您的邻居技术采纳情况：

技术	距离您家最近的邻居		距离您的地最近的邻居	
	是否采纳	采纳时间（填写年份）	是否采纳	采纳时间（填写年份）
有机肥				
测土配方				
缓释肥				
秸秆还田				
侧深施肥				

8. 您单季打杀虫剂：＿＿＿＿＿（次）；打除草剂：＿＿＿＿＿（次）。

9. 近 3 年您家使用的农药品种大约有＿＿＿＿＿个，购买过的品牌大约有＿＿＿＿＿个，这三年里新尝试的品种/品牌大约＿＿＿＿＿个。

10. 如果购买过新品种或新品牌农药，您了解这些新品种/新品牌农药的主要渠道是：（请按照重要性选择最重要 3 项并排序）＿＿＿＿＿。①电视广播等广告；②亲戚朋友介绍；③供销商的宣传；④农业技术人员推荐；⑤网络、微信、公众号、抖音等网络媒体；⑥其他＿＿＿＿＿＿＿。

11. 您一般在哪里购买农药（可多选）＿＿＿＿＿＿＿：①供销社等国营销售点；②农药厂家直销点；③连锁农资店；④有营业执照的私营农药经销点；⑤村里流动商贩的农药等；⑥不固定，自己随便购买。

12. 您在购买农药时主要考虑的因素是（可多选）＿＿＿＿＿：①价格；②品牌；③对环境的危害；④使用方便；⑤药效；⑥安全；⑦售后服务；⑧其他＿＿＿＿＿＿。

13. 您施用农药的技术通常是由（请按照重要性选择最重要三项，并排序）＿＿＿＿＿。①自己以前的经验；②包装说明；③有经验亲友/老乡的建议或做法；④农药销售商的建议；⑤政府农技培训；⑥农业合作社或合作企业培训或建议；⑦书本/电视/广播等指导；⑧网络、手机 App、微信或者抖音等媒体；⑨其他＿＿＿＿＿＿＿。

14. 您的农药技术采纳情况：

技术	采用意愿	采用情况	采用时间
	①愿意采用；②不愿意采用	①正在采用中；②原来用过，现在不用了；③没有采用过	如果采纳过，请填写在哪一年采纳的
种植显花/诱虫植物			

续表

技术	采用意愿 ①愿意采用； ②不愿意采用	采用情况 ①正在采用中； ②原来用过，现在不用了； ③没有采用过	采用时间 如果采纳过， 请填写在哪一年采纳的
性诱剂诱捕			
释放赤眼蜂等昆虫			
高效植保机械 （高杆喷雾、无人机等）			
杀虫灯/电网灭虫器			

15. 本地政府或机构提供过哪些绿色防控的服务？（可多选）_____。①组织绿色防控技术培训；②提供植保防治信息；③提供绿色防控服务；④绿色防控物资补贴服务；⑤其他_____。

16. 根据您的了解，您的邻居技术采纳情况：

技术	距离您家最近的邻居		距离您的地最近的邻居	
	是否采纳	采纳时间（填写年份）	是否采纳	采纳时间（填写年份）
种植显花/诱虫植物				
性诱剂诱捕				
释放赤眼蜂等昆虫				
高效植保机械 （高杆喷雾、无人机等）				
杀虫灯/电网灭虫器				

四、社会网络与信息获取

1. 与您经常保持联络的村民有_____人；您经常来往的人中，以下职业的各有多少人：

分类	30亩以下的农户	专业大户、合作社管理者	农业技术推广人员	村干部	从事非农业行业人员
人数					

2. 您与离您家最近的邻居多少天交流一次？_____。①1～3天；②3～10天；③10天到半个月；④半个月到一个月；⑤一个月以上。您与离您家最近的邻居经常交流的内容有_____。①家长里短；②生产技术；③作物长势；④化肥

农药效果；⑤其他_____。

3. 您与您交流最多的邻居多少天交流一次？_____。①1~3天；②3~10天；③10天到半个月；④半个月到一个月；⑤一个月以上。您与您交流最多的邻居经常交流的内容有_____。①家长里短；②生产技术；③作物长势；④化肥农药效果；⑤其他_____。

4. 当您在生产中遇到技术问题时，通常向谁寻求帮助？（可多选，按照重要性排序）_____。①亲友/邻居；②周围的专业大户、合作社、龙头企业；③化肥农药销售商；④政府农技人员；⑤高校科研院所；⑥通过互联网查询；⑦向媒体求助；⑧其他（请说明）_____。

5. 以下哪种场景与您实际的使用情况更一致？_____。①我总是率先采用新技术或者新品种然后跟周围人分享经验；②周边邻居有人采用并向我推荐之后我才会采用；③我观察了周边人使用效果之后才会采用；④周边邻居都用而且效果普遍好的话我才会采用；⑤周边邻居都用了我也不一定会用。

附录3　农户化肥农药减量增效技术采纳情况调查问卷

调查地：_____省_____县（市、区）_____镇（乡）_____村

调查员：_____调查日期：_____/_____问卷编号：_____

尊敬的受访者：

您好！非常感谢您参与我们的调查。我们承诺：问卷匿名填写，调查结果严格保密，所有数据仅用于学术研究。感谢您的支持！

一、基本情况

1. 您的基本情况：

姓名	性别	年龄	务农年数	文化程度	是不是村干部或党员

2. 家庭人口_____（人）；务农劳动力_____（人）；其中全职务农劳动力_____（人）。

3. 上年您家庭年收入_____，其中农业收入_____。

4. 您种植的主要农作物有（可多选）_____。①小麦；②玉米；③地瓜；④花生；⑤蔬菜；⑥其他_____。耕作制度是：_____①一年多熟；②一年一熟；③两年三熟。

5. 您家经营耕地总面积为_____（亩），共_____（块）地；土地流转转入_____（亩），转出_____（亩）。若流转了土地，土地流转租金_____（元/亩）；流转年限_____（年）；是否签订了书面合同：①是；②否。若转入了土地，土地来源主要是：①亲戚好友；②同村的其他村民；③外村的村民；④其他来源_____。

6. 去年每亩地毛收入约为_____（元），成本约为_____（元），其中雇工_____（元）；机械服务_____（元）；种子/种苗_____（元）；肥料_____（元）；农药_____（元）；农膜_____（元）；燃油水电_____（元）；土地流转_____（元）。

6.1 如果您家种植小麦，上年亩均产量：_____（元），亩均收入_____（元）。

6.2 如果您家种植玉米，上年亩均产量：_____（元），亩均收入_____（元）。

7. 您是否加入了农民专业合作社?_____。①是；②否。是否被认定为专业大户_____。①是；②否。是否被申报了家庭农场_____。①是；②否。是否购买了农业保险_____。①是；②否。

二、社会化服务采纳情况

1. 以下经营环节中，哪些环节采纳了社会化服务（无须自家劳动力或者机械承担的环节）?

产前服务：_____。①土地整理、耕地；②育苗；③播种；④化肥农药统一采购。

产中服务：_____。①施肥；②病虫害防治；③除草；④植株管理；⑤灌溉排水；⑥收割。

产后服务：_____。①产品质量检测；②收购、代销；③品牌推广；④产品认证。

金融服务_____；其他服务_____。

2. 以下绿色生产服务中，您使用过哪些?（可多选）_____。①秸秆还田；②统防统治；③病虫害绿色防控；④测土配方；⑤废弃物以及有害废弃物的回收；⑥其他_____。

3. 如使用过，您选择社会化服务的原因是（可多选）_____。①成本更低；

②节省劳动力；③自家缺少必要机械；④缺乏资金；⑤产量更有保障；⑥产品更安全；⑦政府有补贴；⑧其他_____。

4. 如使用过，您使用的服务是由何种组织提供的？（可多选）_____。①供销社；②合作社；③龙头企业；④村集体；⑤专业大户；⑥个体村民；⑦其他_____。

5. 您是否参与了土地托管？_____。①是，托管面积_____；②否。您是否了解托管？_____。①是；②否。如参与了托管，托管方式为？_____。①半托管；②全托管；③关键环节托管。

6. 如参与了托管，托管主体为？_____。①供销社；②合作社；③龙头企业；④村集体；⑤专业大户；⑥个体村民；⑦其他_____。

7. 如果是半托管或者关键环节托管，哪个环节进行了托管？（可多选）_____。①土地整理、耕地；②育苗；③播种；④化肥农药统一采购；⑤施肥；⑥病虫害防治；⑦除草；⑧植株管理；⑨灌溉排水；⑩收割；⑪其他_____。

8. 如参与了托管，谁来进行生产监督？（可多选）_____。①本人；②村集体；③无。

9. 离您家最近的生产服务主体在哪里？_____。①本村；②邻村；③本乡镇；④外乡镇；⑤都没有；⑥不了解。

10. 离您家最近的农业技术示范区/示范田在哪里？_____。①本村；②邻村；③本乡镇；④本乡镇以外；⑤都没有；⑥不了解。

11. 您是否参加过政府组织的技术培训？_____。①有，共参加过_____次；②否。

三、化肥、农药施用情况

1. 主要种植作物单季化肥用量与成本：单季施用复合肥：_____（斤/亩）；氮肥：_____（斤/亩）；钾肥和磷肥_____（斤/亩）；有机肥：_____（斤/亩）；单季化肥成本：_____（元/亩）；有机肥成本：_____（元/亩）。

2. 近3年您家使用的化肥品种大约有_____种，购买过的品牌大约有_____个，这3年里新尝试的化肥品种/品牌大约_____个。

3. 如果购买过新品种或新品牌化肥，您了解这些新品种/新品牌化肥的主要渠道是（请按照重要性选择最重要3项并排序）_____。①电视广播等广告；②亲戚朋友介绍；③供销商的宣传；④农业技术人员推荐；⑤网络、微信、公众号、抖音等网络媒体；⑥其他（请注明_____）。

4. 您在购买化肥时主要考虑的因素是（可多选）_____。①价格；②品牌；

③对环境的危害；④增收效果；⑤售后服务；⑥其他（请注明_____）。

5. 您在施用化肥时主要依据（请按照重要性选择最重要三项并排序）_____。①自己以前的经验；②包装说明；③有经验亲友/老乡的建议或做法；④化肥经销商的建议；⑤政府农技培训；⑥合作社或合作企业培训或建议；⑦电视/广播等指导；⑧网络、手机 App、微信或者抖音等媒体；⑨其他（请说明_____）。

6. 您的化肥技术采纳情况：

	采用情况（填写序号）	采用时间（年份）	技术效果评价（填写序号）
	①正在采用中；②原来用过，现在不用了；③没有采用过	如果采纳过，请填写采纳起始年份	①能够增产，能够提高收益；②能够增产，不能提高收益；③不能增产，能够提高收益；④不能增产，不能提高收益
有机肥			
测土配方			
缓释肥			
秸秆还田			
侧深施肥			

7. 政府向您推荐/宣传过哪些技术？（可多选）_____：①有机肥；②测土配方；③缓释肥；④秸秆还田；⑤机械侧深施肥；⑥水肥一体化；⑦其他_____。

8. 根据您的了解，您的邻居技术采纳情况：

技术	距离您家最近的邻居		距离您的地最近的邻居	
	是否采纳	采纳时间（填写年份）	是否采纳	采纳时间（填写年份）
有机肥				
测土配方				
缓释肥				
秸秆还田				
侧深施肥				

9. 您单季打杀虫剂：_____（次）；打除草剂：_____（次）。近 3 年您家使用的农药品种大约有_____个，购买过的品牌大约有_____个，这 3 年里新尝试的品种/品牌大约_____个。

10. 如果购买过新品种或新品牌农药，您了解这些新品种/新品牌农药的主要渠道是（请按照重要性选择最重要 3 项并排序）_____。①电视广播等广告；②亲戚朋友介绍；③供销商的宣传；④农业技术人员推荐；⑤网络、微信、公众号、抖音等网络媒体；⑥其他（请注明_____）。

11. 您一般在哪里购买农药？（可多选）_____。①供销社等国营销售点；②农药厂家直销点；③连锁农资店；④有营业执照的私营农药经销点；⑤村里流动商贩的农药等；⑥不固定，自己随便购买；⑦其他_____。

12. 您在购买农药时主要考虑的因素是（可多选）_____。①价格；②品牌；③对环境的危害；④使用方便；⑤药效；⑥安全；⑦售后服务；⑧其他_____。

13. 您施用农药的技术通常是由（请按照重要性选择最重要三项并排序）_____。①自己以前的经验；②包装说明；③有经验亲友/老乡的建议或做法；④农药销售商的建议；⑤政府农技培训；⑥农业合作社或合作企业培训或建议；⑦书本/电视/广播等指导；⑧网络、手机 App、微信或者抖音等媒体；⑨其他（请说明_____）。

14. 您的农药技术采纳情况：

技术	采用情况（填写序号） ①正在采用中； ②原来用过，现在不用了； ③没有采用过	采用时间 如果采纳过，请填写在哪一年采纳的	效果评价（填写序号） ①能够增产，能够提高收益； ②能够增产，不能提高收益； ③不能增产，能够提高收益； ④不能增产，不能提高收益。
种植显花/诱虫植物			
性诱剂诱捕			
释放赤眼蜂等昆虫			
高效植保机械 （高杆喷雾、无人机等）			
杀虫灯/电网灭虫器			

15. 政府向您推荐/宣传过哪些技术？（可多选）_____。①种植显花/诱虫植物；②性诱剂诱捕；③释放赤眼蜂；④高效植保机械（高杆喷雾、无人机等）；⑤抗药品种；⑥生物农药；⑦杀虫灯/电网灭虫器；⑧其他_____。

16. 根据您的了解，您的邻居技术采纳情况：

技术	距离您家最近的邻居		距离您的地最近的邻居	
	是否采纳	采纳时间（填写年份）	是否采纳	采纳时间（填写年份）
种植显花/诱虫植物				

续表

技术	距离您家最近的邻居		距离您的地最近的邻居	
	是否采纳	采纳时间（填写年份）	是否采纳	采纳时间（填写年份）
性诱剂诱捕				
释放赤眼蜂等昆虫				
高效植保机械（高杆喷雾、无人机等）				
杀虫灯/电网灭虫器				

17. 您认为减少化肥农药的施用是否重要？_____。①非常重要；②不太重要；③一般；④不太有必要；⑤没有必要。

18. 您认为当前减肥减药的困难在于（可多选）_____。①影响产量；②增加劳动投入；③技术难度大；④其他（请说明）_____。

19. 您认为保护环境是每个人的义务吗？_____。①非常不同意；②比较不同意；③一般；④比较同意；⑤非常同意。

四、社会网络与信息获取

1. 您手机通讯录或者微信通讯录中的联系人有_____人，经常来往的有_____人；您经常来往的人中，以下职业的各有多少人？（请填如下表格）

分类	30亩以下的农户	专业大户或者合作社管理者	农业技术推广人员	村干部	政府职员	银行职员
人数						

2. 您与离您家最近的邻居多少天交流一次？_____。①1~3天；②3~10天；③10天到半个月；④半个月到一个月；⑤一个月以上。您与离您家最近的邻居经常交流的内容有_____。①家长里短；②生产技术；③作物长势；④化肥农药效果；⑤其他_____。

3. 您与您交流最多的邻居多少天交流一次？_____。①1~3天；②3~10天；③10天到半个月；④半个月到一个月；⑤一个月以上。您与您交流最多的邻居经常交流的内容有_____。①家长里短；②生产技术；③作物长势；④化肥农药效果；⑤其他_____。

4. 当您在生产中遇到技术问题时，通常向谁寻求帮助？（可多选，按照重要性排序）_____。①亲友/邻居；②周围的专业大户、合作社、龙头企业；③化肥农药销售商；④政府农技人员；⑤高校科研院所；⑥通过互联网查询；⑦向媒体求助；⑧其他（请说明）_____。

5. 您经常求助或者彼此交流农业技术的小圈子约有_____人，这些人中与您经营规模或者收入差不多的人约占_____%。

6. 以下哪种场景与您实际的使用情况更一致？_____。①我总是率先采用新技术或者新品种然后跟周围人分享经验；②周边邻居有人采用并向我推荐之后我才会采用；③我观察了周边人使用效果之后才会采用；④周边邻居都用而且效果普遍好的话我才会采用；⑤周边邻居都用了我也不一定会用。

附录4 化肥农药减量增效技术扩散调查问卷

调查地：_____省_____县（市、区）_____镇（乡）_____村

调查员：_____调查日期：_____/_____问卷编号：_____

尊敬的受访者：

您好！非常感谢您参与我们的调查。我们承诺：问卷匿名填写，调查结果严格保密，所有数据仅用于学术研究。感谢您的支持！

一、基本情况

1. 您的家庭地址：_____村，_____号。您家距离村口的位置大概有_____米。您家东边邻居姓名：_____，西边邻居姓名：_____。距离您家最近农户邻居姓名：_____，距离您的地最近的邻居姓名：_____。

2. 您的基本情况：

姓名	性别	年龄	务农年数	文化程度	是不是村干部或党员

3. 家庭人口_____（人）；务农劳动力_____（人）；其中全职务农劳动力_____（人）。

4. 上年您家年收入_____（元），其中农业收入_____（%）。

5. 您种植的主要农作物有（可多选）_____。①小麦；②玉米；③地

瓜；④花生；⑤蔬菜；⑥其他_____。耕作制度是_____。①一年多熟；②一年一熟；③两年三熟。

6. 您家经营耕地总面积为_____（亩），共_____（块）地；土地流转转入_____（亩），转出_____（亩）。

7. 您家与最近的化肥减量增效技术示范区的距离为_____（里）。

8. 您是否参加过政府组织的化肥农药相关的技术培训：①有，共参加过_____次；②否。

9. 本地政府向您提供哪些服务？（可多选）_____。①购买物资；②测土信息；③植保信息；④技术宣传；⑤资金补贴；⑥其他_____。

10. 与您经常交流农业生产的邻居有_____（户）。

二、减量增效技术采纳情况

1. 你的化肥技术采纳情况：

技术	采用情况 （填写序号） ①正在采用中； ②原来用过，现在不用了； ③没有采用过	采用时间 （填写年份） 如果采纳过， 请填写采纳起始年份	采纳面积（亩） 采纳该项技术 的面积亩数	成本收益情况 详细的技术成本与 技术效益
有机肥				
测土配方				
缓释肥				
秸秆还田				
侧深施肥				
水肥一体化				

2. 根据您的了解，您的邻居技术采纳情况：

技术	距离您家最近的邻居		距离您的地最近的邻居	
	是否采纳	采纳时间（填写年份）	是否采纳	采纳时间（填写年份）
有机肥				
测土配方				
缓释肥				
秸秆还田				
侧深施肥				
水肥一体化				

3. 您对水肥一体化技术的掌握程度？_____。①不了解；②不太了解；③比较了解；④很了解。您对传统施肥灌溉技术掌握程度？_____。①不了解；②不太了解；③比较了解；④很了解。如果您实践了水肥一体化技术，是否获得过外部的生产性服务？_____。①是；②否。

4. 您的农药技术采纳情况：

技术	采用情况（填写序号）①正在采用中；②原来用过，现在不用了；③没有采用过	采用时间（填写年份）如果采纳过，请填写采纳起始年份	采纳面积（亩）采纳该项技术的面积亩数	成本收益情况详细的技术成本与技术效益
种植显花/诱虫植物				
性诱剂诱捕				
释放赤眼蜂等昆虫				
高效植保机械（高杆喷雾、无人机等）				
杀虫灯/电网灭虫器				

5. 据您的了解，您的邻居技术采纳情况：

技术	距离您家最近的邻居		距离您的地最近的邻居	
	是否采纳	采纳时间（填写年份）	是否采纳	采纳时间（填写年份）
种植显花/诱虫植物				
性诱剂诱捕				
释放赤眼蜂等昆虫				
高效植保机械（高杆喷雾、无人机等）				
杀虫灯/电网灭虫器				

附录5　化肥农药减量增效技术推广政策选择实验问卷

选择一

	选项 A	选项 B	选项 C
生产补贴	水肥一体等减肥项目 的专项补贴	集成推广综合补贴	
绿色产品认证	实行绿色产品认证并 对接区域公用品牌	无绿色认证	
政府绿色采购	实行政府绿色采购	实行政府绿色采购	都不选
生产性服务	农膜秸秆统一回收处理	农膜秸秆统一回收处理	
减肥增效技术集成 采纳意愿变化率	增加 10%	增加 30%	
您的选择	A	B	C

选择二

	选项 A	选项 B	选项 C
生产补贴	高效环保肥料补贴	水肥一体等减肥 项目的专项补贴	
绿色产品认证	实行绿色产品认证并 对接生产化标准	实行绿色产品认证并 对接区域公用品牌	
政府绿色采购	实行政府绿色采购	实行政府绿色采购	都不选
生产性服务	农膜秸秆统一回收处理	政府购买托管服务	
减肥增效技术集成 采纳意愿变化率	基本不变	增加 10%	
您的选择	A	B	C

选择三

	选项 A	选项 B	选项 C
生产补贴	水肥一体等减肥项目的专项补贴	基建补贴	都不选
绿色产品认证	实行绿色产品认证并对接区域公用品牌	无绿色产品认证	
政府绿色采购	无政府绿色采购	无政府绿色采购	
生产性服务	农膜秸秆统一回收处理	农膜秸秆一回收处理	
减肥增效技术集成采纳意愿变化率	基本不变	增加10%	
您的选择	A	B	C

选择四

	选项 A	选项 B	选项 C
生产补贴	基建补贴	高效环保肥料补贴	都不选
绿色产品认证	无绿色产品认证	实行绿色产品认证	
政府绿色采购	无政府绿色采购	无政府绿色采购	
生产性服务	农膜秸秆统一回收处理	农膜秸秆一回收处理	
减肥增效技术集成采纳意愿变化率	基本不变	增加30%	
您的选择	A	B	C

选择五

	选项 A	选项 B	选项 C
生产补贴	高效环保肥料补贴	水肥一体等减肥项目的专项补贴	都不选
绿色产品认证	实行绿色产品认证	无绿色产品认证	
政府绿色采购	实行政府绿色采购	实行政府绿色采购	
生产性服务	农膜秸秆统一回收处理	农膜秸秆一回收处理	
减肥增效技术集成采纳意愿变化率	增加10%	增加30%	
您的选择	A	B	C

选择六

	选项 A	选项 B	选项 C
生产补贴	集成推广综合补贴	基建补贴	
绿色产品认证	实行绿色产品认证	实行绿色产品认证并对接区域公用品牌	
政府绿色采购	实行政府绿色采购	无政府绿色采购	都不选
生产性服务	政府购买托管服务	农膜秸秆统一回收处理	
减肥增效技术集成采纳意愿变化率	增加 50% 及以上	增加 50% 及以上	
您的选择	A	B	C

选择七

	选项 A	选项 B	选项 C
生产补贴	基建补贴	高效环保肥料补贴	
绿色产品认证	实行绿色产品认证	实行绿色产品认证并对接生产化标准	
政府绿色采购	无政府绿色采购	实行政府绿色采购	都不选
生产性服务	农膜秸秆统一回收处理	农膜秸秆统一回收处理	
减肥增效技术集成采纳意愿变化率	基本不变	增加 50% 及以上	
您的选择	A	B	C

选择八

	选项 A	选项 B	选项 C
生产补贴	高效环保肥料补贴	水肥一体等减肥项目的专项补贴	
绿色产品认证	实行绿色产品认证并对接区域公用品牌	实行绿色产品认证	
政府绿色采购	无政府绿色采购	实行政府绿色采购	都不选
生产性服务	政府购买托管服务	农膜秸秆统一回收处理	
减肥增效技术集成采纳意愿变化率	增加 50% 及以上	增加 10%	
您的选择	A	B	C

选择九

	选项 A	选项 B	选项 C
生产补贴	集成推广综合补贴	高效环保肥料补贴	
绿色产品认证	实行绿色产品认证并对接生产化标准	无绿色产品认证	
政府绿色采购	实行政府绿色采购	实行政府绿色采购	都不选
生产性服务	农膜秸秆统一回收处理	政府购买托管服务	
减肥增效技术集成采纳意愿变化率	增加 50% 及以上	增加 50% 及以上	
您的选择	A	B	C

选择十

	选项 A	选项 B	选项 C
生产补贴	基建补贴	集成推广综合补贴	
绿色产品认证	实行绿色产品认证	实行绿色产品认证并对接区域公用品牌	
政府绿色采购	无政府绿色采购	实行政府绿色采购	都不选
生产性服务	农膜秸秆统一回收处理	农膜秸秆统一回收处理	
减肥增效技术集成采纳意愿变化率	增加 30%	增加 10%	
您的选择	A	B	C

选择十一

	选项 A	选项 B	选项 C
生产补贴	集成推广综合补贴	基建补贴	
绿色产品认证	实行绿色产品认证并对接区域公用品牌	实行绿色产品认证并对接生产化标准	
政府绿色采购	无政府绿色采购	实行政府绿色采购	都不选
生产性服务	农膜秸秆统一回收处理	政府购买托管服务	
减肥增效技术集成采纳意愿变化率	增加 50% 及以上	增加 30%	
您的选择	A	B	C

选择十二

	选项 A	选项 B	选项 C
生产补贴	高效环保肥料补贴	基建补贴	
绿色产品认证	实行绿色产品认证 并对接区域公用品牌	实行绿色产品认证并 对接生产化标准	
政府绿色采购	实行政府绿色采购	无政府绿色采购	都不选
生产性服务	农膜秸秆统一回收处理	政府购买托管服务	
减肥增效技术集成 采纳意愿变化率	增加 30%	增加 10%	
您的选择	A	B	C

选择十三

	选项 A	选项 B	选项 C
生产补贴	基建补贴	高效环保肥料补贴	
绿色产品认证	实行绿色产品认证并 对接区域公用品牌	无绿色产品认证	
政府绿色采购	实行政府绿色采购	实行政府绿色采购	都不选
生产性服务	农膜秸秆统一回收处理	农膜秸秆统一回收处理	
减肥增效技术集成 采纳意愿变化率	增加 30%	基本不变	
您的选择	A	B	C

选择十四

	选项 A	选项 B	选项 C
生产补贴	基建补贴	水肥一体等减肥项目的专项补贴	
绿色产品认证	实行绿色产品认证	实行绿色产品认证并 对接生产化标准	
政府绿色采购	实行政府绿色采购	无政府绿色采购	都不选
生产性服务	农膜秸秆统一回收处理	政府购买托管服务	
减肥增效技术集成 采纳意愿变化率	增加 50% 及以上	增加 30%	
您的选择	A	B	C

选择十五

	选项 A	选项 B	选项 C
生产补贴	水肥一体等减肥项目的专项补贴	基建补贴	
绿色产品认证	无绿色产品认证	实行绿色产品认证并对接区域公用品牌	
政府绿色采购	无政府绿色采购	实行政府绿色采购	都不选
生产性服务	农膜秸秆统一回收处理	政府购买托管服务	
减肥增效技术集成采纳意愿变化率	增加 10%	基本不变	
您的选择	A	B	C

选择十六

	选项 A	选项 B	选项 C
生产补贴	高效环保肥料补贴	政府购买托管服务	
绿色产品认证	实行绿色产品认证并对接区域公用品牌	实行绿色产品认证	
政府绿色采购	实行政府绿色采购	实行政府绿色采购	都不选
生产性服务	政府购买托管服务	政府购买托管服务	
减肥增效技术集成采纳意愿变化率	增加 10%	增加 50% 及以上	
您的选择	A	B	C